高职高专土建专业"互联网＋"创新规划教材

全新修订

U0201555

建筑施工技术
（附施工图）

主编◎徐　淳

参编◎吴碧桥　张　伟　胡轶敏

高亚妮　游碧波　熊　礼

北京大学出版社

PEKING UNIVERSITY PRESS

内 容 简 介

本书系统介绍了建筑施工技术，主要内容包括土方工程施工、基础工程施工、脚手架工程与垂直运输、钢筋混凝土主体结构工程施工、砌体工程施工、防水工程施工、装饰装修工程施工、钢结构工程施工、建筑信息化模型创建共 9 个项目。在每个项目前给出了项目任务、项目导读及能力目标，使学生在课前明确需要掌握的知识点，培养学生独立解决问题的能力。

本书以岗位要求作为教材的编写目标，以技术等级考核标准为培养学生的目的，注重实用性，让学生更快掌握"怎么做""如何做"，以体现"学以致用、能力为本"的职业教育思想。

本书可作为高职高专院校建筑工程类专业的教材和指导书，也可作为相关工程技术人员的参考用书。

图书在版编目(CIP)数据

建筑施工技术/徐淳主编 . —北京：北京大学出版社，2018.9
(高职高专土建专业"互联网＋"创新规划教材)
ISBN 978-7-301-29854-1

Ⅰ. ①建… Ⅱ. ①徐… Ⅲ. ①建筑施工—技术—高等职业教育—教材 Ⅳ. ①TU74

中国版本图书馆 CIP 数据核字(2018)第 201061 号

书　　　　名	建筑施工技术
	JIANZHU SHIGONG JISHU
著作责任者	徐　淳　主编
策 划 编 辑	杨星璐　商武瑞
责 任 编 辑	伍大维
数 字 编 辑	贾新越
标 准 书 号	ISBN 978-7-301-29854-1
出 版 发 行	北京大学出版社
地　　　　址	北京市海淀区成府路 205 号　100871
网　　　　址	http://www.pup.cn　新浪微博：@ 北京大学出版社
电 子 信 箱	编辑部：pup6@ pup.cn　总编室：zpup@ pup.cn
电　　　　话	邮购部 010 - 62752015　发行部 010 - 62750672　编辑部 010 - 62750667
印 刷 者	北京溢漾印刷有限公司
经 销 者	新华书店
	787 毫米×1092 毫米　16 开本　25.5 印张　600 千字
	2018 年 9 月第 1 版　2023 年 8 月全新修订　2023 年 8 月第 6 次印刷
定　　　　价	59.50 元（附施工图）

本教材针对的是一门实践性很强的土建类专业课，教材编写的目标是围绕建筑企业一线工作要求，着力培养学生的职业技能和服务水平，以适应企业的发展需要。本教材主要是让学生掌握"怎么做"，而不是重点论述"为什么这么做"，以体现"学以致用、能力为本"的职业教育思想。为此，我们以岗位要求作为教材的根本，以技术等级考核标准为培养学生的目的，以"必需、够用"为原则，采用项目导向的方式，通过"项目任务"模块使学生明确该项目需要掌握或了解的知识点，通过"项目导读"来接触该项目的图纸并了解项目的情况，通过"能力目标"来明确每一个项目需要完成的具体工作，以培养学生解决实际问题的能力，懂得通过本项目的训练可以为将来的工作储备哪些技能。本教材编者中有来自企业一线的工程技术人员，他们有丰富的工作经验，在编写时注意理论联系实际，使本教材内容更加贴近工程实际，更符合职业能力培养的要求。本次修订融入了党的二十大精神。全面贯彻党的教育方针，把立德树人融入本教材，贯穿思想道德教育、文化知识教育和社会实践教育各个环节。

前言

"建筑施工技术"课程通过理论教学和实践，使学生具备组织和监督建筑工程各分项工程施工的基本能力。本教材教学建议安排 66 学时，各项目学时分配见下表。

项目	项目内容	学时数			
		理论教学	实践练习	参观	小计
项目1	土方工程施工	6			6
项目2	基础工程施工	6			6
项目3	脚手架工程与垂直运输	4			4
项目4	钢筋混凝土主体结构工程施工	10	2	2	14
项目5	砌体工程施工	4			4
项目6	防水工程施工	6			6
项目7	装饰装修工程施工	8		2	10
项目8	钢结构工程施工	8			8
项目9	数字化施工	6	2		8
合计		58	4	4	66

【深圳建筑工程师App
下载码(iOS系统)】

【深圳建筑工程师App
下载码(安卓系统)】

另外，针对"建筑施工技术"教材的特点，为了使学生更直观地认识和了解建筑施工技术的工艺流程和工作要点，也方便教师教学讲解，我们以"互联网＋"教材的模式开发了两款配套的 App（智能手机第三方应用程序），分别为巧课力 App 和深圳建筑工程师 App，读者可通过扫描本教材封二和前言中所附的二维码进行下载。

巧课力 App 通过虚拟现实的手段，采用全息识别技术，应用 3d Max 和 Revit 等多种工具，将教材中的案例模块及结构细节转化成可 360°旋转、无限放大和缩小的三维模型。读者打开 App 之后，只要将手机摄像头对准切口带有色块的页面，即可以多角度、任意大小交互式查看相应的三维模型。

深圳建筑工程师 App 是配合"建筑施工技术"教材的三维虚拟仿真移动学习端 App，可以支持 Android、iOS 移动终端。它以某配电房建筑施工为参考，搭建 App 模拟场景；依据建筑施工过程为主线任务流程，采用任务完成、材料（卡牌）收集、合成、过关的方式，完成施工建设任务；用户自选角色进入，角色包括设计师、施工员、监理员、建设甲方、质检站监督人员等。在 App 使用过程中，通过 NPC（非玩家控制角色）的对话、回答问题等方式，设置学习内容，使用户清楚地了解在施工过程中各角色的职责内容和他们之间的工作关系等。此外，教材中相关知识点的旁边，以二维码的形式添加了作者积累整理的图文、规范、案例、视频、动画等资源，学生可以在课堂内外通过扫描二维码来阅读，以实现将工地现场搬进课堂、把工人师傅请进课堂的教学效果。

同时，读者还可登录网址 http://moocl.chaoxing.com/course/201166206.html 查看建筑施工技术的精品开放课程，内容包括教材文本、课件、视频、微课、案例、测试题等，学生可结合教材同步上网学习，并可与本教材编者交流讨论。

本教材由徐淳（深圳职业技术学院）主编，吴碧桥（江苏省华建建设股份有限公司）、张伟（深圳职业技术学院）、胡轶敏（浙江建设职业技术学院）、高亚妮（深圳职业技术学院）、游碧波（深圳职业技术学院）、熊礼［华润置地（湖南）有限公司］参编。具体编写分工如下：项目 1、项目 2、项目 4 由徐淳编写，项目 3 由吴碧桥编写，项目 5、项目 7 由张伟和游碧波共同编写，项目 6 由熊礼编写，项目 8 由胡轶敏编写，项目 9 由高亚妮编写。全书由徐淳负责统稿。

特别感谢方联达科技股份有限公司工程教育事业部提供数字建筑相关素材。

限于编者水平，教材中难免有疏漏和不妥之处，恳请广大读者提出批评和改进意见（读者意见反馈信箱：430028685@qq.com）。

编　者

【资源索引】

目 录

项目 **1** 土方工程施工

项目任务

　　通过学习，懂得场地平整的施工工艺流程、施工要点及常见质量事故的处理，掌握基本的土方工程计算方法，了解土方平衡与调配的原则与计算；掌握基坑开挖的工作流程和施工要点，掌握土方回填压实的工作流程和施工要点；了解岩石及土的分类，了解基坑监测和排水、降水的方法；了解常见基坑支护方法的工作流程和施工要点。

项目导读

　　（1）某场地需要平整，地形如图 1.4 所示，设计地面标高 50.00m，试计算挖填总土方工程量，分析并编制土方开挖与回填压实的方案；

　　（2）阅读附图配电房图纸，分析并编制合适的基坑支护方案。

能力目标

　　（1）学习场地平整土方量的计算，能组织场地平整工程施工，组织基坑（槽）、管沟工程的开挖施工和土方回填压实工程施工；

　　（2）学习旁站监督土方开挖、土方回填压实、基坑开挖支护工程的施工。

任务 1.1 场地平整及土方量计算

1.1.1 场地平整

1. 场地平整施工工艺流程

场地平整施工工艺流程如图 1.1 所示。

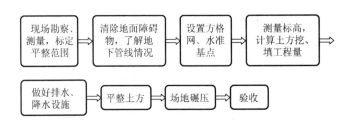

图 1.1 场地平整施工工艺流程

2. 施工要点

（1）现场勘察，了解场地平整范围内地面上障碍物和堆积物的情况，获得地面下的管线、防空洞等的详细资料，了解邻近建筑和周边道路的情况。编制施工方案，确定开挖的路线、顺序、范围、标高、排水沟、集水井位置，以及挖去的土方堆放地点；做好施工机具、劳动力使用计划，做好图纸的交底会审；熟悉土层地质情况，了解场地平整范围、场地平整标高及验收标准；绘制施工总平面布置图及土方开挖图。

（2）设置 10m×10m 或 20m×20m 方格网，在各方格点上做控制桩，并测出各标桩处的自然地形、标高，计算挖、填土方量。

（3）做好排水、降水设施，设置临时性或永久性排水沟。对于大城市中的场地平整工程，在土方车辆驶入市政道路前，必须经过洗车池冲洗，冲洗后的污水必须经沉淀池沉淀后方可排入市政管网。

（4）平面控制桩和水准控制点应采取可靠措施加以保护，并定期复测和检查。场地平整应经常测量和校核其平面位置、水平标高和边坡坡度是否符合设计要求。

【土方施工机械】

（5）开挖的土方不应堆在边坡边缘。大面积平整土方，宜采用挖土机、推土机、铲运机等进行挖填、推运、平整，在平整过程中要交错用压路机压实。土方施工常用机械如图 1.2 所示。

3. 质量检查

平整后的场地表面应逐点检查，检查点为每 100～400m² 取一点，且不少于 10 点；长度、宽度和边坡均为每 20m 取一点，每边不少于一点。土方开挖工程质量检验标准见表 1-1。

(a) 推土机　　　　　　　　　　(b) 铲运机

(c) 挖掘机　　　　　　　　　　(d) 压路机

图 1.2　土方施工常用机械

表 1-1　土方开挖工程质量检验标准　　　　单位：mm

分类	序号	项　　目	允许偏差或允许值					检验方法
			柱基、基坑、基槽	挖方场地平整工程		管沟	地（路）面基层	
				人工	机械			
主控项目	1	标高	－50	±30	±50	－50	－50	水准仪
	2	长度、宽度（由设计中心线向两边量）	+200 －50	+300 －100	+500 －150	+100	—	经纬仪，用钢尺量
	3	边坡	设计要求					观察或用坡度尺检查
一般项目	1	表面平整度	20	20	50	20	20	用2m靠尺和楔形塞尺检查
	2	基底土性	设计要求					观察或土样分析

注：地（路）面基层的偏差只适用于直接在挖、填方上做地（路）面的基层。

4. 质量事故及处理方法

场地平整工程常见质量事故的产生原因及处理方法见表 1-2。

表 1-2　场地平整工程常见质量事故的产生原因及处理方法

质量事故	产生原因	处理方法
超挖或标高不到位	开挖前未做好测量放线工作；方格网太疏，方格网上的控制桩未保护好	根据给定的国家永久性控制坐标和水准点，引测到现场，在施工区域设置测量控制网，做好测量和校核；合理设置方格网间距，经常测量和校核平面位置、水平标高；对平面控制桩和水准控制点采取可靠的保护措施，并定期复测和检查
挖断地下管线	开工前对现场存在的管线等地下构筑物未勘察调查清楚	开工前详细查勘和了解施工现场，对存在疑问的场地可挖探沟，探沟深度要在场地平整控制标高以下

1.1.2　土方量计算

土方量的计算方法，有方格网法和横截面法。在编制场地平整土方工程施工组织设计或施工方案时，需进行土方的平衡调配；在验收土方工程时，也需要进行土方工程量的计算。

1. 方格网法

该法适用于地形较平缓或台阶宽度较大的地段，计算方法相对复杂，但精度较高，其计算步骤和方法如下。

1) 划分方格网

根据已有地形图（一般用 1∶500 的地形图）将欲计算场地划分成若干个方格网，并尽量与测量的纵、横坐标网对应。方格一般采用 20m×20m 或 40m×40m，将相应设计地面标高和自然地面标高分别标注在方格点的右上角和右下角；将自然地面标高与设计地面标高的差值，即各角点的施工高度（挖或填），填在方格网的左上角，挖方为负号（—），填方为正号（＋）。

2) 计算零点位置

在一个方格网内同时有填方或挖方时，应先算出方格网边上的零点（即不挖不填之点）的位置，并标注于方格网上。连接零点，即得填方区与挖方区的分界线（即零线）。

零点的位置按式(1-1)计算 [图 1.3(a)]：

$$x_1 = \frac{h_1}{h_1+h_2} \times a; \quad x_2 = \frac{h_2}{h_1+h_2} \times a \tag{1-1}$$

式中　x_1、x_2——角点至零点的距离（m）；

h_1、h_2——相邻两角点的施工高度（m），均用绝对值；

a——方格网的边长（m）。

为省略计算，也可采用图解法直接求出零点位置，如图 1.3(b) 所示。方法是用尺在各角上标出相应比例，用尺相连，与方格相交点即为零点位置。这种方法可避免计算或查表出现的错误。

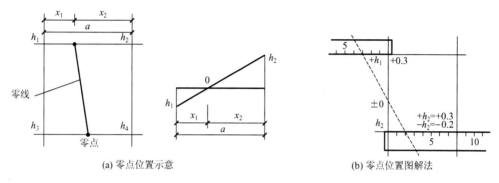

(a) 零点位置示意　　　　　　　　　(b) 零点位置图解法

图 1.3　零点位置（单位：m）

3）计算土方工程量

按方格网底面积图形和表 1-3 所列常用方格网点计算公式，计算每个方格内的挖方或填方量，也可用查表法计算。

表 1-3　常用方格网点计算公式

项　　目	图　　式	计 算 公 式
一点填方或挖方（三角形）		$V = \dfrac{1}{2}bc\dfrac{\sum h}{3} = \dfrac{bch_3}{6}$ 当 $b=c=a$ 时，$V = \dfrac{a^2 h_3}{6}$
二点填方或挖方（梯形）		$V_+ = \dfrac{b+c}{2}a\dfrac{\sum h}{4}$ $= \dfrac{a}{8}(b+c)(h_1+h_3)$ $V_- = \dfrac{d+e}{2}a\dfrac{\sum h}{4}$ $= \dfrac{a}{8}(d+e)(h_2+h_4)$

续表

项　　目	图　　式	计　算　公　式
三点填方或挖方（五角形）		$$V = \left(a^2 - \frac{bc}{2}\right)\frac{\sum h}{5}$$ $$= \left(a^2 - \frac{bc}{2}\right)\frac{h_1 + h_2 + h_4}{5}$$
四点填方或挖方（正方形）		$$V = \frac{a^2}{4}\sum h$$ $$= \frac{a^2}{4}(h_1 + h_2 + h_3 + h_4)$$

注：1. a 为方格网的边长（m）；b、c 为零点到一角的边长（m）；h_1、h_2、h_3、h_4 为方格网四角点的施工高程（m），用绝对值代入；$\sum h$ 为填方或挖方施工高程的总和（m），用绝对值代入；V 为挖方或填方的体积（m³）。

2. 本表公式是按各计算图形底面积乘以平均施工高程得出的。

4）计算土方总量

将挖方区（或填方区）所有方格计算的土方量汇总，即得该场地挖方和填方的总土方量。

【例 1－1】　某场地平整，方格网如图 1.4 所示，方格边长为 20m×20m，试计算挖填总土方工程量。

【解】　(1) 划分方格网、标注高程。根据图 1.4 中方格各点的设计地面标高和自然地面标高，计算方格各点的施工高度，并标注于图 1.5 中各点的左上角。

(2) 计算零点位置：从图 1.5 中可看出 1～7、7～8、8～14、9～15、10～16、11～17、18～12 七条方格边两端角的施工高度正负符号不同，表示此方格边上有零点存在，由式(1－1)计算的零点位置如下。

1～7 线　$x_1 = \dfrac{0.7 \times 20}{0.7 + 6.92} \approx 1.83$　　7～8 线　$x_1 = \dfrac{0.7 \times 20}{0.7 + 0.35} \approx 13.33$

8～14 线　$x_1 = \dfrac{0.35 \times 20}{0.35 + 7.25} \approx 0.92$　　9～15 线　$x_1 = \dfrac{3.5 \times 20}{3.5 + 3.2} \approx 10.45$

10～16 线　$x_1 = \dfrac{5.38 \times 20}{5.38 + 1.35} \approx 15.99$　　11～17 线　$x_1 = \dfrac{5.7 \times 20}{5.7 + 1.25} \approx 16.4$

18～12 线　$x_1 = \dfrac{0.28 \times 20}{0.28 + 7.85} \approx 0.69$

将各零点标注于图 1.5 中，并将零点连接起来成为零线。

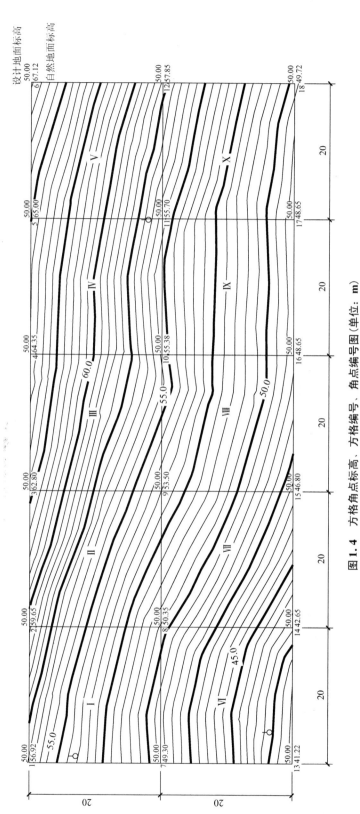

图 1.4 方格角点标高、方格编号、角点编号图（单位：m）

I、II、III 等—方格编号；1、2、3 等—角点编号

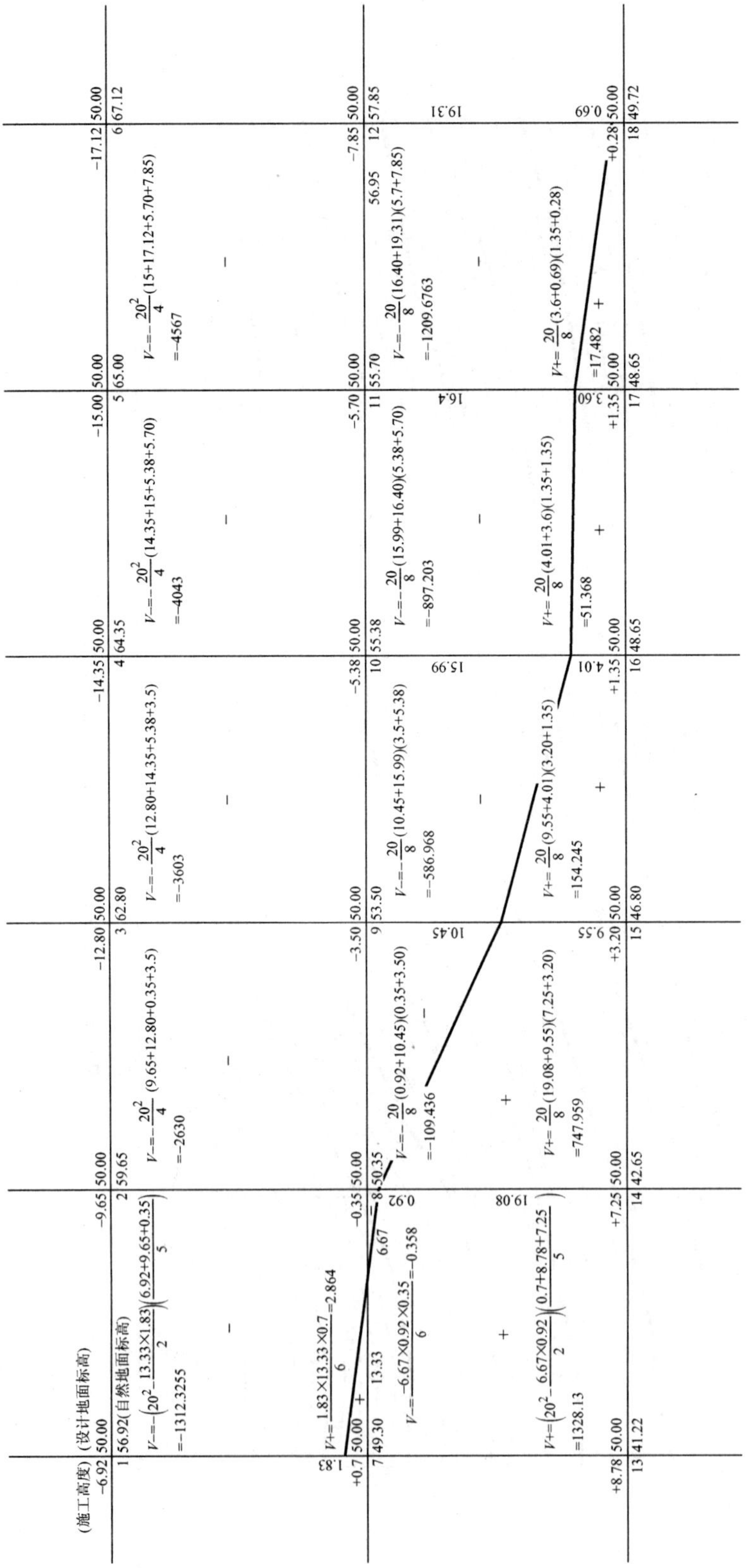
(施工高度) (设计地面标高)
-6.92 50.00
1 56.92(自然地面标高)
-9.65 50.00
2 59.65
-12.80 50.00
3 62.80
-14.35 50.00
4 64.35
-15.00 50.00
5 65.00
-17.12 50.00
6 67.12
+0.7 50.00
7 49.30
-0.35 50.00
8 50.35
-3.50 50.00
9 53.50
-5.38 50.00
10 55.38
-5.70 50.00
11 55.70
-7.85 50.00
12 57.85
+8.78 50.00
13 41.22
+7.25 50.00
14 42.65
+3.20 50.00
15 46.80
+1.35 50.00
16 48.65
+1.35 50.00
17 48.65
+0.28 50.00
18 49.72
1.83
13.33
6.67
0.92
10.45
15.99
16.4
19.31
19.08
9.55
4.01
3.60
0.69
$V-=-\left(20^2-\frac{13.33\times1.83}{2}\right)\left(\frac{6.92+9.65+0.35}{5}\right)$
$=-1312.3255$
$V-=-\frac{20^2}{4}(9.65+12.80+0.35+3.5)$
$=-2630$
$V-=-\frac{20^2}{4}(12.80+14.35+5.38+3.5)$
$=-3603$
$V-=-\frac{20^2}{4}(14.35+15+5.38+5.70)$
$=-4043$
$V-=-\frac{20^2}{4}(15+17.12+5.70+7.85)$
$=-4567$
$V+=\frac{1.83\times13.33\times0.7}{6}=2.864$
$V-=-\frac{6.67\times0.92\times0.35}{6}=-0.358$
$V-=-\frac{20}{8}(0.92+10.45)(0.35+3.50)$
$=-109.436$
$V-=-\frac{20}{8}(10.45+15.99)(3.5+5.38)$
$=-586.968$
$V-=-\frac{20}{8}(15.99+16.40)(5.38+5.70)$
$=-897.203$
$V-=-\frac{20}{8}(16.40+19.31)(5.7+7.85)$
$=-1209.6763$
56.95
$V+=\left(20^2-\frac{6.67\times0.92}{2}\right)\left(\frac{0.7+8.78+7.25}{5}\right)$
$=1328.13$
$V+=\frac{20}{8}(19.08+9.55)(7.25+3.20)$
$=747.959$
$V+=\frac{20}{8}(9.55+4.01)(3.20+1.35)$
$=154.245$
$V+=\frac{20}{8}(4.01+3.6)(1.35+1.35)$
$=51.368$
$V+=\frac{20}{8}(3.6+0.69)(1.35+0.28)$
$=17.482$

图 1.5 零线、角点挖填高度图(单位：m)

（3）按表 1-3 的公式计算土方工程量，将计算结果标注于图 1.5 中。

（4）汇总全部土方工程量。

全部挖方量为：

$$\sum V_- = -(1312.3255 + 2630 + 3603 + 4043 + 4567 + 0.3580 +$$
$$109.436 + 586.968 + 897.203 + 1209.6763)$$
$$= -18958.9668(\text{m}^3)$$

全部填方量为：

$$\sum V_+ = 2.846 + 1328.13 + 747.959 + 154.245 + 51.368 + 17.482$$
$$= 2302.03(\text{m}^3)$$

挖填平衡后需要外运的土方量 $= -18958.9668 + 2302.03 = -16656.94(\text{m}^3)$

2. 横截面法

横截面法适用于地形起伏变化较大的地区，或地形狭长、挖填深度较大又不规则的地区采用，其计算方法较为简单方便，但精度较低。其计算步骤和方法如下。

1）划分横截面

根据地形图、竖向布置要求或现场测绘情况，将要计算的场地划分横截面 $A—A'$、$B—B'$、$C—C'$、…，使截面尽量垂直于等高线或主要建筑物的边长，各截面间的间距可以不等，一般可为 10m 或 20m，在平坦地区可大些，但最大不大于 100m。

2）画横截面图形

按比例绘制每个横截面的自然地面和设计地面的轮廓线。自然地面轮廓线与设计地面轮廓线之间的面积，即为挖方或填方的截面积。

3）计算横截面面积

按表 1-4 中公式，计算每个横截面的挖方或填方截面积。

表 1-4　常用横截面计算公式

横截面图式	横截面计算公式
	$A = h(b + nh)$
	$A = h\left[b + \dfrac{h(m+n)}{2}\right]$
	$A = b\dfrac{h_1 + h_2}{2} + nh_1h_2$

续表

横截面图式	横截面计算公式
	$A=h_1\dfrac{a_1+a_2}{2}+h_2\dfrac{a_2+a_3}{2}+h_3\dfrac{a_3+a_4}{2}+h_4\dfrac{a_4+a_5}{2}$
	$A=\dfrac{a}{2}(h_0+2h+h_6)$；$h=h_1+h_2+h_3+h_4+h_5$

4）计算土方量

根据横截面面积，按式（1-2）计算土方量。

$$V=\frac{A_1+A_2}{2}\times S \qquad (1-2)$$

式中 V——相邻两横截面间的土方量（m³）；

A_1、A_2——相邻两横截面的挖（一）或填（＋）的截面积（m²）；

S——相邻两横截面的间距（m）。

5）土方量汇总

土方量汇总见表1-5。

表1-5 土方量汇总

截　　　面	填方面积/m²	挖方面积/m²	截面间距/m	填方体积/m³	挖方体积/m³
$A—A'$					
$B—B'$					
$C—C'$					
...					
合计					

【例1-2】 某场地平整的方格网如图1.4所示，方格边长为20m×20m，试用横截面法计算挖填总土方工程量。

【解】 （1）划分方格网、标注高程。根据图1.4中方格各点的设计地面标高和自然地面标高，计算方格各点的施工高度，并标注于图1.6中各点的左上角。

（2）将要计算的场地划分横截面 $A—A'$、$B—B'$、$C—C'$、…，如图1.6所示，各截面的间距为10m。

（3）画横截面图形，按比例绘制每个横截面的自然地面和设计地面的轮廓线。自然地面轮廓线与设计地面轮廓线之间的面积，即为挖方或填方的截面积，如图1.7所示。

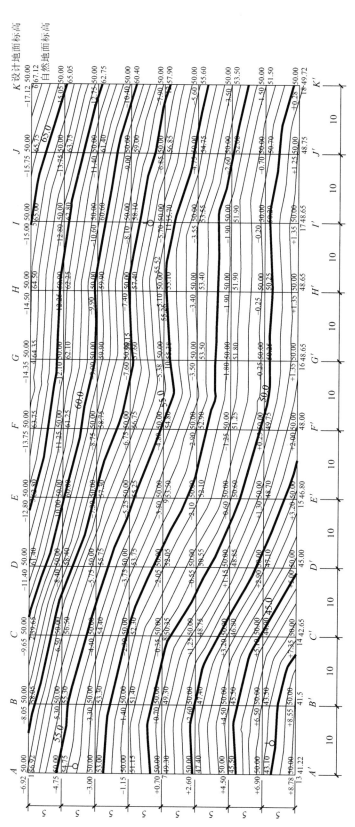

图1.6 横截面法计算土方量（单位：m）

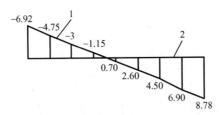

$$A_1 = \frac{a}{2}(h_0 + 2h + h_n) = \frac{5}{2}[-6.92 + 2(-4.75 - 3 - 1.15 + 0.70 + 2.60 + 4.50 + 6.90) + 8.78] = +33.65$$

(a) $A—A'$

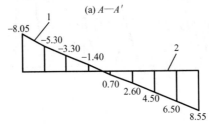

$$A_2 = \frac{a}{2}(h_0 + 2h + h_n) = \frac{5}{2}[-8.05 + 2(-5.30 - 3.30 - 1.40 + 0.70 + 2.60 + 4.50 + 6.50) + 8.55] = +22.75$$

(b) $B—B'$

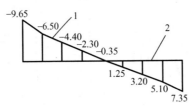

$$A_3 = \frac{a}{2}(h_0 + 2h + h_n) = \frac{5}{2}[-9.65 + 2(-6.50 - 4.40 - 2.30 - 0.35 + 1.25 + 3.20 + 5.10) + 7.35] = -25.75$$

(c) $C—C'$

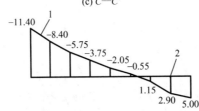

$$A_4 = \frac{a}{2}(h_0 + 2h + h_n) = \frac{5}{2}[-11.40 + 2(-8.40 - 5.75 - 3.75 - 2.05 - 0.55 + 1.15 + 2.90) + 5.0] = -98.25$$

(d) $D—D'$

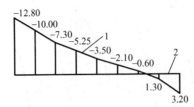

$$A_5 = \frac{a}{2}(h_0 + 2h + h_n) = \frac{5}{2}[-12.8 + 2(-10.00 - 7.30 - 5.25 - 3.50 - 2.10 - 0.60 + 1.30) + 3.2] = -161.25$$

(e) $E—E'$

图 1.7　横截面计算图（单位：m）

1—自然地面；2—设计地面

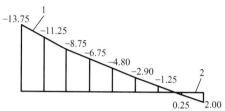

$$A_6 = \frac{a}{2}(h_0 + 2h + h_n) = \frac{5}{2}[-13.75 + 2(-11.25 - 8.75 - 6.75 - 4.80 - 2.90 - 1.25 + 0.25) + 2.00] = -206.625$$

(f) $F—F'$

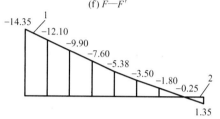

$$A_7 = \frac{a}{2}(h_0 + 2h + h_n) = \frac{5}{2}[-14.35 + 2(-12.10 - 9.90 - 7.60 - 5.38 - 3.50 - 1.80 - 0.25) + 1.35] = -235.15$$

(g) $G—G'$

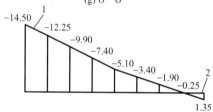

$$A_8 = \frac{a}{2}(h_0 + 2h + h_n) = \frac{5}{2}[-14.50 + 2(-12.25 - 9.90 - 7.40 - 5.10 - 3.40 - 1.90 - 0.25) + 1.35] = -233.875$$

(h) $H—H'$

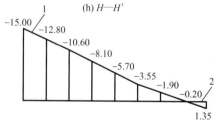

$$A_9 = \frac{a}{2}(h_0 + 2h + h_n) = \frac{5}{2}[-15.00 + 2(-12.80 - 10.60 - 8.10 - 5.70 - 3.55 - 1.90 - 0.20) + 1.35] = -248.375$$

(i) $I—I'$

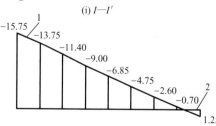

$$A_{10} = \frac{a}{2}(h_0 + 2h + h_n) = \frac{5}{2}[-15.75 + 2(-13.75 - 11.40 - 9.00 - 6.85 - 4.75 - 2.60 - 0.70) + 1.25] = -281.5$$

(j) $J—J'$

图 1.7 横截面计算图（单位：m）（续）

1—自然地面；2—设计地面

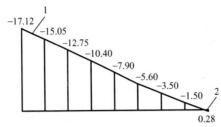

$$A_{11}=\frac{a}{2}(h_0+2h+h_n)=\frac{5}{2}[-17.12+2(-15.05-12.75-10.40-7.90-5.60-3.50-1.50)+0.28]=-325.6$$

(k) K—K′

图 1.7 横截面计算图（单位：m）（续）

1—自然地面；2—设计地面

（4）计算横截面面积，按表 1-4 中公式，计算每个横截面的挖方或填方截面积（图 1.7）。

（5）计算各部分土方量如下。

$$V_{AB}=\frac{33.65+22.75}{2}\times10=282(\text{m}^3)$$

$$V_{BC}=\frac{22.75-25.75}{2}\times10=-15(\text{m}^3)$$

$$V_{CD}=\frac{-25.75-98.25}{2}\times10=-620(\text{m}^3)$$

$$V_{DE}=\frac{-98.25-161.25}{2}\times10=-1297.5(\text{m}^3)$$

$$V_{EF}=\frac{-161.25-206.625}{2}\times10=-1839.375(\text{m}^3)$$

$$V_{FG}=\frac{-206.625-235.15}{2}\times10=-2208.875(\text{m}^3)$$

$$V_{GH}=\frac{-235.15-233.875}{2}\times10=-2345.125(\text{m}^3)$$

$$V_{HI}=\frac{-233.875-248.375}{2}\times10=-2411.25(\text{m}^3)$$

$$V_{IJ}=\frac{-248.375-281.5}{2}\times10=-2649.375(\text{m}^3)$$

$$V_{JK}=\frac{-281.5-325.6}{2}\times10=-3035.5(\text{m}^3)$$

（6）土方量汇总如下。

$$\sum V=282-15-620-1297.5-1839.875-2208.875-$$
$$2345.125-2411.25-2649.375-3035.5$$
$$=-16140(\text{m}^3)$$

任务 1.2 土方开挖与回填压实

1.2.1 土石的分类

从施工的角度看，按开挖的难易程度可把土石共分为八类，其中土分为松软土、普通土、坚土和砂砾坚土四类，石分为软石、次坚石、坚石和特坚石四类，见表 1-6。类别不同，开挖的方法和手段、运用的机具、用工和费用都不同。土质越硬，消耗的机械作业量和劳动量越多，工程费用越高。

表 1-6 土石坚硬程度等级的定性分类

土石的分类	土石的级别	土石的名称	坚实系数 f	密度/(kg/m³)	开挖方法及工具
一类土（松软土）	I	砂土、粉土、冲积砂土层；疏松的种植土、淤泥（泥炭）	0.5~0.6	600~1500	用锹、锄头挖掘，少许用脚蹬
二类土（普通土）	II	粉质黏土；潮湿的黄土；夹有碎石、卵石的砂；粉质混卵（碎）石；种植土、填土	0.6~0.8	1100~1600	用锹、锄头挖掘，少许用镐翻松
三类土（坚土）	III	软及中等密实黏土；重粉质黏土、砾石土；干黄土、含有碎石卵石的黄土、粉质黏土，压实的填土	0.8~1.0	1750~1900	主要用镐，少许用锹、锄头挖掘，部分用撬棍
四类土（砂砾坚土）	IV	坚硬密实的黏性土或黄土；含有碎石、卵石的中等密实黏性土或黄土；粗卵石；天然级配砂石；软泥灰岩	1.0~1.5	1900	整个先用镐、撬棍，后用锹挖掘，部分用楔子及大锤
五类土（软石）	V~VI	硬质黏土；中密的页岩、泥灰岩、白垩土；胶结不紧的砾岩；软石灰岩及贝壳石灰岩	1.5~4.0	1100~2700	用镐或撬棍、大锤挖掘，部分使用爆破方法
六类土（次坚石）	VII~IX	泥岩、砂岩、砾岩；坚实的页岩、泥灰岩、密实的石灰岩；风化花岗岩、片麻岩及正长岩	4.0~10.0	2200~2900	用爆破方法开挖，部分用风镐

续表

土石的分类	土石的级别	土石的名称	坚实系数 f	密度 /(kg/m³)	开挖方法及工具
七类土（坚石）	Ⅹ～ⅩⅢ	大理岩、辉绿岩；玢岩；粗、中粒花岗岩；坚实的白云岩、砂岩、砾岩、片麻岩、石灰岩；微风化安山岩、玄武岩	10.0～18.0	2500～3100	用爆破方法开挖
八类土（特坚石）	ⅩⅣ～ⅩⅥ	安山岩、玄武岩；花岗片麻岩；坚实的细粒花岗岩、闪长岩、石英岩、辉长岩、辉绿岩、玢岩、角闪岩	18.0～25.0	2700～3300	用爆破方法开挖

1.2.2 基坑（槽）开挖

坑槽的土方开挖，一般采用机械开挖、人工修整的方式。土方施工常用机械有推土机、铲运机、挖掘机（包括正铲、反铲、拉铲、抓铲等）、装载机等。为了充分提高机械效率，节省机械费用，要根据基础的形式、工程规模、开挖深度、地质情况、地下水情况、土方量、运距、现场条件、机具设备条件、工期要求及土方机械的特点等综合考虑来合理选择施工机械。

1. 基坑（槽）开挖施工工艺流程

基坑（槽）开挖施工工艺流程如图 1.8 所示。

图 1.8 基坑（槽）开挖施工工艺流程

2. 施工要点

（1）浅基坑（槽）开挖，应先进行测量定位，抄平放线，定出开挖长度。

（2）按放线分块（段）、分层挖土。根据土质和水文情况，采取在四侧或两侧直立开挖或放坡，以保证施工操作安全。

（3）在地下水位以下挖土，应在基坑（槽）四侧或两侧挖好临时排水沟和集水井，或采用井点降水，将水位降低至坑（槽）底以下 500mm，以便土方开挖。降水工作应持续到基础（包括地下水位下回填土）施工完成。雨季施工时，基坑（槽）应分段开挖，挖好一段浇筑一段垫层，并在基槽两侧围以土堤或挖排水沟，以防地面雨水流入基坑（槽），同时应经常检查边坡和支撑情况，以防止坑壁受水浸泡造成塌方。

（4）基坑开挖应尽量防止对地基土的扰动。当基坑挖好后不能立即进行下道工序时，应预留 15～30cm 的一层土不挖，待下道工序开始再挖至设计标高。采用机械开挖基坑时，为避免破坏基底土，应在基底标高以上预留 15～30cm 的土层由人工挖掘修整。

（5）基坑开挖时，应对平面控制桩、水准点、基坑平面位置、水平标高、边坡坡度等经常复测检查。

（6）基坑挖完后应进行验槽，做好记录，当发现地基土质与地质勘探报告、设计要求不符时，有关人员应及时研究处理。

3. 工作重点

（1）当土质为天然湿度、构造均匀、水文地质条件良好（即不会发生坍滑、移动、松散或不均匀下沉），且无地下水时，开挖基坑可不必放坡，采取直立开挖不加支撑，但容许深度应符合表1-7的规定，基坑长度应稍大于基础长度。如超过表1-7规定的容许深度，应根据土质和施工具体情况进行放坡，以保证不塌方，其临时性挖方的边坡值可按表1-8采用。放坡后基坑上口宽度由基坑底面宽度及边坡坡度决定，坑底宽度每边应比基础宽出15～30cm，以便施工操作。开挖宽度较大的基坑，当在局部地段无法放坡，或下部土方受到基坑尺寸限制不能放较大坡度时，应在下部坡脚采取加固措施，如采用短桩与横隔板支撑，或砌砖、毛石，或用编织袋、草袋装土堆砌临时矮挡土墙，以保护坡脚。

表1-7 基坑（槽）和管沟不加支撑时的容许深度

项 次	土 的 种 类	容许深度/m
1	密实、中密的砂子和碎石类土（充填物为砂土）	1.00
2	硬塑、可塑的粉质黏土及粉土	1.25
3	硬塑、可塑的黏土和碎石类土（充填物为黏性土）	1.50
4	坚硬的黏土	2.00

表1-8 临时性挖方的边坡值

土 的 类 别		边坡值（高宽比）
砂土（不包括细砂、粉砂）		(1∶1.25)～(1∶1.50)
一般性黏土	硬	(1∶0.75)～(1∶1.00)
	硬塑	(1∶1)～(1∶1.25)
	软	1∶1.5 或更缓
碎石类土	充填坚硬、硬塑黏性土	(1∶0.5)～(1∶1.0)
	充填砂土	(1∶1)～(1∶1.5)

注：1. 有成熟施工经验时，可不受本表限制。设计有要求时，应符合设计标准。

2. 如采用降水或其他加固措施，也不受本表限制。

3. 开挖深度对软土不超过4m，对硬土不超过8m。

（2）当开挖基坑（槽）的土体含水率大而不稳定，或基坑较深，或受到周围场地限制而需用较陡的边坡，或直立开挖而土质较差时，应采用临时性支撑加固，支撑方法见表1-9。基坑（槽）每边的宽度应比基础宽15～20cm，以便于设置支撑加固结构。挖土时，土壁要求平直，挖好一层，支撑一层。挡土板要紧贴土面，并用小木桩或横撑木顶住挡板。

（3）基坑、基槽、管沟的支撑方法见表1-9。

表1-9　基坑、基槽、管沟的支撑方法

支撑方式	简　图	支撑方法及适用条件
间断式水平支撑	木横撑 水平挡土板 木楔	两侧挡土板水平放置，用工具或木横撑借木楔顶紧，挖一层土，支顶一层。该支撑方式适于能保持直立壁的干土或天然湿度的黏土类土，地下水很少、深度在2m以内时使用
断续式水平支撑	立楞木 木横撑 木楔 水平挡土板	挡土板水平放置，中间留出间隔，并在两侧同时对称立楞木（即竖方木），再用工具或木横撑上下顶紧。该支撑方式适于能保持直立壁的干土或天然湿度的黏土类土，地下水很少、深度在3m以内时使用
连续式水平支撑	立楞木 木横撑 木楔 水平挡土板	挡土板水平连续放置，不留间隙，然后两侧同时对称立楞木，上下各顶一根木横撑，端头加木楔顶紧。该支撑方式适于较松散的干土或天然湿度的黏土类土，地下水很少、深度为3~5m时使用
连续或间断式垂直支撑	木横撑 木楔 垂直挡土板 横楞木	挡土板垂直放置，可连续或留适当间隙，然后每侧上下各水平顶一根方木，再用木横撑顶紧。该支撑方式适于土质较松散或湿度很高的土，地下水较少时使用

续表

支 撑 方 式	简　图	支撑方法及适用条件
水平垂直混合式支撑	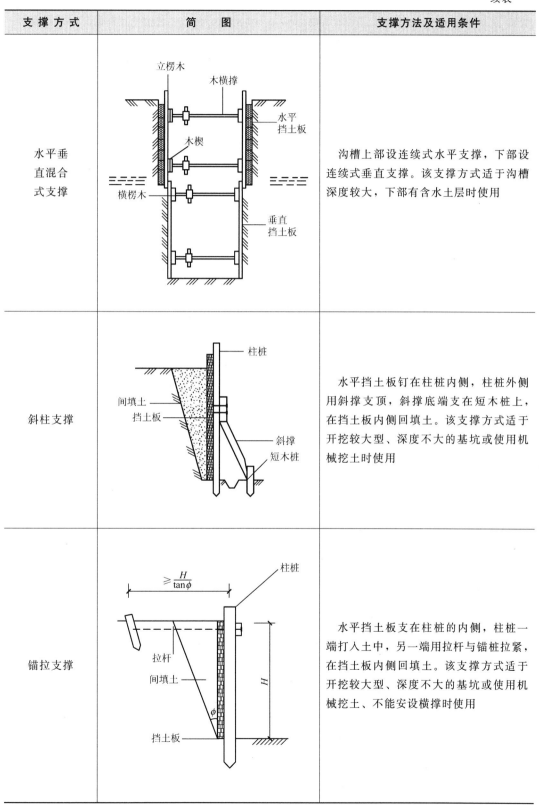	沟槽上部设连续式水平支撑,下部设连续式垂直支撑。该支撑方式适于沟槽深度较大,下部有含水土层时使用
斜柱支撑		水平挡土板钉在柱桩内侧,柱桩外侧用斜撑支顶,斜撑底端支在短木桩上,在挡土板内侧回填土。该支撑方式适于开挖较大型、深度不大的基坑或使用机械挖土时使用
锚拉支撑		水平挡土板支在柱桩的内侧,柱桩一端打入土中,另一端用拉杆与锚桩拉紧,在挡土板内侧回填土。该支撑方式适于开挖较大型、深度不大的基坑或使用机械挖土、不能安设横撑时使用

续表

支撑方式	简 图	支撑方法及适用条件
型钢桩横挡板支撑	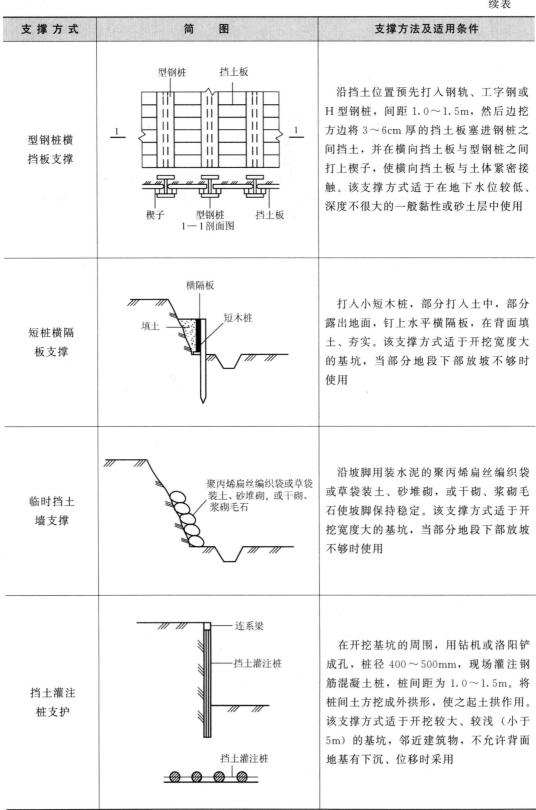	沿挡土位置预先打入钢轨、工字钢或 H 型钢桩，间距 1.0～1.5m，然后边挖方边将 3～6cm 厚的挡土板塞进钢桩之间挡土，并在横向挡土板与型钢桩之间打上楔子，使横向挡土板与土体紧密接触。该支撑方式适于在地下水位较低、深度不很大的一般黏性或砂土层中使用
短桩横隔板支撑		打入小短木桩，部分打入土中，部分露出地面，钉上水平横隔板，在背面填土、夯实。该支撑方式适于开挖宽度大的基坑，当部分地段下部放坡不够时使用
临时挡土墙支撑		沿坡脚用装水泥的聚丙烯扁丝编织袋或草袋装土、砂堆砌，或干砌、浆砌毛石使坡脚保持稳定。该支撑方式适于开挖宽度大的基坑，当部分地段下部放坡不够时使用
挡土灌注桩支护		在开挖基坑的周围，用钻机或洛阳铲成孔，桩径 400～500mm，现场灌注钢筋混凝土桩，桩间距为 1.0～1.5m。将桩间土方挖成外拱形，使之起土拱作用。该支撑方式适于开挖较大、较浅（小于 5m）的基坑，邻近建筑物，不允许背面地基有下沉、位移时采用

续表

支撑方式	简　图	支撑方法及适用条件
叠袋式挡墙支护	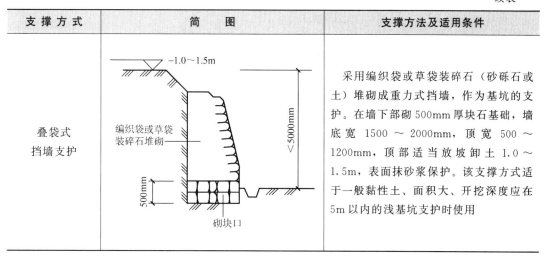	采用编织袋或草袋装碎石（砂砾石或土）堆砌成重力式挡墙，作为基坑的支护。在墙下部砌500mm厚块石基础，墙底宽1500～2000mm，顶宽500～1200mm，顶部适当放坡卸土1.0～1.5m，表面抹砂浆保护。该支撑方式适于一般黏性土、面积大、开挖深度应在5m以内的浅基坑支护时使用

4. 土的可松性

自然状态下的土称为原状土，开挖后土颗粒变松散，体积增大，如再将其用于回填，虽经压实仍不能恢复至与原状土相同的体积，土的这种经扰动而体积改变的性质称为土的可松性。用于表达土的可松性程度的系数称为可松性系数，它又可以分为最初可松性系数和最终可松性系数，分别表示为：

【土的可松性】

$$K_s=\frac{V_2}{V_1}; \quad K_s'=\frac{V_3}{V_1}$$

式中　K_s——最初可松性系数；

　　　K_s'——最终可松性系数；

　　　V_1——原状土体积；

　　　V_2——土经开挖后的松散体积；

　　　V_3——土经回填压实后的体积。

土的可松性对土方量的平衡调配、确定场地设计标高、计算运土机具的数量等均有直接影响。

【例 1-3】 某工程需开挖一段沟槽，沟槽宽2m，深2m，长100m，已知土的可松性系数 $K_s=1.3$，$K_s'=1.05$，为坚硬性黏性土，安装直径1200mm的混凝土排水管后土方要回填压实。

（1）请计算挖方量。

（2）留下回填土后，其余要全部运走，请计算预留填土量及弃土量。

（3）用8m³的自卸汽车运土，要装多少车？

（4）用什么机械开挖和回填压实？请设计施工方案。

【解】 （1）挖方量 $V_1=2\times2\times100=400(\text{m}^3)$。

（2）$V_2=K_sV_1=1.3\times400=520(\text{m}^3)$

管道体积$=\pi R^2\times100=3.14\times0.6\times0.6\times100=113.04(\text{m}^3)$

$V_3=400-113.04=286.96(\text{m}^3)$

$$V_1' = V_3/K_s' = 286.96/1.05 = 273.3 (\text{m}^3)$$

预留填土量 $= V_2' = 1.3 \times 273.3 = 355.3 (\text{m}^3)$

弃土量 $= V_2 - V_2' = 520 - 355.3 = 164.7 (\text{m}^3)$

（3）装车数 $= 164.7/8 \approx 21$（车）。

（4）用反铲挖土机，沟端开挖，车后或车旁卸土；用振动打夯机分层碾压。

1.2.3　深基坑土方开挖方案

1. 放坡挖土

放坡开挖是最经济的挖土方案。当基坑开挖深度不大（软土地区挖深不超过 4m，地下水位低的土质较好地区挖深也可较大）、周围环境又允许时，均可采用放坡开挖，放坡坡度经计算确定。

1）深基坑土方开挖施工工艺流程

深基坑土方开挖施工工艺流程如图 1.9 所示。

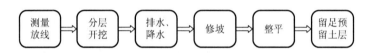

图 1.9　深基坑土方开挖施工工艺流程

2）施工要点

（1）开挖深度较大的基坑，宜设置多级平台分层开挖，每级平台的宽度不宜小于 1.5m。

（2）如有地下水，放坡开挖应采取有效措施降低坑内水位和排除地表水，防止地表水和坑内排出的水倒流渗入基坑。在地下水位较高的软土地区，应在降水达到要求后再进行土方开挖。采用分层开挖的方式进行开挖时，分层挖土厚度不宜超过 2.5m。挖土时要注意保护工程桩，防止碰撞或因挖土过快、高差过大而使工程桩受侧压力而倾斜。对土质较差且施工工期较长的基坑，对其边坡宜采用钢丝网水泥喷浆或用高分子聚合材料覆盖等措施进行护坡。

（3）采用机械挖土时，坑底应保留 200～300mm 厚基土，用人工清理整平，防止坑底土受扰动。待挖至设计标高后，应清除浮土，经验槽合格后，及时进行垫层施工。

（4）放坡开挖要验算边坡稳定性，坑顶不宜堆土或堆载（材料或设备），遇有不可避免的附加荷载时，在进行边坡稳定性验算时，应计入附加荷载的影响。

2. 中心岛（墩）式挖土

中心岛（墩）式挖土（图 1.10），宜用于大型基坑，支护结构的支撑形式为角撑、环梁式或边桁（框）架式，在中间具有较大空间的情况下，可利用中间的土墩作为支点搭设栈桥。挖土机可利用栈桥下到基坑挖土，运土的汽车也可利用栈桥进入基坑运土。这样可以加快挖土和运土的速度。

1）中心岛（墩）式挖土施工工艺流程

中心岛（墩）式挖土施工工艺流程如图 1.11 所示。

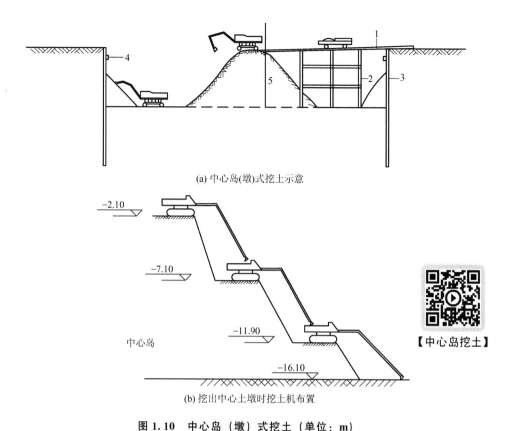

(a) 中心岛(墩)式挖土示意

中心岛

【中心岛挖土】

(b) 挖出中心土墩时挖土机布置

图 1.10　中心岛（墩）式挖土（单位：m）

1—栈桥；2—支架（尽可能利用工程桩）；3—围护墙；4—腰梁；5—土墩

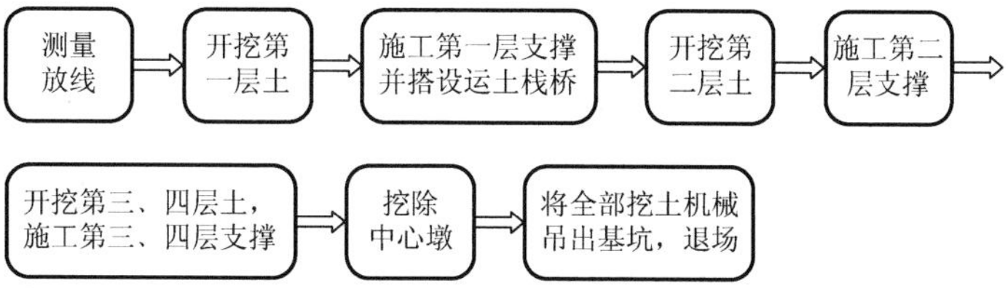

测量放线 → 开挖第一层土 → 施工第一层支撑并搭设运土栈桥 → 开挖第二层土 → 施工第二层支撑 →

开挖第三、四层土，施工第三、四层支撑 → 挖除中心墩 → 将全部挖土机械吊出基坑，退场

图 1.11　中心岛（墩）式挖土施工工艺流程

2）施工要点

（1）中心岛（墩）式挖土，中间土墩的留土高度、边坡的坡度、挖土层次与高差都要经过仔细研究确定。由于在雨季遇有大雨时，土墩边坡易滑坡，必要时需对边坡进行加固。

（2）挖土应分层开挖，多数是先全面挖去第一层，然后中间部分留置土墩，周围部分进行分层开挖，开挖多用反铲挖土机。如基坑深度大，则用向上逐级传递的方式进行装车外运。

（3）整个土方的开挖顺序，要遵循开槽支撑、先撑后挖、分层开挖、严禁超挖的原则。挖土时，除支护结构设计允许外，挖土机和运土车辆不得直接在支撑上行走和操作。

（4）土方挖至设计标高后，对有钻孔灌注桩的工程，宜边破桩头边浇筑垫层，尽可能早一些浇筑垫层，以便利用垫层（必要时可加厚作配筋垫层）对围护墙起支撑作用，以减少围护墙的变形。

（5）挖土机挖土时严禁碰撞工程桩、支撑、立柱和降水的井点管。分层挖土时，层高不宜过大，以免土方侧压力过大使工程桩变形倾斜，在软土地区尤为重要。

3. 盆式挖土

盆式挖土如图 1.12 所示，是先开挖基坑中间部分的土，周边留土坡，最后挖除土坡。

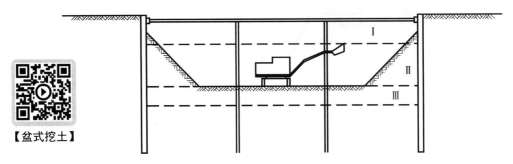

【盆式挖土】

图 1.12　盆式挖土

1）盆式挖土施工工艺流程

盆式挖土施工工艺流程如图 1.13 所示。

图 1.13　盆式挖土施工工艺流程

2）施工要点

（1）盆式挖土方式的优点是周边的土坡对围护墙有支撑作用，有利于减少围护墙的变形。其缺点是大量的土方不能直接外运，需集中提升后装车外运。

（2）盆式挖土周边留置的土坡，其宽度、高度和坡度大小由计算确定。留得过小，对围护墙支撑作用不明显，失去盆式挖土的意义；如坡度太陡，则不利于边坡稳定，在挖土过程中可能失稳滑动，不但会失去对围护墙的支撑作用，影响施工，而且有损于工程桩的质量。

4. 深基坑开挖注意事项及应急处理

（1）应防止深基坑挖土后土体回弹变形过大。

（2）应防止边坡失稳，防止桩位移和倾斜。

（3）应配合深基坑支护结构施工。

（4）土方开挖有时会使围护墙或邻近建筑物、管线等产生一些异常现象，此时需要配合有关人员及时进行处理，处理措施见表 1-10。

表 1-10 深基坑开挖时异常现象的处理措施

异常现象	处理措施
围护墙渗水与漏水	渗水量较小时，可采用在坑底设排水沟的方法。对渗水量较大，但没有泥砂带出的情况，可在渗漏较严重的部位先在围护墙上水平（略向上）打入一根钢管（内径 20～30mm），使其穿透支护墙体进入墙背土体内，由此将水从该管引出，而后将管边围护墙的薄弱处用防水混凝土或砂浆修补封堵，待修补封堵的混凝土或砂浆达到一定强度后，再将钢管出水口封住。对渗、漏水量很大的情况，如漏水位置离地面不深，可将支护墙背开挖至漏水位置下 500～1000mm，在支护墙后用密实混凝土进行封堵；如漏水位置埋深较大，则可在墙后采用压密注浆方法进行封堵
防止围护墙侧向位移发展	针对不同的支护形式，可采用加快垫层施工、加厚垫层厚度、加设支撑或拉锚、采用配筋垫层或设置坑底支撑等方法进行处理
流砂及管涌的处理	对轻微的流砂现象，在基坑开挖后可采用加快垫层浇筑或加厚垫层的方法"压注"流砂；对较严重的流砂，应增加坑内降水措施，使地下水位降至坑底以下 0.5～1m。降水是防治流砂最有效的方法。 管涌一般发生在围护墙附近，如果管涌十分严重，也可在支护墙前再打设一排钢板桩，在钢板桩与支护墙间进行注浆，钢板桩底应与支护墙底标高相同，顶面与坑底标高相同，钢板桩的打设宽度应比管涌范围宽 3～5m
邻近建筑位移的控制	当位移或沉降值达到报警值后，应立即采取措施。对建筑沉降的控制一般可根据基坑开挖进程，连续跟踪注浆。对沉降很大，而压密注浆又不能控制的建筑，如其基础是钢筋混凝土的，可考虑采用静力锚杆压桩的方法。如果条件允许，在基坑开挖前可对邻近建筑物下的地基或支护墙背土体先进行加固处理，如采用压密注浆、搅拌桩、静力锚杆压桩等加固措施，经加固处理后再施工则较为方便，效果更佳
管线位移的控制	对地下管线离开基坑较远，但开挖后引起的位移或沉降又较大的情况，可在管线靠基坑一侧设置封闭桩。在管线边开挖隔离沟对控制位移也有一定作用，但隔离沟应与管线有一定距离，其深度宜与管线埋深接近或略深，在靠管线一侧还应做出一定坡度。 对地下管线离基坑较近的情况，可采用管线架空的方法。管线架空后要与围护墙后的土体基本分离

1.2.4 土方回填压实

1. 土方回填压实施工工艺流程

土方回填压实施工工艺流程如图 1.14 所示。

图 1.14　土方回填压实施工工艺流程

2. 施工要点

1) 土料要求与含水率控制

填方土料应符合设计要求，以保证填方的强度和稳定性。当设计无要求时，应符合以下规定：①碎石类土、砂土和爆破石渣（粒径不大于每层铺土厚的 2/3），可作为表层下的填料；②含水率符合压实要求的黏性土，可作各层填料；③淤泥和淤泥质土，一般不能用作填料。

填土土料含水率的大小直接影响到夯实（碾压）质量，在夯实（碾压）前应先试验，以得到符合密实度要求条件下的最优含水率和最少夯实（碾压）遍数。含水率过小，容易夯压（碾压）不实；含水率过大，则易成橡皮土。土料含水率一般以手握成团，落地开花为适宜。如土料含水率过大，则应采取翻松、晾干、风干、换土回填、掺入干土或其他吸水性材料等措施；如土料含水率小，可采取增加压实遍数或使用大功率压实机械等措施；如土料过干，则应预先洒水润湿。

在气候干燥时，须加速挖土、运土、平土和碾压过程，以减少土的水分散失。当填料为碎石类土（充填物为砂土）时，碾压前应充分洒水湿透，以提高压实效果。

2) 基底处理

（1）场地回填应先清除基底上的垃圾、草皮、树根，排除坑穴中的积水、淤泥和杂物，并应采取措施防止地表清水流入填方区，浸泡地基，造成地基土下陷。

（2）当填方基底为耕植土或松土时，应将基底充分夯实和碾压密实。

（3）当填方位于水田、沟渠、池塘或含水量很大的松散土地段时，应根据具体情况，采取措施排水疏干，或采取将淤泥全部挖出换土、抛填片石、填砂砾石、翻松、掺石灰等措施进行处理。

（4）当填土场地地面坡度陡于 1/5 时，应先将斜坡挖成阶梯形，阶高 0.2~0.3m，阶宽大于 1m，然后分层填土，防止滑动。

3) 人工填土要求

用手推车送土，用铁锹、耙、锄等工具进行回填土作业。填土应从场地最低部分开始，由一端向另一端自下而上分层铺填。每层虚铺厚度，用人工木夯夯实时不大于 20cm，用打夯机械夯实时不大于 25cm。深浅坑（槽）相连时，应先填深坑（槽），填平后再与浅坑全面分层填夯。如采取分段填筑，交接处应填成阶梯形。墙基及管道回填时应在两侧用细土同时均匀回填、夯实，防止墙基及管道中心线位移。

夯填土采用人工按次序进行，一夯压半夯。较大面积人工回填用打夯机夯实。两机平行时其间距不得小于 3m；在同一夯打路线上，前后间距不得小于 10m。

4) 机械填土要求

铺土应分层进行，每次铺土厚度为 30~50cm（视所用压实机械的要求而定）。每层铺土后，利用填土机械将地表面刮平。填土程序

【蛙式振动打夯机】

一般尽量采取横向或纵向分层卸土，以利行驶时初步压实。

5）填土的压实

（1）填方的密实度要求和质量指标通常以压实系数 λ_c 表示，密实度一般由设计人员根据工程结构性质、使用要求及土的性质确定，如未做规定，可参考表 1-11 确定。

表 1-11 压实填土的质量控制指标

结 构 类 型	填 土 部 位	压 实 系 数	控制含水率
砌体承重结构和框架结构	在地基主要受力层范围内	≥0.97	$\omega\pm2\%$
	在地基主要受力层范围以下	≥0.95	
排架结构	在地基主要受力层范围内	≥0.96	$\omega_{op}\pm2\%$
	在地基主要受力层范围以下	≥0.94	

注：地坪垫层以下及基础底面标高以上的压实填土，压实系数不应小于 0.94。

（2）填土应尽量采用同类土填筑，并宜控制土的含水率在最优含水率范围内。当采用不同的土填筑时，应按土类有规则地分层铺填，将透水性大的土层置于透水性较小的土层之下，不得混杂使用。边坡不得用透水性较小的土封闭，以利水分排除和基土稳定，并避免在填方内形成水囊和产生滑动现象。

（3）填土应从最低处开始，由下向上分层铺填碾压或夯实。

（4）在地形起伏之处，应做好接槎。填筑 1:2 阶梯形边坡，每个台阶可取高 50cm、宽 100cm。分段填筑时每层接缝处应做成大于 1:1.5 的斜坡，碾迹重叠 0.5~1.0m，上下层错缝距离不应小于 1m。接缝部位不得在基础、墙角、柱墩等重要部位。

（5）填土应预留一定的下沉高度，以备在行车、堆重或干湿交替等自然因素作用下，土体逐渐沉落密实。预留沉降量根据工程性质、填方高度、填料种类、压实系数和地基情况等因素确定。当土方用机械分层夯实时，其预留下沉高度（以填方高度的百分数计）：砂土为 1.5%，粉质黏土为 3%~3.5%。

6）压实排水要求

（1）填土层如有地下水或滞水时，应在四周设置排水沟和集水井，将水位降低。

（2）已填好的土如遭水浸，应将稀泥铲除后，方能进行下一道工序。

（3）填土区应保持一定横坡，或中间稍高两边稍低，以利排水。当天填土，应在当天压实。

3. 质量检查

（1）填土施工过程中应检查排水措施、每层填筑厚度、含水率控制和压实程序。

（2）对有密实度要求的填方，在夯实或压实之后，要对每层回填土的质量进行检验，一般采用环刀法（或灌砂法）取样测定；或用小型轻便触探仪直接通过锤击数来检验干密度和密实度，符合设计要求后，才能填筑上层。

（3）基坑和室内填土，每层按 100~500m² 取样一组；场地平整填方，每层按 400~900m² 取样一组；基坑和管沟回填每 20~50m² 取样一组，但每层均不少于一组，取样部位在每层压实后的下半部。用灌砂法取样应为每层压实后的全部深度。

（4）填方施工结束后应检查标高、边坡坡度、压实程度等，其质量检验标准见表 1-12。

表 1-12　填土工程质量检验标准　　　　　　　单位：mm

分类	序号	检验项目	允许偏差或允许值					检 查 方 法
			桩基、基坑、基槽	场地平整		管沟	地（路）面基础层	
				人工	机械			
主控项目	1	标高	-50	±30	±50	-50	-50	水准仪
	2	分层压实系数	设计要求					按规定方法
一般项目	1	回填土料	设计要求					取样检查或直观鉴别
	2	分层厚度及含水率	设计要求					水准仪及抽样检查
	3	表面平整度	20	20	30	20	20	用靠尺或水准仪

1.2.5　基坑监测

在基坑开挖与支护结构使用期间，对较重要的支护结构需要进行监测。通过对支护结构和周围环境的监测，能随时掌握土层和支护结构内力的变化情况，以及邻近建筑物、地下管线和道路的变形情况。

1. 支护结构的监测

支护结构的监测项目与监测方法见表 1-13。

表 1-13　支护结构的监测项目与监测方法

监 测 对 象		监 测 项 目	监 测 方 法	备　　注
支护结构	围护墙	侧压力、弯曲应力、变形	土压力计、孔隙水压力计、测斜仪、应变计、钢筋计、水准仪等	验证计算的荷载、内力、变形时需监测的项目
	支撑（锚杆）	轴力、弯曲应力	应变计、钢筋计、传感器	验证计算的内力
	腰梁（围檩）	轴力、弯曲应力	应变计、钢筋计、传感器	验证计算的内力
	立柱	沉降、抬起	水准仪	观测坑底隆起的项目之一

2. 周围环境的监测

受基坑挖土等施工的影响，基坑周围的地层会发生不同程度的变形，对周围的建筑物、道路、地下管线都可能产生影响。特别是在软弱复杂的地层施工时，因基坑开挖、降水、地下结构的施工会引起地层变形,对周围环境产生不利影响。因此在进行基坑支护结构监测的同时,还必须对周围的环境进行监测。监测的内容主要包括坑外地形的变形、邻近建筑物的沉降和倾斜、地下管线的沉降和位移等。

1.2.6 排水与降水

在基坑工程施工过程中,要通过采取合理的排水、降水措施来降低地下水,以满足支护结构和挖土施工的要求,同时保证不因地下水位的变化对基坑周围的环境和设施带来危害。

基坑开挖深度浅时,可边开挖边用排水沟和集水井进行集水明排。在软土地区,基坑开挖深度超过 3m 时,一般就要用井点降水。当因降水危及基坑及周边环境安全时,可采用截水或回灌方法。

当基坑底为隔水层且层底作用有承压水时,应进行坑底突涌验算,必要时可采取水平封底隔渗或钻孔减压措施,以保证坑底土层稳定。

1. 集水明沟法

当基坑开挖深度不大,基坑涌水量不大时,常采用集水明排法(图 1.15),此方法简单、经济。

明沟、集水井排水多是在基坑的两侧或四周设置排水明沟,在基坑四角或每隔 30～40m 设置集水井,使基坑渗出的地下水通过排水明沟汇集于集水井内,然后用水泵将其排出基坑外。排水明沟宜布置在拟建建筑基础边 0.4m 以外,沟边缘离开边坡坡脚应不小于 0.3m;排水明沟的底面应比挖土面低 0.3～0.4m。集水井底面应比沟底面低 0.5m 以上,并随基坑的挖深而加深,以保持水流畅通。

【集水明沟排水】

2. 降水

降水即在基坑土方开挖之前,用真空(轻型)井点、喷射井点或管井深入含水层内,用不断抽水方式使地下水位下降至坑底以下,同时使土体产生固结以方便土方开挖。当基坑(槽)宽度小于 6m,且降水深度不超过 6m 时,可采用单排井点,布置在地下水上游一侧;当基坑(槽)宽度大于 6m,或土质不良、渗透系数较大时,宜采用双排井点,布置在基坑(槽)的两侧;当基坑(槽)面积较大时,宜采用环形井点,可在地下水的下游方向留置挖土运输通道。井点布置如图 1.16 所示。

【井点降水】

3. 回灌技术

(1)采用回灌井点。降水对周围环境的影响,是由土壤内地下水流失造成的。回灌井点技术即在降水井点和要保护的建(构)筑物之间打设一排井点,在降水井点抽水的同时,通过回灌井点向土层内灌入一定数量的水(即降水井点抽出的水),形成一道隔水帷幕,从而阻止或减少回灌井点外侧被保护的建(构)筑物基础的地下水流失,使地下水位基本保持不变,这样就不会因降水使地基自重应力增加而引起地面沉降。

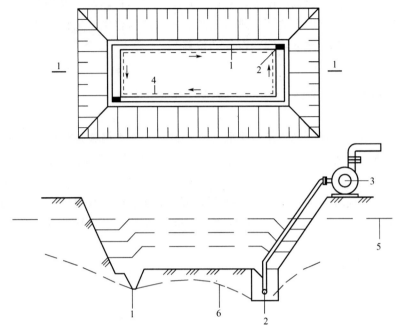

(a) 明沟、集水井排水方法

1—排水明沟；2—集水井；3—离心式水泵；
4—设备基础或建筑物基础边线；
5—原地下水位线；6—降低后地下水位线

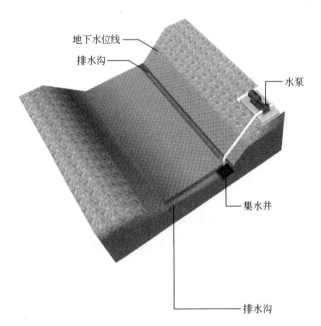

(b) 集水井降水

图 1.15　集水明排法

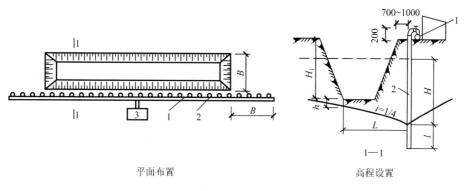

平面布置　　　　　　　　　高程设置

(a) 单排线状井点布置

1—总管；2—井点管；3—抽水设备

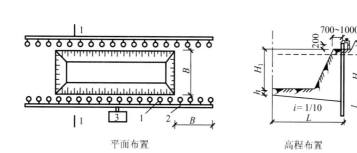

平面布置　　　　　　　　　高程布置

(b) 双排线状井点布置

1—总管；2—井点管；3—抽水设备

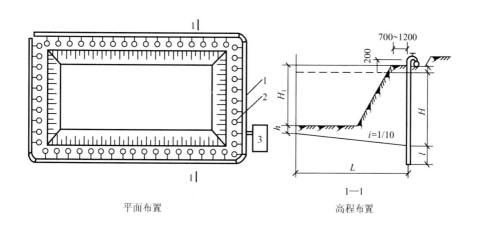

平面布置　　　　　　　　　高程布置

(c) 环状井点布置

1—总管；2—井点管；3—抽水设备

图 1.16　井点布置（单位：mm）

采用回灌井点时，回灌井点与降水井点的距离不宜小于6m。回灌水量要适当，过小无效，过大会从边坡或钢板桩缝隙流入基坑。图1.17所示为回灌技术示意。

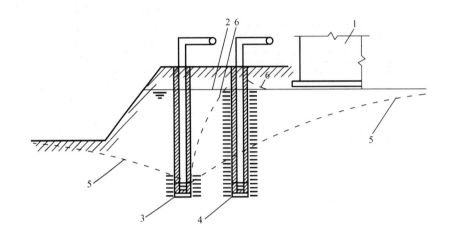

图 1.17 回灌技术示意

1—已有建筑；2—原水位线；3—降水井点；4—回灌井点；

5—基坑内降低后的水位线；6—回灌后水位线

（2）采用砂沟、砂井回灌。在降水井点与被保护建（构）筑物之间设置砂井作为回灌井，沿砂井布置一排砂沟，将降水井点抽出的水，适时、适量地排入砂沟，再经砂井回灌到地下。实践证明该法也能收到良好效果。

4. 截水

截水即利用截水帷幕，切断基坑外的地下水流入基坑内部，如图1.18所示。截水帷幕通常用注浆法、旋喷法、深层搅拌水泥土桩墙等形成。

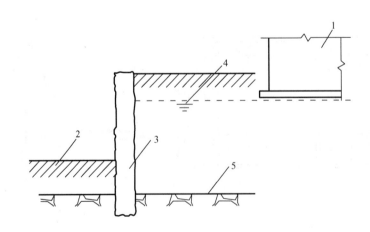

图 1.18 截水

1—已有建筑；2—基坑；3—深层搅拌水泥土桩墙；4—地下水位；5—隔水层

任务 1.3 基坑支护

1.3.1 钢板桩施工

钢板桩支护具有施工速度快、可重复使用的特点。常用的钢板桩有 U 形和 Z 形，还有直腹板式、H 形和组合式钢板桩。常用的钢板桩施工机械有自由落锤、气动锤、柴油锤、振动锤，使用较多的是振动锤。

1. 钢板桩施工工艺流程

钢板桩施工工艺流程如图 1.19 所示。

测量放线 → 钢板桩检验矫正，选择合适的打桩机具 → 钢板桩的打设 → 钢板桩的拔除

图 1.19 钢板桩施工工艺流程

【钢板桩施工】

2. 施工要点

1）打入方式选择

（1）单独打入法。这种方法是从板桩墙的一角开始，逐块（或两块为一组）打设，直至工程结束。根据板桩与板桩之间的锁扣方式，可分为大锁扣扣打施工法和小锁扣扣打施工法。这种方法只适用于板桩墙要求不高且板桩长度较小的情况，如图 1.20(a) 所示。

（2）屏风式打入法。这种方法是将 10～20 根钢板桩成排插入导架内，呈屏风状，然后再分批施打。用这种方法打设板桩墙比较多，它耗费的辅助材料不多，但能保证质量，如图 1.20(b)、(c) 所示。

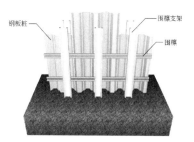

(a) 单独打入法   (b) 屏风式打入法(一)   (c) 屏风式打入法(二)

图 1.20 钢板桩打入方式

2）钢板桩拔除

为便于修整后重复使用，在进行基坑回填土时，要拔除钢板桩。拔除前要研究钢板桩的拔除顺序、拔除时间及桩孔处理方法。

3. 常见问题的原因及处理方法

钢板桩打设中常见问题见图 1.21,其原因及处理方法见表 1-14。

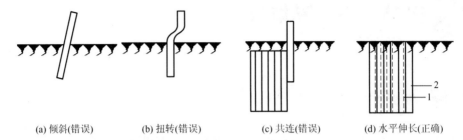

(a) 倾斜(错误)   (b) 扭转(错误)   (c) 共连(错误)   (d) 水平伸长(正确)

图 1.21 钢板桩打设中常见问题

1—虚线为原钢板桩位置;2—实线为沿打桩行进方向长度增加位置

表 1-14 钢板桩打设中常见问题的原因及处理方法

常见问题	原因	处理方法
倾斜(板桩头部向打桩行进方向倾斜)	被打桩与邻桩锁口间阻力较大,而打桩行进方向的贯入阻力小	施工过程中用仪器随时检查、控制、纠正;发生倾斜时用钢丝绳拉住桩身,边拉边打,逐步纠正;对先打的板桩适度预留偏差(反向偏斜)
扭转	锁口是铰式连接	在打桩行进方向用卡板锁住板桩的前锁口;在钢板桩与围檩之间的两边空隙内设滑轮支架,防止板桩下沉中的转动;在两块板桩锁口扣搭处的两边用垫铁和木棒填实
共连(打板桩时和已打入的邻桩一起下沉)	钢板桩倾斜弯曲,使槽口阻力增加	发生板桩倾斜及时纠正;把相邻已打好的桩(数块)用角铁电焊临时固定
水平伸长(沿打桩行进方向长度增加)	钢板桩锁口扣搭处有空隙	属正常现象。对四角要求封闭的挡墙,设计时要考虑水平伸长值,可在轴线修正时纠正

1.3.2 深层搅拌水泥土桩墙施工

深层搅拌水泥土桩墙是采用水泥作为固化剂,通过特制的深层搅拌机械,在地基深处就地将软土和水泥强制搅拌形成水泥土,利用水泥和软土之间所产生的一系列物理化学反应,使软土硬化成整体性的并有一定强度的挡土、防渗墙。

【深层搅拌水泥土桩墙施工】

1. 深层搅拌水泥土桩墙施工工艺流程

深层搅拌水泥土桩墙施工工艺流程如图 1.22 所示。

图 1.22　深层搅拌水泥土桩墙施工工艺流程

2. 施工要点

（1）桩机就位。深层搅拌桩机开行到达指定桩位、对中。当地面起伏不平时，应注意调整机架的垂直度。

（2）预搅下沉。深层搅拌机运转正常后，启动搅拌机电动机，使搅拌机沿导向架切土搅拌下沉。如遇硬黏土等下沉速度太慢时，可以适当补给清水以利于钻进。深层搅拌机预搅下沉到一定深度后，开始拌制水泥浆。

（3）提升喷浆搅拌。深层搅拌机下沉到达设计深度后，开启灰浆泵将水泥浆压入地基土中，此后边喷浆、边旋转、边提升深层搅拌机，直至设计桩顶标高。

（4）重复下沉搅拌。再次沉钻进行复搅，如果水泥掺入比较大，或因土质较密在提升时不能将应喷入土中的水泥浆全部喷完，可在重复下沉搅拌时予以补喷，即采用"二次喷浆、三次搅拌"的工艺，但此时仍应注意喷浆的均匀性。第二次喷浆量不宜过少，可控制在单桩总喷浆量的 30%～40%，因为过少的水泥浆很难做到沿全桩均匀分布。

（5）重复提升搅拌。边旋转、边提升，重复搅拌至桩顶标高，并将钻头提出地面。

3. 常见问题的原因及处理方法

水泥土桩墙施工中常见问题的原因及处理方法见表 1-15。

表 1-15　水泥土桩墙施工中常见问题的原因及处理方法

常见问题	原因	处理方法
钻进困难	遇到地下障碍物，遇到密实的黏土层、粉砂层、细砂层	改进钻头、适当注水钻进
发生断浆	压浆泵故障，管路阻塞	排除故障，疏通管路
注浆不均匀	提升速度与注浆速度不协调	对现场土层进行工艺试桩，改进工艺
桩顶缺浆	注浆过快或提升过慢	协调提升速度与注浆速度
浆液多余	注浆太慢或提升过快	
其他	样槽开挖太浅、太小	加深、加宽样槽
	成桩速度过快	放慢施工速度
	布桩过密	采用格栅式布置，减少密排桩
	土层有局部软弱层或带状软弱层，注浆压力扩散	调整施工顺序，先施工水泥土桩墙外排桩，将基坑封闭，使压力向坑内扩散

1.3.3   土钉墙

【土钉墙支护】

天然土体通过钻孔、插筋、注浆来设置土钉（也称砂浆锚杆）并与喷射混凝土面板相结合，形成类似重力挡墙的土钉墙（图1.23），可抵抗墙后的土压力，保持开挖面的稳定。土钉墙也称为喷锚网加固边坡或喷锚网挡墙。

土钉墙施工工艺流程和施工过程分别如图1.24和图1.25所示。

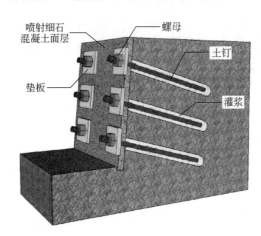

图 1.23　土钉墙

图 1.24　土钉墙施工工艺流程

(a) 喷射第一层混凝土

(b) 土钉成孔

(c) 安设土钉、注浆

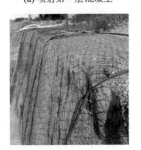

(d) 挂钢筋网

(e) 喷射混凝土面层

(f) 继续下一段施工

图 1.25　土钉墙施工过程

1.3.4 排桩支护

排桩支护是开挖前在基坑周围设置混凝土灌注桩。桩的排列有间隔式、双排式和连续式，桩顶设置混凝土连系梁或锚桩、拉杆。其施工方便、安全度好、费用低，适于开挖面积大、深度大于 6m、不允许放坡、邻近建（构）筑物的基坑支护，如图 1.26 所示。

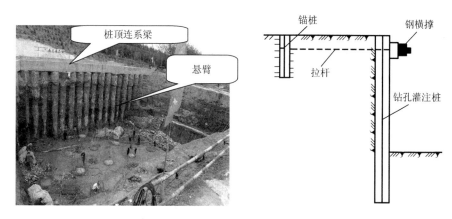

图 1.26 挡土灌注桩排桩支护

直径 0.6～1.1m 的钻孔灌注桩可用于深度在 7～13m 基坑的支护，直径 0.5～0.8m 的沉管灌注桩可用于深度在 10m 以内基坑的支护，单层地下室常用 0.8～1.2m 的人工挖孔灌注桩作支护结构。钢筋混凝土灌注桩的排列方式如图 1.27 所示。

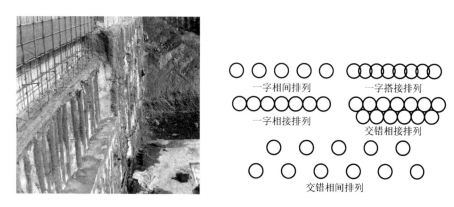

图 1.27 钢筋混凝土灌注桩的排列方式

1.3.5 锚杆支护

该法是在未开挖的土层立壁上钻孔至设计深度，孔内放入拉杆，灌入水泥砂浆与土层结合成抗拉力强的锚杆（图 1.28），锚杆一端固定在坑壁结构上，另一端锚固在土层中，将立壁土体侧压力传至深部的稳定土层。该法适于较硬土层，或在破碎岩石中开挖较大、较深的基坑，或邻近建（构）筑物须保证边坡稳定时采用。

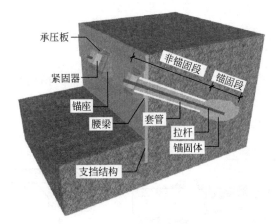

图 1.28　土层锚杆的构造

1. 锚杆支护施工工艺流程

锚杆支护施工工艺流程和施工过程分别如图 1.29 和图 1.30 所示。

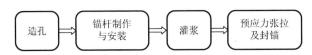

图 1.29　锚杆支护施工工艺流程

 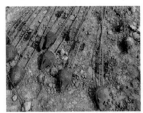 

(a) 造孔　　　　　　　(b) 锚杆制作　　　　　　　(c) 锚杆安装

(d) 灌浆　　　　　　　(e) 预应力张拉

图 1.30　锚杆支护施工过程

2. 挡土灌注桩与土层锚杆结合支护

【锚杆支护】

该法在桩顶不设锚桩、拉杆，而是挖至一定深度，每隔一定距离向桩背面斜向打入锚杆，达到强度后，安上横撑，拉紧固定，在中间挖土，直至设计深度，如图 1.31 所示。该法适用于大型较深基坑，施工期较长，邻近建筑物，不允许支护、邻近地基不允许有下沉或位移时使用。

图 1.31 挡土灌注桩与土层锚杆结合支护

1.3.6 挡墙加内撑支护

当基坑深度较大，悬臂式挡墙的强度和变形无法满足要求、坑外锚拉可靠性低时，可在坑内采用内撑支护。它适用于各种地基土层，缺点是内支撑会占用一定的施工空间。常用的有钢管内撑支护和钢筋混凝土构架内撑支护。

钢管支撑一般采用 $\phi 609$ 钢管，用不同壁厚适应不同的荷载，支撑的形式为对撑或角撑，对撑的间距较大时，可设置腹杆形成桁架式支撑；钢筋混凝土内支撑刚度大、变形小，能有效控制挡墙和周围地面的变形，可随挖土逐层就地现浇，形式可随基坑形状而变化，适用于周围环境要求较高的深基坑，如图 1.32 所示。

(a) 钢管对撑

(b) 钢管角撑

图 1.32 挡墙加内撑支护

(c) 钢筋混凝土内支撑

图 1.32 挡墙加内撑支护（续）

1.3.7 地下连续墙施工

【地下连续墙施工】

地下连续墙施工工艺：用特制的挖槽机械，在泥浆护壁下开挖一个单元槽段的沟槽，清底后放入钢筋笼（图 1.33），用导管浇筑混凝土至设计标高，一个单元槽段即施工完毕；各单元槽段间由特制的接头连接，形成连续的钢筋混凝土墙体。工程开挖土方时，地下连续墙可用作支护结构，既挡土又挡水，还可同时用作建筑物的承重结构。

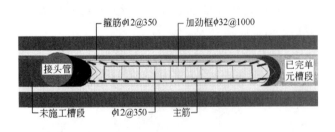

(a) 单元槽段钢筋笼

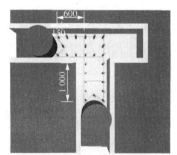

(b) 拐角部位钢筋笼

图 1.33 钢筋笼构造

1. 地下连续墙施工工艺流程

地下连续墙施工工艺流程和施工过程分别如图 1.34 和图 1.35 所示。

图 1.34 地下连续墙施工工艺流程

(a) 导墙施工

(b) 成槽机抓土

(c) 钢筋笼起吊

(d) 钢筋笼吊入

(e) 连续墙混凝土浇筑

(f) 锁口管起拔

(g) 进入第二槽段施工

图 1.35　地下连续墙施工过程

2. 施工要点

1）挖导沟、筑导墙

导墙可起到挡土墙的作用，同时可以作为测量的基准，也可作为挖槽机械轨道的支承，还能起到存蓄泥浆的作用。导墙的施工程序为：平整场地→测量定位→挖槽及处理弃土→绑扎钢筋→支模板→浇筑混凝土→拆模并设置横撑→导墙外侧回填土（如无外侧模板，可不进行此项工作）。

2）泥浆护壁

在地下连续墙的施工中，需要泥浆来护壁、清渣，同时泥浆还可作为挖土的润滑剂和机具的冷却剂。泥浆的费用占地下连续墙工程费用的一定比例，所以如何合理配置和正确使用泥浆，不仅是挖槽成功的一个关键工序，还是控制投资成本的重要一环。

3）挖槽

挖槽要选择合理的施工机械，科学划分施工单元槽段，施工中要防止槽壁坍塌。

4）钢筋笼的加工和吊放

制作钢筋笼，要确保钢筋的根数、位置、间距按配筋图施工，最好按单元槽段做成整体，如果需分段制作吊放时再连接，宜采用绑条焊接。钢筋笼的起吊、运输、吊放应制定周密的施工方案，不允许在此过程中产生不能恢复的变形。

5）地下连续墙的接头

一个单元槽段挖好后于槽段的端部用吊车放入接头管，然后吊放钢筋笼并浇筑混凝土，在混凝土浇筑后 3~5h，当混凝土强度达到 0.05~0.2MPa 时开始拔接头管，每隔 20~30min 提拔一次，每次上拔 30~100cm。应在混凝土浇筑结束后 8h 以内将接头管全部拔出。

6）浇筑混凝土

采用导管浇筑混凝土，在浇筑过程中，导管下口总是埋在混凝土内 1.5m 以上，最深不宜超过 9m，在施工中要随时掌握混凝土的浇筑量、混凝土的上升高度和导管的埋入深度，浇筑时导管可以上下抽动，但不能做横向运动，槽内混凝土面上升速度不宜小于 2m/h。考虑浮浆，混凝土面需要超浇 30～50cm，留待以后凿去。

3. 常见问题的原因及处理方法

地下连续墙施工中常见问题的原因及处理方法见表 1-16。

表 1-16　地下连续墙施工中常见问题的原因及处理方法

常见问题	原　因	处理方法
糊钻（在黏性土层中成槽，黏土附在多头钻刀片上产生抱钻现象）	在软塑黏土层中钻进，进尺过快，钻渣多；出浆口堵塞；在黏性土层成孔，钻速过慢，未能将切削泥土甩开	施钻时注意控制钻进速度，发生糊钻现象，可提出槽孔清除钻头上的泥渣
槽壁坍塌（局部孔壁坍塌水位突然下降，孔口冒细密的水泡，出土量增加而不见进尺，钻机负荷显著增加）	① 遇软弱土层或流砂层，或在松软砂层中钻进，进尺过快，或空转时间太长； ② 护壁泥浆选择不当，泥浆配制不合要求，起不到护壁作用； ③ 地下水位过高，或孔内出现承压水； ④ 成槽后搁置时间过长，泥浆沉淀； ⑤ 槽内泥浆液面降低，或下雨使地下水位急剧上升； ⑥ 槽段过长，或地面附加荷载过大等	① 控制进尺，不要过快或空转过久； ② 适当加大泥浆密度，成槽应根据土质情况选用合适泥浆，并通过试验确定泥浆密度； ③ 控制槽段液面高于地下水位 0.5m 以上； ④ 槽段成孔后，及时放钢筋笼并浇筑混凝土； ⑤ 根据钻进情况，随时调整泥浆密度和液面标高； ⑥ 单元槽段一般不超过两个槽段，注意地面荷载不要过大
钢筋笼难以放入（吊放钢筋笼被卡或搁住）	① 槽壁凹凸不平或弯曲； ② 钢筋笼尺寸不准，纵向接头处产生弯曲，吊放时产生变形	① 成孔要保持槽壁面平整； ② 严格控制钢筋笼外形尺寸，其长宽应比槽孔小 100～120mm；钢筋笼接长时使上段垂直对正下段，再进行焊接，并对称施焊。如因槽壁弯曲钢筋笼不能放入，应修整后再放
钢筋笼上浮	① 钢筋笼太轻，槽底沉渣过多； ② 导管埋入深度过大，或混凝土浇灌速度过慢，钢筋笼被托起上浮	① 在导墙上设置锚固点固定钢筋笼，清除槽底沉渣； ② 加快浇灌速度，控制导管的最大埋深不超过 6m
接头管拔不出	① 接头管本身弯曲，或安装不直； ② 抽拔接头管千斤顶能力不够，或不同步； ③ 拔管时间未掌握好，混凝土已经终凝，摩阻力增大；混凝土浇灌时未经常上下活动接头管； ④ 接头管表面的耳槽盖漏盖	① 接头管制作垂直度应在 1/1000 以内，安装时必须垂直插入，偏差不大于 50mm； ② 拔管装置能力应大于 1.5 倍摩阻力； ③ 接头管抽拔要掌握时机，混凝土初凝后即应上下活动，每 10～15min 活动一次；混凝土浇筑后 3.5～4h 应开始预拔，5～8h 内将管子拔出； ④ 盖好上月牙槽盖

续表

常见问题	原　因	处理方法
夹层（地下连续墙混凝土内存在夹泥层）	① 导管摊铺面积不够，部分位置灌注不到，被泥渣填充； ② 灌筑管埋置深度不够，泥渣从底口进入混凝土内； ③ 导管接头不严密，泥浆渗入导管内； ④ 首批灌注混凝土量不足； ⑤ 混凝土未连续浇灌造成间断，或浇灌时间过长。后浇灌的混凝土顶破顶层上升，与泥渣混合； ⑥ 导管提升过猛，或测深错误，导管底口超出原混凝土面，底口涌入泥浆	① 多槽段灌注时，应设 2～3 个导管同时灌注； ② 导管埋入混凝土深度应不小于 1.5m； ③ 导管接头应采用粗丝扣，设橡胶圈密封； ④ 首批灌注混凝土量要足够充分，使其有一定的冲击量，能把泥浆从导管中挤出； ⑤ 保持快速连续进行浇灌，中途停歇时间不超过 15min，槽内混凝土上升速度不应低于 2m/h； ⑥ 导管上升速度不要过猛，采取快速浇灌作业，防止时间过长而塌孔

注：1. 严重塌孔，要拔出钻头填入优质黏土，待沉积密实后重新下钻；局部坍塌，可加大泥浆密度，已塌土体可用钻机搅成碎块抽出。

　　2. 遇塌孔，可将沉积在混凝土上的泥土吸出，继续灌注；如混凝土凝固，可将导管提出，将混凝土清出，重新下导管灌注混凝土；混凝土已凝固出现夹层时，应在清除后采取压浆补强方法处理。

1.3.8　逆作法施工

【逆作法施工】

1. 逆作法施工工艺流程

逆作法施工工艺流程如图 1.36 所示。

施工地下连续墙和中间支承柱 → 开挖地下一层 → 支±0.00m位置模板，浇桩边混凝土 → 浇±0.00m位置板混凝土 → 施工地上一层，同时开挖地下二层土方 → 浇地上一层板混凝土，施工地下二层 → 施工地上二层

图 1.36　逆作法施工工艺流程

2. 逆作法施工的优点

（1）逆作法施工，根据地下一层的顶板结构是封闭还是敞开，分为封闭式逆作法和敞开式逆作法。前者在地下一层的顶板结构完成后，上部结构和地下结构可以同时施工，有利于缩短总工期；后者上部结构和地下结构不能同时施工，只是地下结构自上而下地逆向逐层施工。还有一种方法称为半逆作法，又称局部逆作法，其施工特点是：开挖基坑时，采用盆式挖土，先放坡开挖基坑中心部位的土体，靠近围护墙处留土以平衡坑外的土压力，待基坑中心部位开挖至坑底后，再由下而上顺作施工基坑中心部位地下结构至地下一层顶；然后浇筑留土处和基坑中心部位地下一层的顶

板，用作围护墙的水平支撑；最后进行周边地下结构的逆作施工，上部结构也可同时施工。

（2）逆作法施工能缩短工程施工的总工期。具有多层地下室的高层建筑，如采用传统方法施工，其总工期为地下结构工期加地上结构工期，再加装修等所占的工期。而用封闭式逆作法施工，一般情况下只有地下一层占绝对工期，而其他各层地下室可与地上结构同时施工，不占绝对工期，因此可以缩短工程的总工期。

（3）逆作法施工基坑变形小，能减少深基坑施工对周围环境的影响。采用逆作法施工，是利用地下室的楼盖结构作为支护地下连续墙的水平支撑体系，其刚度比临时支撑的刚度大得多，而且没有拆撑、换撑工况，因而可减少围护墙在侧压力作用下的侧向变形。此外，挖土期间用作围护墙的地下连续墙，在地下结构逐层向下施工的过程中，成为地下结构的一部分，而且与柱（或隔墙）、楼盖结构共同作用，可减少地下连续墙的沉降，即减少了竖向变形。这一切都使逆作法施工可最大限度地减少对周围相邻建筑物、道路和地下管线的影响，在施工期间可保证其正常使用。

（4）逆作法施工可简化基坑的支护结构，有明显的经济效益。采用逆作法施工，一般地下室外墙与基坑围护采用两墙合一的形式，一方面省去了单独设立的围护墙，另一方面可在工程用地范围内最大限度地扩大地下室面积，增加有效使用面积。此外，围护墙的支撑体系由地下室楼盖结构代替，省去了大量支撑费用，而且楼盖结构即支撑体系，还可以解决特殊平面形状建筑或局部楼盖缺失所带来的支撑布置的困难，并使受力更加合理。由于上述原因，再加上总工期的缩短，因而在软土地区对于具有多层地下室的高层建筑，采用逆作法施工具有明显的经济效益。

（5）逆作法施工期间，楼面恒载和施工荷载等通过中间支承柱传入基坑底部，压缩土体，可减少土方开挖后的基坑隆起。同时中间支承柱作为底板的支点，使底板内力减小，而且无抗浮问题存在，使底板设计更趋合理。

3. 逆作法施工存在的问题

（1）该法多利用人工开挖和运输，机械化程度较低。逆作法施工挖土是在顶部封闭状态下进行的，基坑中还分布有一定数量的中间支承柱（也称中柱桩）和降水用井点管，在目前尚缺乏小型、灵活、高效的小型挖土机械的情况下，使挖土的难度增大。

（2）对于层高较高的地下室，有时需另设临时水平支撑或加大围护墙的断面及配筋。因为逆作法用地下室楼盖作为水平支撑，支撑位置受地下室层高的限制，无法调整。

（3）逆作法施工需设中间支承柱，作为地下室楼盖的中间支承点，承受结构自重和施工荷载。为方便施工，数量不宜过多，此时可加设临时钢立柱，但会提高施工费用。

（4）对地下连续墙、中间支承柱与底板和楼盖的连接节点需进行特殊处理。如何减少地下连续墙和底板的沉降差异，在设计方面尚需研究。

（5）需要配备专用设备。在地下封闭的工作面内施工，要求使用低于 36V 的低电压，还需增设一些垂直运输土方和材料设备的专用设备，而且地下施工需要通风、照明设备。

4. 施工要点

（1）选择逆作施工形式。逆作法分为封闭式逆作法、敞开式逆作法、半逆作法三种施工形式。对于工期要求短或经过综合比较经济效益显著的工程，在技术可行的条件下应优先选用封闭式逆作法。当地下室结构复杂、工期要求不紧、技术力量相对不足时，应考虑敞开式逆作法或半逆作法，半逆作法多用于地下结构面积较大的工程。

（2）施工洞孔布置。应合理布置出土口、上人口、通风孔。

（3）中间支承柱（中柱桩）施工。中间支承柱多采用灌注桩方法进行施工，成孔方式视土质和地下水位而定。施工质量要求要高于常规施工方法。

（4）确定降水方案。逆作法施工时，多采用深井泵或加真空的深井泵进行地下水位降低。降水时一定要在坑内水位降至各工况挖土面以下 1.0m 以后，方可开始挖土施工，施工中要定时记录坑内外的水位，以便掌握挖土时间和降水速度。

（5）地下室土方开挖。挖土先从出土口处开始，逐皮逐层推进。为防止坍塌伤人，开挖的土方坡面不宜大于 75°，严禁掏挖。

（6）地下室结构施工。地下室结构的浇筑，尽可能利用土模浇筑梁板楼盖结构，对于地面梁板或地下各层梁板，挖至其设计标高后，将土面整平夯实，浇筑一层 C10 厚约 100mm 的素混凝土，然后刷一层隔离层，就可以施工楼板钢筋。对于梁模板，土质较好时，按梁的截面尺寸挖出沟槽作为土胎模，土质较差时，可用模板搭设或采用砖模。

项目小结

项目	工作任务	能力目标	基本要求	主要知识点	任务成果
土方工程施工	场地平整	（1）可以进行场地平整施工组织和质量监督； （2）可以计算场地平整土方量	掌握	（1）场地平整的施工流程及常见质量事故的处理方法； （2）用方格网法和横截面法计算场地平整土方量	（1）计算图 1.4 的土方工程量； （2）编制图 1.4 土方开挖与回填压实的方案； （3）编制附图中配电房项目的基坑支护方案
	土方开挖与回填压实	（1）可以进行基坑开挖的施工组织和质量监督； （2）可以进行基坑的回填压实工作	掌握	（1）岩石及土的分类； （2）基坑开挖的工作流程和施工要点； （3）土方回填压实的工作流程和施工要点； （4）基坑监测和排水、降水的方法	
	基坑支护	（1）可以进行基坑支护施工的现场技术工作； （2）可以进行基坑施工的旁站监理工作	熟悉	几种基坑支护方法的工作流程和施工要点	

思考与训练

一、计算题

某厂房场地平整，部分方格网如图 1.37 所示，方格边长为 20m×20m。试分别用方格网法和横截面法计算挖填总土方工程量。

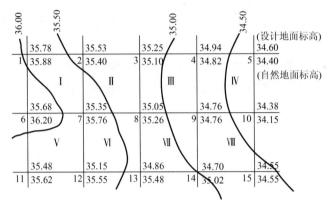

图 1.37 方格角点标高、方格编号及角点编号图（单位：m）

Ⅰ、Ⅱ、Ⅲ等—方格编号；1、2、3等—角点号

二、单选题

1. 土的类别越大，越难开挖，其可松性（   ）。

A. 越小　　　　B. 无变化　　　　C. 变大　　　　D. 趋于零

2. 从建筑施工的角度，根据土石的（   ），可将土石分为八类。

A. 颗粒级配　　B. 沉积年代　　　C. 坚硬程度　　D. 承载能力

3. 某沟槽的宽度为 4.0m，轻型井点的平面布置宜采用（   ）布置形式。

A. 单排井点　　B. U 形井点　　　C. 双排井点　　D. 环形井点

4. 土方边坡的边坡系数是以（   ）之比表示。

A. 土方开挖深度与底宽　　　　　　B. 土方每层开挖深度与底宽

C. 底宽与土方每层开挖深度　　　　D. 土方每层开挖深度与土方总开挖深度

5. 反铲挖土机的工作特点是（   ）。

A. 后退向下，自重切土　　　　　　B. 前进向上，强制切土

C. 后退向下，强制切土　　　　　　D. 直上直下，自重切土

6. 影响填土压实的主要因素之一是（   ）。

A. 土的种类　　　　　　　　　　　B. 土的含水率

C. 可松性大小　　　　　　　　　　D. 土的渗透系数

7. 土方的开挖顺序，方法必须与设计情况相一致，并遵循开槽支撑、（   ）、严禁超挖的原则。

A. 先撑后挖、分层开挖　　　　　　B. 先挖后撑、分层开挖

C. 先撑后挖、分段开挖　　　　　　D. 先挖后撑、分段开挖

三、案例分析题

1. 2008 年 11 月 15 日下午，杭州萧山湘湖段地铁施工现场发生塌陷事故。风情大道长达 75m 的路面坍塌并下陷 15m。行驶中的 11 辆车陷入深坑，数十名地铁施工人员被埋。事故造成 21 人死亡、24 人受伤、直接经济损失 4961 万元，是中国地铁建设史上最惨痛的事故，如图 1.38 所示。21 名责任人被究责，其中 10 人被追究刑事责任。

图 1.38 杭州地铁事故现场

(1) 请分析事故产生的可能原因。

(2) 如果你是该工程的施工员，应该如何组织施工？

2. 2009 年 6 月 27 日 6 时左右，上海闵行区莲花河畔小区一栋在建的 13 层住宅楼整体倒塌。这是中华人民共和国成立以来建筑史上最令人震惊的倒楼事件，如图 1.39 所示。

(1) 请分析事故产生的可能原因。

(2) 如果你是该工程的施工员，应该如何组织施工？

图 1.39 莲花河畔小区塌楼事故现场

项目**2** 基础工程施工

项目任务

　　通过学习,掌握浅基础施工的工艺流程和施工要点,明白浅基础施工中常见质量事故产生的原因及处理方法;掌握常见桩基础施工的工艺流程和施工要点,常见的质量事故及处理方法;掌握常用地基处理方法的工艺流程、施工要点及质量检验方法。

项目导读

　　(1) 阅读附图配电房图纸,分析并编制合适的基础施工方案;

　　(2) 阅读附图桩基础图纸,分析并编制合适的桩基础施工方案。

能力目标

　　(1) 通过学习,能够组织浅基础、桩基础、地基处理工程的施工;

　　(2) 具备现场施工员的工作能力;

　　(3) 能够监督检查浅基础、桩基础、地基处理工程的施工;

　　(4) 具备旁站监理员的工作能力。

任务 2.1 浅基础施工

2.1.1 无筋扩展基础

无筋扩展基础是指由砖、毛石、混凝土或毛石混凝土、灰土和三合土等材料组成的墙下条形基础或柱下独立基础，适用于多层民用建筑和轻型厂房，如图 2.1 所示。

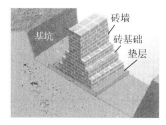
(a) 砖基础

(b) 毛石基础

(c) 毛石混凝土基础

图 2.1 无筋扩展基础

1. 浅基础施工工艺流程

浅基础施工工艺流程如图 2.2 所示。

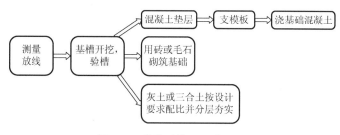

图 2.2 浅基础施工工艺流程

2. 施工要点

（1）达到设计要求的深度和持力层后，要组织地勘、监理、建设方、施工方、设计方验槽。验槽合格后，清除表层浮土及扰动土，不留积水，并马上进行垫层的施工。

（2）验槽的要点如下。

① 核对基坑的位置、平面尺寸、坑底标高。

② 核对基坑土质情况。逐段或按每个建筑物单元详细检查槽底土质是否与勘察报告中所提持力层相符。检查槽底土质时，应仔细观察刚开挖的、结构未被破坏的原状土；检验人员应亲自挖土观察，冬季时应注意槽底土是否有冰冻现象；在城市中，应特别注意基底有无杂填土及其分布情况；当持力层土质软弱、不均匀或有软弱下卧层时，根据需要可

利用轻便触探或微型贯入仪等查明持力层的密度和均匀性，以及软弱下卧层的厚度及分布情况。

③ 检查地下水情况。为了保持土的天然状态，不容许基槽内积水；如发现有积水，应立即掏除并检验淹没处土的湿度变化，湿度变化大时，应采取处理措施。

④ 查明基底是否有异常。应查明诸如空穴、古墓、古井、防空掩体及地下埋设物的位置、深度、性状。基底为干硬或稍湿的黏性土层，验槽时可采用铁碰拍底检查古井、墓穴及虚土等。

3. 常见质量事故及处理方法

（1）基坑底有浮土或已扰动土未清理干净。对此应严格清底检查，验槽及清底验收合格后，应立即进行垫层施工。施工运料时，砖石等应沿斜板滑下，以免扰动基槽地基土质。若槽底土被践踏而受到扰动时，基础施工前应将扰动部分清除至硬底为止，如不能完全清除或槽底位于地下水位以下以致土的湿度较大、土质较软时，应先铺一层砂石垫层，将浮土挤紧，然后再施工基础。干砂地基，在基础施工前应适当洒水夯实。基槽开挖后应防止水浸和土受冻。

（2）基坑超挖。对此于开工前应根据设计要求试挖几个基坑，并请地勘、监理、建设方、施工方、设计方验槽，确定持力层的验收标准，再大面积施工。

4. 地基的局部处理方法

根据基槽检验查明的局部异常的地基，在查明原因和范围后均应妥善处理。具体处理方法根据地基情况、工程地质及施工条件而有所不同，最终应使建筑物的各个部位沉降尽量趋于一致，以减小地基的不均匀沉降为处理原则。常见的处理方法如下。

（1）人工杂填土、坑穴、淤泥等软弱土层的处理方法（图2.3）。① 一般而言，当坑的范围较小、深度不大时，可将其虚土全部挖除，使坑底及四壁均见天然土为止，然后采用与坑边的天然土压缩性接近的材料回填。当天然土为中密、可塑的黏性土时，可用1：9或2：8灰土分层夯实回填；当为较密实的黏性土时，应用3：7的灰土分层夯实回填；当为砂层时，可用砂或级配砂石回填。回填应分层夯实或用平板振捣器振密，每层厚度不应大于200mm。② 当坑的范围较大或因其他条件限制，基槽不能开挖太宽，槽底挖不到天然土层时，应将该范围的基槽适当加宽或将基础挖深，做1：2踏步与两端相接，必要时应加强上部结构。

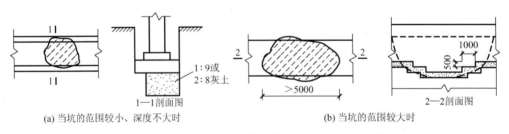

图2.3 人工杂填土、坑穴、淤泥等软弱土层的处理方法（单位：mm）

（2）砖井或土井的处理方法。当井内土层已密实时，应将井的砖圈拆除1m进行处理，并加强上部结构的强度，可采用墙内配筋或做地基梁跨越砖井。如井内回填土不密实，可用大石块将下面软土挤密后再按上述方法进行处理，如图2.4(a)所示。

（3）局部硬土的处理方法。当柱基或部分基槽下有过硬土层，如常见的旧基础、老灰土、大树根、砖窑底等时，均应挖除，视情况回填土或挖深基础，以防止建筑物产生不均匀沉降，造成上部建筑开裂，如图 2.4（b）所示。

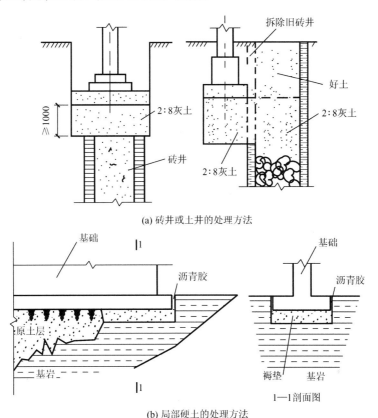

(a) 砖井或土井的处理方法

(b) 局部硬土的处理方法

图 2.4　砖井、土井和硬土的处理方法

（4）橡皮土的处理方法。当地基为黏性土，且含水率很大趋于饱和时，要避免直接夯拍，可采用晾槽或掺白灰的办法降低土的含水率。如地基土已发生了颤动现象，则应采取措施，如利用碎石或卵石将泥挤紧，或将泥挖出重新回填处理。

（5）文物、古墓的处理方法。如在地基中遇有文物、古墓，应及时与有关部门取得联系，进行处理后再进行施工。

（6）意外管线的处理方法。如在地基内发现未经说明的电缆、管道，切勿自行处理，应与主管部门共同商定施工方法。

2.1.2　钢筋混凝土扩展基础

钢筋混凝土扩展基础是指柱下钢筋混凝土独立基础和墙下钢筋混凝土条形基础。

1. 钢筋混凝土扩展基础施工工艺流程

钢筋混凝土扩展基础施工工艺流程、形态及实例分别如图 2.5 和图 2.6 所示。

【柱下独立基础施工】

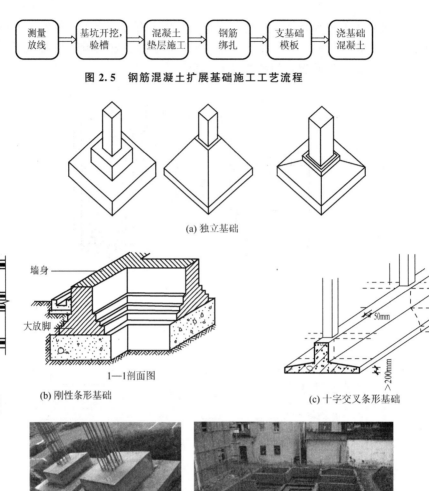

图 2.5　钢筋混凝土扩展基础施工工艺流程

图 2.6　钢筋混凝土扩展基础形态及实例

2. 施工要点

（1）做好基槽检验工作。验槽属于隐蔽工程验收，需要有地勘、监理、建设方、施工方、设计方参加，检验基底土质和地下水情况是否满足设计要求，检查基坑尺寸和基坑深度是否满足设计要求，同时还要查明坑底是否有软弱下卧层，是否有空穴、古墓、古井、防空掩体及地下埋设物，查明其位置、深度、性状，并由设计方验算是否需要进行处理。

（2）施工垫层混凝土前，要清除基底浮土、挖除已扰动土，采用降排水措施排除坑底积水。可在基坑周边挖排水沟，通过排水沟将积水排至基坑边的集水井，然后用潜水泵抽出。

（3）绑扎钢筋、支模板及浇筑基础混凝土的施工要点，将在项目 4 中详细说明。

3. 常见质量事故及处理方法

见 2.1.1 节第 3 条。

2.1.3 筏形基础

筏形基础分为平板式和梁板式两种类型，梁板式又分正向梁板式和反向梁板式两种类型，必要时也可采用柱帽式筏形基础。图 2.7 所示为筏形基础。

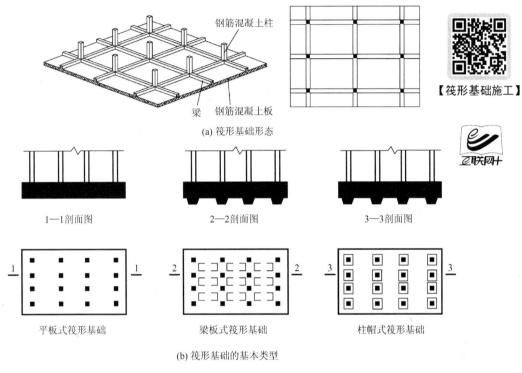

【筏形基础施工】

(a) 筏形基础形态

1—1剖面图　　　　2—2剖面图　　　　3—3剖面图

平板式筏形基础　　　梁板式筏形基础　　　柱帽式筏形基础

(b) 筏形基础的基本类型

图 2.7　筏形基础

1. 筏形基础施工工艺流程

筏形基础施工工艺流程如图 2.8 所示。

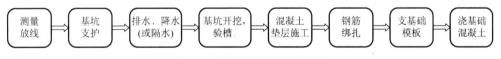

图 2.8　筏形基础施工工艺流程

筏形基础应根据整个建筑场地、工程地质和水文地质资料及现场环境等条件进行施工组织设计。施工前应根据工程特点、工程环境、水文地质和气象条件制订监测计划。施工中应做好监测记录并及时反馈信息，发现异常情况及时处理。

2. 施工要点

（1）基坑支护结构应根据当地工程经验，综合考虑水文地质条件、基坑开挖深度、场地条件及周围环境因地制宜进行设计。在场地宽阔，不影响邻近建筑、周围地下构筑物或地下管线的情况下，宜采用放坡开挖，并根据稳定性分析确定坡度。当基坑深度较大，不具备自然放坡施工条件，或地基土质松软并有地下水或丰盛的上层滞水时，应采取支护措施；当基坑开挖危及邻近建（构）筑物、道路及地下管线的安全与使用时，开挖也应采取支护措施。

（2）当地下水位影响基坑施工时，应采取人工降低地下水位或隔水的措施。降水、隔水方案应根据水文地质资料、基坑开挖深度、支护方式及降水影响区域内的建筑物、管线对降水反应的敏感程度等因素确定。应设置降水观察井，对降水的效果进行观察。当降低地下水位会影响周边建（构）筑物、道路、地下管线的安全时，宜采取设置隔水帷幕、回灌井点、回灌砂井、回灌砂沟等措施进行处理。

（3）当采用机械开挖时，应保留 200～300mm 土层由人工挖除；基坑边的施工荷载不得超过设计规定的荷载值；冬期施工时，必须采取有效措施，防止基土的冻胀。

（4）基坑开挖完成并经验收后，应立即进行基础施工，防止暴晒或雨水浸泡造成基土破坏。

（5）基础长度超过 40m 时，宜设置施工缝，缝宽不宜小于 80cm。在施工缝处，钢筋必须贯通；当主楼与裙房采用整体基础，且主楼基础与裙房基础之间采用后浇带时，后浇带的处理方法应与施工缝相同。

（6）基础混凝土应采用同一品种水泥、掺合料、外加剂和同一配合比。大体积混凝土可采用掺合料和外加剂改善混凝土的和易性，减少水泥用量，降低水化热。大体积混凝土宜采用蓄热养护法养护，其内外温差不宜大于 25℃，宜采用斜面式薄层浇捣，利用自然流淌形成斜坡，并应采取有效措施防止混凝土将钢筋推离设计位置。为减少表面收缩裂缝，大体积混凝土必须进行二次抹面工作。混凝土的泌水可采用抽水机抽吸或在侧模上开设泌水孔排出。

（7）基础施工完毕后，基坑应及时回填。回填前应清除基坑中的杂物；回填应在相对的两侧或四周同时均匀进行，并分层夯实。

3. 常见质量事故及处理方法

（1）基坑开挖造成周边管线破坏、道路开裂。对此，在基坑开挖前要详细了解周边地下管线的情况，制定详细合理的基坑开挖和降水方案。

（2）筏板挖至设计标高时，持力层有局部未达到设计要求。对此，在施工前应进行详细的地质勘探，合理设置筏板埋置深度。当出现局部不能满足承载力要求时，可通过修改设计、加深局部筏板的埋置深度来解决。

2.1.4　箱形基础

【箱形基础施工】

1. 箱形基础施工工艺流程

箱形基础施工工艺流程及基础形态分别如图 2.9 和图 2.10 所示。

2. 施工要点

1）箱形基础底板钢筋绑扎注意事项

（1）放线。除放出基础轴线、墙边线以外，还应放出门窗洞口线并打叉示意，门窗洞口与墙身垂直的边线应延伸至墙外不少于 200mm，以免底板上下层钢筋绑扎完毕，插入门窗洞口两边暗柱钢筋时，看不清门窗洞口两边的位置。当箱形基础内有框架生根时，放线人员应将柱边线、柱中心线、柱边墙角线全部弹出，以免插筋位置有误。

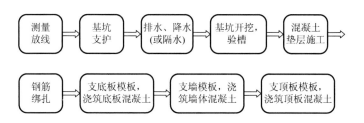

图 2.9 箱形基础施工工艺流程

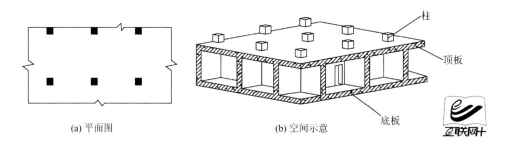

(a) 平面图　　　　　　(b) 空间示意

图 2.10 箱形基础形态

（2）钢筋马凳放置。钢筋马凳主要用于控制底板上下层钢筋间距和上层钢筋保护层厚度，其正确做法是：马凳底脚放在钢筋混凝土底板砂浆垫块上，不宜放在底板下层钢筋上，也不宜直接把钢筋马凳放在防水保护层上。马凳上皮以上应留出架立钢筋直径、上层钢筋纵横两个方向钢筋直径及保护层厚度。

（3）钢筋接头位置。底板钢筋受力为地基反力，底板钢筋下筋接头位置在跨中，上筋接头位置在支座，应特别注意接头位置除满足上述要求外，还应相互错开。

（4）隐蔽工程检查。隐蔽工程检查应分步进行：下层钢筋绑扎完毕，上层钢筋未铺放时，应进行一次下层钢筋检查，发现问题及时纠正。如果待上层钢筋绑完再查出问题，就不便返工了。上层钢筋绑扎完毕后应再进行一次检查。

2）箱形基础底板混凝土浇捣注意事项

（1）控制好商品混凝土的配合比，尽量降低水泥用量，尽可能缩短商品混凝土运输、浇筑的时间，从而可以适当减少商品混凝土的坍落度，减少干缩裂缝。

（2）对墙板混凝土进行保温、保湿养护，降低混凝土内外温差，从而减小温度应力，养护期间保持混凝土表面湿润，避免混凝土表面失水过快而产生收缩裂缝。

（3）加强施工工序之间的衔接，墙板拆模后应及早进行防水处理，及时回填土，避免基础墙板混凝土长期暴露在空气中造成的干缩裂缝。

3. 常见质量事故及处理方法

（1）开裂。箱形基础容易产生裂缝，可从材料选择、设计和施工方面来加以控制。如果出现了裂缝，裂缝的处理不宜过早，应在裂缝稳定后安排下道工序前几天进行，可选用防水性、粘接性、抗裂和耐久性好的材料做表面封闭处理。

（2）其他情况。见 2.1.3 节第 3 条。

任务 2.2 常见桩基础施工

2.2.1 预制桩施工

【锤击管桩施工】

1. 打入式预制桩施工

常见的预制桩类型有钢筋混凝土预制桩、预应力管桩、H 形钢桩及其他异形钢桩，如图 2.11 所示。

(a) 钢筋混凝土预制桩   (b) 预应力管桩   (c) H形钢桩

图 2.11 常见的预制桩类型

常见的打桩机械有轨道式打桩机、步履式打桩机、履带式打桩机，如图 2.12 所示。

(a) 轨道式打桩机   (b) 步履式打桩机   (c) 履带式打桩机

图 2.12 常见的打桩机械

1）打入式预制桩施工工艺流程

打入式预制桩施工工艺流程如图 2.13 所示。

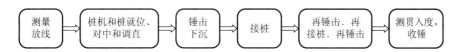

图 2.13　打入式预制桩施工工艺流程

2）施工要点

根据桩基平面布置，桩的尺寸、密集程度、深度，桩机移动是否方便，以及地基土质情况、施工场地实际情况等确定打桩顺序。对于密集群桩，通常由内向外对称施打；当靠近已有建筑物时，由已有建筑物朝另一方向施打。根据桩的规格，先长桩后短桩，先大桩后小桩；根据基础的设计标高，宜先深后浅。

按设计要求和地质报告确定配桩长度。当桩位置及垂直度校正后，应先轻击几锤，待观察桩锤、桩帽与桩身中心线垂直一致后，再正常施打。

桩分节打入，在现场接桩，桩的接头形式有焊接接桩、浆锚法接桩和法兰接桩等，如图 2.14 所示。浆锚法接桩适合软弱土层；焊接接桩和法兰接桩可用于各类土层。

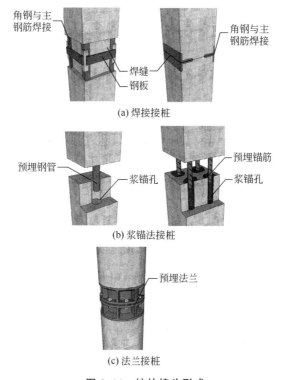

图 2.14　桩的接头形式

收锤标准：桩端位于一般土层时，以控制桩端设计标高为主，贯入度可做参考。当桩端达到坚硬、硬塑的黏性土，中密以上的粉土、砂土、碎石类土、分化岩时，以贯入度控制为主，桩端标高为辅。当贯入度已达到设计要求而桩端标高未达到设计要求时，应继续锤击 3 阵，并按每阵 10 击的贯入度不应大于设计规定的数值确认。

当桩顶标高较低时，应用送桩器送桩，送桩深度不宜大于 2m，送桩前应测桩的垂直度并检查桩顶质量，合格后应及时送桩，送桩的最后贯入度应参考相同条件下不送桩时的最后贯入度。送桩后遗留的桩孔应立即回填或覆盖。

3）常见问题的原因及处理方法

预制桩打桩过程中的几个要点见图 2.15，打桩过程中常见问题的原因及处理方法见表 2-1。

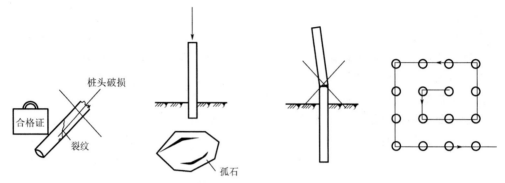

(a) 施工前检查预制桩的
出厂合格证及桩身质量

(b) 遇到大块孤石时，较浅的
挖除，较深的用钻钻透或爆碎

(c) 桩身要校准，不能
偏位，焊接质量要好

(d) 合理安排打桩顺序

图 2.15　预制桩打桩过程中的几个要点

表 2-1　打桩过程中常见问题的原因及处理方法

常见问题	原　　因	处　理　方　法
桩顶位移或上升涌起	（1）桩入土后，遇到大块孤石或坚硬障碍物，把桩尖挤向一侧。 （2）桩身不正直；两节桩或多节桩施工时，相接的两节桩不在同一轴线上，造成歪斜。 （3）在软土地基施工较密集的群桩时，如沉桩次序不当，由一侧向另一侧施打，常会使桩向一侧挤压，造成位移或涌起。 （4）遇流砂，或当桩数较多、土体饱和密实、桩间距较小，在沉桩时土被挤到极限密实度而向上隆起，使相邻的桩随同一起涌起	（1）施工前用钎或洛阳铲探明地下障碍物，较浅的挖除，较深的用钻钻透或爆碎。 （2）桩要吊线检查；桩不正直、桩尖不在桩纵轴线上时不宜使用，一节桩的长细比不宜超过 40。 （3）打桩时应注意打桩顺序，以及避免打桩期间同时开挖基坑，一般宜间隔 14d，以消散孔隙压力，避免桩位移或涌起；在饱和土中沉桩，采用井点降水、砂井或挖沟降水，或采取排水措施。 （4）采用"插桩法"，减少土的挤密及孔隙水压力的上升；位移过大时应拔出，移位再打，位移不大时可用木架顶正，再慢锤打入；障碍物不深，可挖去回填后再打；浮起量大的桩应重新打入
桩身倾斜（桩身垂直偏差过大）	（1）场地不平，打桩和导杆不直，引起桩身倾斜。 （2）稳桩时桩不垂直，桩顶不平，桩帽、桩锤及桩不在同一直线上。 （3）桩制作时桩身弯曲度超过规定，桩尖偏离桩的纵轴线较大，桩顶、桩帽倾斜，致使沉入时发生倾斜	（1）安设桩架场地应平整，打桩机底盘应保持水平，导杆应吊线保持垂直。 （2）稳桩时桩应垂直，桩帽、桩锤和桩三者应在同一直线上。 （3）桩制作时应控制使桩身弯曲度不大于 1%；桩顶应与桩纵轴线保持垂直；桩尖偏离桩纵轴线过大时不宜应用

续表

常见问题	原 因	处 理 方 法
桩头击碎（打桩时，桩顶出现混凝土掉角、破碎、坍塌或被打坏，桩顶钢筋局部或全部外露）	（1）桩设计未考虑工程地质条件或机具性能，桩顶的混凝土强度等级设计偏低，钢筋网片不足，造成强度不够。 （2）施工机具选择不当，桩锤选用过大或过小，锤击次数过多，使桩顶混凝土疲劳破坏。 （3）桩顶与桩帽接触不平，桩帽变形倾斜或桩沉入土中不垂直，造成桩顶局部应力集中而将桩头打坏。 （4）沉桩时未加缓冲垫或桩垫不符合要求，失去缓冲作用，使桩直接承受冲击荷载。 （5）施工中落锤过高或遇坚硬砂土夹层、大块石等	（1）桩设计时应根据工程地质条件和施工机具性能合理设计桩头，保证有足够的强度。 （2）沉桩前应对桩构件进行检查，如桩顶不平或不垂直于桩轴线，应修补后才能使用。 （3）检查桩帽与桩的接触面处及桩帽垫木是否平整，如不平整，应进行处理后方能开打。 （4）沉桩时，稳桩要垂直，桩顶应加草垫、纸袋或胶皮等缓冲垫。如发现损坏，应及时更换；如桩顶已破碎，应更换或加垫桩垫；如破碎严重，可把桩顶剥平补强，必要时加钢板箍，再重新沉桩。 （5）注意落锤不要过高；施工前查清地下障碍物并清除
桩身断裂（沉桩时桩身突然倾斜错位，贯入度突然增大，同时当桩锤跳起后，桩身随之出现回弹）	（1）桩制作弯曲度过大，桩尖偏离轴线，或沉桩时桩长细比过大，遇到较坚硬土层或障碍物，或其他原因出现弯曲，在反复集中荷载作用下，当桩身承受的抗弯强度超过混凝土抗弯强度时，即产生断裂。 （2）桩在反复施打时，桩身受到拉压，大于混凝土的抗拉强度时，产生裂缝，剥落而导致断裂。 （3）桩制作质量差，局部强度低或不密实；或桩在堆放、起吊、运输过程中产生裂缝或断裂。 （4）桩身打断、接头断裂或桩身劈裂	（1）施工前查清地下障碍物并清除；检查桩外形尺寸，发现弯曲超过规定或桩尖不在桩纵轴线上时，不得使用。 （2）沉桩过程中，发现桩不垂直应及时纠正，或拔出重新沉桩；接桩要保持上下节桩在同一轴线上。 （3）检查桩的出厂合格证，施打前检查桩身质量，有裂缝和断裂破损的桩不能施打。 （4）对于已断的桩，可采取在一旁补桩的办法处理
接头松脱、开裂（接桩处经锤击后出现松脱、开裂等现象）	（1）接头表面留有杂物、油污未清理干净。 （2）采用硫黄胶泥接桩时，配合比、配制使用温度控制不当，强度达不到要求，在锤击作用下产生开裂。 （3）采用焊接或法兰连接时，连接铁件或法兰平面不平，存在较大间隙，造成焊接不牢或螺栓不紧；或焊接质量不好，焊缝不连续、不饱满，存在夹渣等缺陷。 （4）两节桩不在同一直线上，在接桩处产生弯曲，锤击时，接桩处局部产生应力集中而破坏连接	（1）接桩前，应将连接表面杂质、油污清除干净。 （2）采用硫黄胶泥接桩时，严格控制配合比及熬制、使用温度。按操作要求操作，保证连接强度。 （3）检查连接部件是否牢固、平整，如有问题，应修正后才能使用。 （4）接桩时两节桩应在同一轴线上，预埋连接件应平整服帖；连接好后，应锤击几下再检查一遍，如发现松脱、开裂等现象，应采取补救措施，如重接、补焊、重新拧紧螺栓并把丝扣凿毛，或用电焊焊死

常见问题	原　因	处理方法
沉桩达不到设计控制要求（沉桩未达到设计标高或最后沉入度控制指标要求）	（1）地质勘察资料粗糙、地质和持力层起伏标高不明，致使设计桩尖标高与实际不符，达不到设计标高要求；或持力层过高。 （2）沉桩遇地下障碍物，如大块石、混凝土坑等，或遇坚硬土夹层、砂夹层。 （3）在新近代砂层沉桩，同一层土的强度差异很大，且砂层越挤越密，有时出现沉不下去的现象。 （4）打桩间歇时间过长，摩阻力增大。 （5）桩锤选择太小或太大，使桩沉不到位，或超过设计要求的控制标高。 （6）桩顶打碎或桩身打断，致使桩不能继续打入	（1）详细探明工程地质情况，必要时应做补勘；正确选择持力层或标高。 （2）探明地下障碍物并清除，或钻透或爆碎。 （3）在新近代砂层沉桩时，注意打桩次序，减少向一侧挤密的现象。 （4）打桩应连续打入，不宜间歇时间过长。 （5）注意选择合适的桩锤。 （6）可采取在一旁补桩的办法处理
桩急剧下沉（桩下沉速度过快，超过正常值）	（1）遇软土层或土洞。 （2）桩身弯曲或有严重的横向裂缝，接头破裂或桩尖劈裂。 （3）落锤过高或接桩不垂直	（1）遇软土层或土洞，应进行补桩或填洞处理。 （2）沉桩前检查桩垂直度和有无裂缝情况，发现弯曲或裂缝，处理后再沉桩。 （3）落锤不要过高，将桩拔起检查，改正后重打，或靠近原桩位做补桩处理
桩身跳动、桩锤回弹（桩反复跳动、不下沉或下沉很慢，桩锤回弹）	（1）桩尖遇树根、坚硬土层。 （2）桩身弯曲过大，接桩过长。 （3）落锤过高	（1）检查原因，穿过或避开障碍物。 （2）桩身弯曲如超过规定，不得使用；接桩长度不应超过40倍直径。 （3）操作时注意落锤不应过高，如入土不深，应拔起避开或换桩重打

【静压预应力管桩施工】

2. 静力压桩施工

1）静力压桩的特点

静力压桩施工无噪声、无振动、无污染，压桩力能自动记录，可预估和验证单桩承载力，施工安全可靠。图 2.16 所示为静力压桩的施工机具。静力压桩特别适合在建筑稠密区、危房附近及环境保护要求严格的地区使用，不宜用于地下有较多孤石、障碍物或有 4m 以上硬隔离层的情况。

2）静力压桩施工工艺流程

静力压桩施工工艺流程如图 2.17 所示。

3）施工要点

压桩过程中要认真记录桩入土深度与压力表读数的关系，以判断桩的质量及承载力，压

图 2.16　静力压桩的施工机具

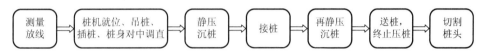

图 2.17　静力压桩施工工艺流程

桩时应连续进行，当压力表读数突然上升或下降时，要停机分析原因。送桩时可不采用送桩器，只需用一节长度超过要求送桩深度的桩放在被送桩顶上即可，送桩深度不宜超过 8m。

4）常见问题的原因及处理方法

静力压桩常见问题的原因及处理方法见表 2-2。

表 2-2　静力压桩常见问题的原因及处理方法

常见问题	原　因	处理方法
桩压不下去	（1）桩端停在砂层中接桩，中途间断时间过长。 （2）压桩机部分设备工作失灵，压桩停歇时间过长。 （3）施工降水过低，土体中孔隙水排出，压桩时失去超静水压力的"润滑作用"。 （4）桩尖碰到砂夹层，压桩阻力突然增大，甚至超过压桩机能力而使桩机上抬	（1）避免桩端停在砂层中接桩。 （2）及时检查压桩设备。 （3）降水水位适当；以最大压桩力作用在桩顶。 （4）采取停车再开、忽停忽开的办法，使桩有可能缓慢下沉穿过砂夹层
桩达不到设计标高	（1）桩端持力层深度与勘察报告不符。 （2）桩压至接近设计标高时过早停压，在补压时不下去	（1）变更设计桩长。 （2）改变过早停压的做法
桩架发生较大倾斜	压桩阻力超过压桩能力，或者来不及调整平衡	立即停压并采取措施调整，使之保持平衡
桩身倾斜或位移	（1）上下节桩轴线不一致，桩不保持轴心受压。 （2）遇横向障碍物	（1）加强测量，及时调整。 （2）障碍物不深时，可挖除回填后再压；歪斜较大时，可利用压桩油缸回程将土中的桩拔出，回填后重新压桩

2.2.2 灌注桩施工

【锤击沉管灌注桩】

1. 锤击（振动）沉管灌注桩施工

锤击（振动）沉管灌注桩采用锤击打桩机，将带活瓣桩尖或设置钢筋混凝土预制桩尖（靴）的钢管锤击（振动）沉入土中，然后边浇筑混凝土边拔桩管成桩。灌注桩的主要设备一般为锤击（振动）打桩机，由桩架、桩锤（如落锤、柴油锤、蒸汽锤等）、桩管等组成，如图 2.18 所示。

图 2.18　锤击（振动）打桩机

1）锤击（振动）沉管灌注桩施工工艺流程

锤击（振动）沉管灌注桩施工工艺流程如图 2.19 所示。

图 2.19　锤击（振动）沉管灌注桩施工工艺流程

2）施工要点

拔管速度要均匀，要边拔边轻击，第一次拔管高度不宜太大，应控制在能容纳第二次需要灌入的混凝土数量为限。宜按桩基施工顺序依次退打，桩中心距在 4 倍桩管外径以内或小于 2m 时均应跳打，中间空出的桩，须待邻桩混凝土达到设计强度的 50% 以后方可施打。为提高承载力或对缩颈等缺陷进行补救，可采用复打。

3）常见问题的原因及处理方法

锤击（振动）沉管灌注桩常见问题见图 2.20，其原因及处理方法见表 2-3。

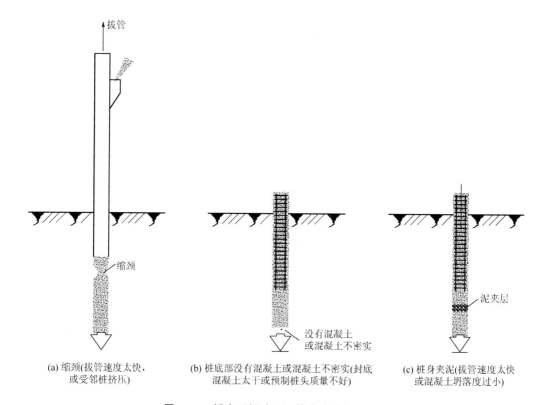

(a) 缩颈(拔管速度太快，或受邻桩挤压)   (b) 桩底部没有混凝土或混凝土不密实(封底混凝土太干或预制桩头质量不好)   (c) 桩身夹泥(拔管速度太快或混凝土坍落度过小)

图 2.20 锤击（振动）沉管灌注桩常见问题

表 2－3 打桩过程中常见问题的原因及处理方法

常 见 问 题	原 因	处 理 方 法
缩颈（浇筑混凝土后的桩身局部直径小于设计尺寸）	（1）在地下水位下饱和淤泥或淤泥质土中沉桩管时，土受到强制扰动挤压，土中水和空气未能很快扩散，局部产生孔隙压力，当套管拔出时混凝土强度尚低，把部分桩体挤成缩颈。 （2）在流塑淤泥质土中，由于下套管产生的振动作用使混凝土不能顺利地灌入，被淤泥质土填充进来而造成缩颈。 （3）桩身间距过小，施工时受邻桩挤压。 （4）拔管速度过快，混凝土来不及下落而被泥土填充。 （5）混凝土过于干硬或和易性差，拔管时对混凝土产生摩擦力，或管内混凝土量过少、混凝土出管的扩散性差而造成缩颈	（1）施工时每次向桩管内尽量多装混凝土，借其自重抵消桩身所受的孔隙水压力，一般使管内混凝土高于地面或地下水位 1.0～1.5m，使之有一定的扩散力。 （2）沉桩应采取"慢抽密击（振）"的方法。 （3）桩间距过小，宜用跳打法施工。 （4）桩拔管速度不得大于 0.8～1.0m/min。 （5）桩身混凝土应用和易性好的低流动性混凝土浇筑。桩轻度缩颈，可采用反插法施工，每次拔管高度以 1.0m 为宜；局部缩颈宜采用半复打法施工；桩身多段缩颈宜采用复打法施工

常见问题	原　因	处理方法
断桩、桩身混凝土坍塌（桩身局部残缺夹有泥土，或桩身的某一部位混凝土坍塌，上部被土填充）	（1）桩下部遇软弱土层，桩成型后，还未达到初凝强度时，在软硬不同的两层土中振动下沉套管，由于振动在两层土中的波速不一样，于是产生了剪切力把桩剪断。 （2）拔管时速度过快，混凝土尚未流出套管，周围的土便迅速回缩，从而形成断桩。 （3）在流态的淤泥质土中，孔壁不能自立，浇筑混凝土时，混凝土密度大于流态淤泥质土，造成混凝土在该层中坍塌。 （4）桩中心距过近，打邻桩时受挤压（水平力及抽管上拔力）断裂。 （5）混凝土终凝不久，受振动和外力扰动	（1）控制桩中心距大于 3.5 倍桩直径。 （2）认真控制拔管速度，一般以 1.2～1.5m/min 为宜。 （3）对于松散性和流态淤泥质土，不宜多振，以边振边拔为宜；已出现断桩时，采用复打法解决；在流态淤泥质土中出现桩身混凝土坍塌时，应尽可能不采用套管护壁灌注桩。 （4）桩中心距过近，可采用跳打或控制时间的方法施工，跳打应在相邻成型的桩达到设计强度的 60% 以上时进行。 （5）混凝土终凝不久应避免振动和扰动
拒落（灌完混凝土后拔管时，混凝不从管底部流出，拔至一定高度后才流出管外，造成桩的下部无混凝土或混凝土不密实）	（1）在低压缩性粉质黏土层中打拔管桩，灌完混凝土开始拔管时，活瓣桩尖被周围的土包围压住而打不开，使混凝土无法流出而造成拒落。 （2）在有地下水的情况下，封底混凝土过干，套管下沉时间较长，在管底形成"塞子"堵住管口，使混凝土无法流出。 （3）预制桩头混凝土质量较差，强度不够，沉管时桩头被挤入套管内阻塞混凝土下落	（1）根据工程和地质条件，合理选择桩长，尽量使桩不进入低压缩性粉质黏土层。 （2）在有地下水的情况下，混凝土封底不要过干，套管下沉不要过长，套管沉至设计要求后，应用浮标测量预制桩尖是否进入桩管，如桩尖进入桩管，应拔出处理；浇筑混凝土后，拔管时应用浮标经常观测测量，检查混凝土是否有阻塞情况；已出现拒落时，可在拒落部位采用翻插法处理。 （3）严格检查预制桩头的强度和规格，防止桩尖在施工时压入桩管
桩身夹泥（桩身混凝土内存在泥夹层，使桩身截面减小或隔断）	（1）在饱和淤泥质土层中施工，拔管速度过快、混凝土骨料粒径过大、坍落度过小，混凝土还未流出管外，土即涌入桩身，造成桩身夹泥。 （2）采用翻插法时，翻插深度太大，翻插时活瓣向外张开，使孔壁周围的泥挤进桩身而造成桩身夹泥。 （3）采用复打法时，套管上的泥土未清理干净，而带入桩身混凝土内	（1）在饱和淤泥质土层中施工，注意控制拔管速度和混凝土骨料粒径（不超出 30mm）、坍落度（不大于 5～7cm），拔管速度以 0.8～1.0m/min 较合适；混凝土应搅拌均匀，和易性好，拔管时随时用浮标测量，观察桩身混凝土灌入量，发现桩径减小时，应采取措施。 （2）采用翻插法时，翻插深度不宜超过活瓣长度的 2/3。 （3）复打时，在复打前应把套管上的泥土清除干净

续表

常 见 问 题	原 因	处 理 方 法
桩身下沉（桩成型后，在相邻桩位下沉套管时，桩顶的混凝土、钢筋或钢筋笼下沉）	（1）新浇筑的混凝土处于流塑状态，由于相邻桩沉入套管时的振动影响，使混凝土骨料自重夯实，造成桩顶混凝土下沉，土塌入混凝土内。 （2）钢筋的密度比混凝土大，受振动作用，使钢筋或钢筋笼沉入混凝土中	（1）在桩顶部分采用较干硬性混凝土。 （2）钢筋或钢筋笼放入混凝土后，上部用钢管将钢筋或钢筋笼架起，支在孔壁上，可防止相邻桩振动时下沉；指定专人铲去桩顶杂物、浮浆，重新补足混凝土
超量（浇筑混凝土时，混凝土的用量比正常情况下大一倍以上）	（1）在饱和淤泥质软土中成桩，土受到扰动，强度大大降低，由于混凝土对土壁侧压力作用而使土壁压缩，桩身扩大。 （2）地下遇有土洞、坟坑、溶洞、下水道、枯井、防空洞等洞穴	（1）在饱和淤泥质软土层中成桩，宜先打试验桩，如发现混凝土用量过大，应与设计单位研究改用其他桩型。 （2）施工前应通过钎探了解工程范围内的地下洞穴情况，如发现洞穴，应预先挖开或钻孔进行填塞处理，再进行施工
桩达不到最终控制要求（桩管下沉达不到设计要求的深度）	（1）遇有较厚的硬夹层或大块孤石、混凝土块等地下障碍物。 （2）实际持力层标高起伏较大，超过施工机械能力，桩锤选择太小或太大，使桩沉不到或沉过要求的控制标高。 （3）振动沉桩机的振动参数（如激振力、振幅、频率等）选择不合适，或因振动压力不够而使套管沉不下去。 （4）套管长细比过大，刚度较差，在沉管过程中产生弹性弯曲而使锤击或振动能量减弱，不能传至桩尖处	（1）认真勘察工程范围内的地下硬夹层及埋设物情况，遇有难以穿透的硬夹层时，应用钻机钻透，或将地下障碍物清除干净。 （2）锤击沉管时，如锤击能力不够，可更换大一级的锤。 （3）根据工程地质条件选用合适的沉桩机械和振动参数，沉桩时，如因正压力不够而沉不下去时，可用加配重或加压的办法来增加正压力。 （4）套管应有一定的刚度，长细比不宜大于 40

2. 钻（冲）孔灌注桩施工

1）钻（冲）孔灌注桩的特点及相关施工机具

钻孔灌注桩是采用地质钻机慢速钻进，采用泥浆护壁，并通过泥浆排渣；可用于各种地质条件，通过调整钻头刀片的尺寸，可适应多种孔径；通过钻杆的接长，成孔深度较深（40～100m）；施工无噪声、无振动、无挤压，设备简单，操作方便。但其成孔速度慢、用水量大、污染环境，适

【钻（冲）孔灌注桩】

应于地下水位较高的软、硬土层，如淤泥、黏性土、砂土、软质岩等土层应用。其主要施工机具设备为回转钻机。在有孤石的砂砾石层、漂石层、坚硬土层、岩石层常采用冲孔灌注桩，它是采用冲击式钻机或用卷扬机悬吊冲击钻头（冲锤）上下往复冲击，将硬质土或岩层破碎成孔，采用泥浆循环排渣或抽渣筒排渣。图 2.21 所示为钻（冲）孔灌注桩施工机具。

2）钻（冲）孔灌注桩施工工艺流程

钻（冲）孔灌注桩施工工艺流程如图 2.22 所示。

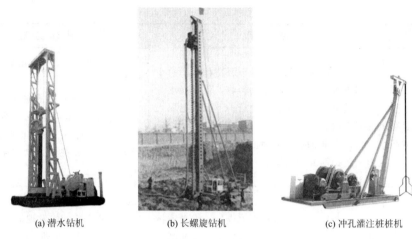

(a) 潜水钻机　　　　　(b) 长螺旋钻机　　　　　(c) 冲孔灌注桩桩机

图 2.21　钻（冲）孔灌注桩施工机具

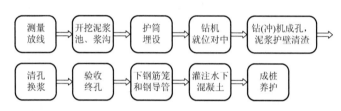

图 2.22　钻（冲）孔灌注桩施工工艺流程

3）施工要点

钻（冲）孔时，应随时测定和控制泥浆密度，对于较好的黏土层，可采用自成泥浆护壁。成孔后孔底沉渣要清除干净。沉渣厚度要小于 100mm，清孔验收合格后，要立即放入钢筋笼，并固定在孔口钢护筒上，钢筋笼检查无误后要马上浇筑混凝土，间隔时间不能超过 4h。用导管开始浇筑混凝土时，管口至孔底的距离为 300～500mm。第一次浇筑时，导管要埋入混凝土下 0.8m 以上，以后浇捣时，导管埋深宜为 2～6m。

4）常见问题的原因及处理方法

钻（冲）孔灌注桩常见问题见图 2.23，其原因及处理方法见表 2-4。

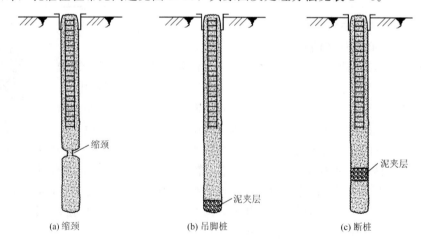

(a) 缩颈　　　　　(b) 吊脚桩　　　　　(c) 断桩

图 2.23　钻（冲）孔灌注桩常见问题

表 2-4 钻（冲）孔灌注桩常见问题的原因及处理方法

常见问题	原　　因	处　理　方　法
坍孔	（1）护筒周围未用黏土填封紧密而漏水，或护筒埋置太浅。 （2）未及时向孔内加泥浆，孔内泥浆面低于孔外水位，或孔内出现承压水降低了静水压力，或泥浆密度不够。 （3）在流砂、软淤泥、破碎地层松散砂层中进钻，进尺太快或停在一处空转时间太长，转速太快	（1）护筒周围用黏土填封紧密。 （2）钻进中及时添加新鲜泥浆，使其高于孔外水位。 （3）遇流砂、松散土层时，适当加大泥浆密度，不要使进尺过快。空转时间过长，轻度坍孔，可加大泥浆密度和提高水位；严重坍孔，可用黏土泥浆投入，待孔壁稳定后采用低速钻进
钻孔偏移 （倾斜）	（1）桩架不稳，钻杆导架不垂直，钻机磨损，部件松动，或钻杆弯曲、接头不直。 （2）土层软硬不匀。 （3）钻机成孔时，遇较大孤石或探头石，或基岩倾斜未处理，或在粒径悬殊的砂、卵石层中钻进，钻头所受阻力不匀	（1）安装钻机时，要对导杆进行水平和垂直校正，检修钻孔设备，如钻杆弯曲，应及时调换。 （2）遇软硬土层时，应控制进尺，低速钻进；偏斜过大时，填入石子、黏土重新钻进，控制钻速，慢速上下提升、下降，往复扫孔纠正。 （3）如有探头石，宜用钻机钻透，用冲孔机时用低锤密击，把石块击碎；倾斜基岩时，投入块石，使表面略平，用锤密打
流砂	（1）孔外水压比孔内大，孔壁松散，使大量流砂涌塞桩底。 （2）遇粉砂层，泥浆密度不够，孔壁未形成泥皮	（1）使孔内水压高于孔外水位 0.5m 以上，适当加大泥浆密度。 （2）流砂严重时，可抛入碎砖、石、黏土，用锤冲入流砂层，做成泥浆结块，使其成坚厚孔壁，阻止流砂涌入
不进尺	（1）钻头粘满黏土块（糊钻头），排渣不畅，钻头周围堆积土块。 （2）钻头合金刀具安装角度不适当，刀具切土过浅	（1）降低泥浆密度，加大配重；糊钻时，可提出钻头，清除泥块后，再施钻。 （2）泥浆密度过大，钻头配重过轻，宜加强排渣，重新安装刀具角度、形状、排列方向
钻孔漏浆	（1）遇到透水性强或有地下水流动的土层。 （2）护筒埋设过浅，回填土不密实或护筒接缝不严密，在护筒刃脚或接缝处漏浆。 （3）水头过高使孔壁渗透	（1）适当加稠泥浆或倒入黏土慢速转动，或在回填土内掺片石、卵石，反复冲击。 （2）增强护壁、护筒周围及底部接缝，用土回填密实。 （3）适当控制孔内水头高度，不要使压力过大

 建筑施工技术

续表

常见问题	原 因	处 理 方 法
钢筋笼偏位、变形、上浮	（1）钢筋笼过长，未设加劲箍，刚度不够，造成变形。 （2）钢筋笼上未设垫块或耳环控制保护层厚度，或桩孔本身偏斜或偏位。 （3）钢筋笼吊放未垂直缓慢放下，而是斜插入孔内。 （4）孔底沉渣未清理干净，使钢筋笼达不到设计强度。 （5）当混凝土面上返至钢筋笼底时，混凝土导管埋深不够，混凝土冲击力使钢筋笼被顶托上浮	（1）钢筋过长，应分2～3节制作，分段吊放，分段焊接或设加劲箍加强。 （2）在钢筋笼部分主筋上，应每隔一定距离设置混凝土垫块或焊耳环控制保护层厚度，桩孔本身偏斜、偏位应在下钢筋笼前往复扫孔纠正。 （3）钢筋笼应垂直缓慢吊放。 （4）孔底沉渣应置换清水或适当密度泥浆清除；浇灌混凝土时，应将钢筋笼固定在孔壁上或压住。 （5）混凝土导管应埋入钢筋笼底面以下1.5m以上
吊脚桩	（1）清孔后泥浆密度过小，孔壁坍塌或孔底涌进泥浆，或未立即灌混凝土。 （2）沉渣未除净，残留石渣过厚。 （3）吊放钢筋骨架导管等物碰撞孔壁，使泥土坍落孔底	（1）做好清孔工作，达到要求立即灌注混凝土。 （2）注意泥浆密度和使孔内水位经常保持高于孔外水位0.5m以上。 （3）施工注意保护孔壁，不让重物碰撞，造成孔壁坍塌
黏性土层缩颈、糊钻	由于黏性土层有较强的造浆能力和遇水膨胀的特性，使钻孔易于缩颈，或使黏土附在钻头上，产生抱钻、糊钻现象	除严格控制泥浆的黏度增大外，还应适当向孔内投入部分砂砾，防止糊钻；钻头宜采用有肋骨的钻头，边钻进边上下反复扩孔，防止缩颈卡钻事故
孔斜	（1）钻进松散地层中遇有较大的圆孤石或探头石，将钻具挤离钻孔中心轴线。 （2）钻具由软地层进入陡倾角硬地层，或在粒径差别太大的砂砾层钻进时，钻头所受阻力不均	（1）防止或减少出现探头石，一旦发现探头石应暂停钻进，先回填黏土和片石，用锥形钻头将探头石挤压到孔壁内，或用冲击钻冲击，或将钻机（或钻架）略移向探头石一侧，用十字形或一字形冲击钻头猛击，将探头石击碎。如冲击钻也不能击碎探头石，则可用小直径钻头在探头石上钻孔，或在表面放药包爆破。 （2）针对地层特征选用优质泥浆，保持孔壁的稳定

续表

常 见 问 题	原　　因	处 理 方 法
断桩	（1）因首批混凝土多次浇灌不成功，再灌上层时出现一层泥夹层而造成断桩。 （2）孔壁塌方将导管卡住，强力拔管时，使泥水混入混凝土内，或导管接头不良，泥水进入管内。 （3）施工时突然下雨，泥浆冲入桩孔	（1）力争首批混凝土浇灌一次成功；钻孔选用具有较大密度和黏度、胶体率好的泥浆护壁并控制进尺速度。 （2）保持孔壁稳定；导管接头应用方丝扣连接，并设橡皮圈密封严密；孔口护筒不能埋置太浅；下钢筋笼骨架过程中，不要碰撞孔壁。 （3）施工时突然下雨，要争取一次性灌注完毕，灌注桩严重塌方或导管无法拔出形成断桩，可在一侧补桩；深度不大时可挖出，对断桩处做适当处理后，支模重新浇筑混凝土

3. 人工挖孔灌注桩施工

1）人工挖孔灌注桩的特点及施工机具

人工挖孔灌注桩是采用人工挖土成孔、扩底，浇筑混凝土成桩。人工挖孔灌注桩单桩承载力高，结构传力明确，沉降量小；桩身垂直度、持力土层情况、清孔清渣情况可直接检查，桩质量可靠，施工机具简单、占场地小，施工无振动、无噪声，不需开挖泥浆池，无环境污染，对周边建筑物没有挤土和振动影响；可多根桩同时开挖，提高施工速度。其缺点是：人工开挖劳动强度大，安全性较差；在有流砂、地下水位高、涌水量大的冲积地带及含水率高的淤泥、淤泥质土中不宜采用。

【人工挖孔灌注桩】

2）人工挖孔灌注桩施工工艺流程

人工挖孔灌注桩施工工艺流程和工作流程分别如图 2.24 和图 2.25 所示。

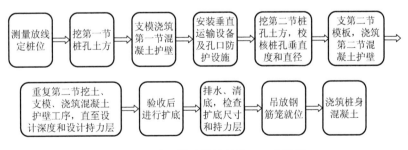

图 2.24　人工挖孔灌注桩施工工艺流程

3）施工要点

人工挖孔灌注桩的施工要点如图 2.26 所示。应准备好井口防护设施，一般采用班组制配合施工，当井下有工人施工时，井口要有操作人员控制提升设备，并做好井口防护；每日开工前必须检测井下是否存在有毒有害气体，当桩孔开挖深度超过 10m 时，

(a) 施工第一节桩孔

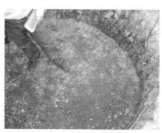
(b) 施工第一节护壁

(c) 安装垂直运输设备及孔口防护设施

(d) 重复挖土、支模、浇筑混凝土护壁工序，直至设计深度和设计持力层

(e) 验收后进行扩底

(f) 吊放钢筋笼就位

(g) 浇筑桩身混凝土

图 2.25　人工挖孔灌注桩工作流程

要有专门向井下送风的设备，并做好井下的排水工作；浇筑混凝土时必须采用溜槽，当落距超过 2m 时，应采用串筒，串筒末端距孔底高度不大于 2m，随浇随摘，也可采用导管泵送；混凝土要分层振捣密实。

(a) 准备好人工挖孔灌注桩施工机具

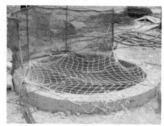
(b) 做好孔口防护

(c) 工人下孔用钢吊篮，并做好孔底通风、排水

图 2.26　人工挖孔灌注桩的施工要点

4）常见问题的原因及处理方法

挖孔桩常见问题的原因及处理方法见表2-5。

表 2-5 挖孔桩常见问题的原因及处理方法

常见问题	原　因	处理方法
塌孔	（1）地下水渗流比较严重。 （2）混凝土护壁养护期内，孔底积水，抽水后孔壁周围土层内产生较大水压差，从而易于使孔壁土体失稳。 （3）土层变化部位挖孔深度大于土体稳定极限高度。 （4）孔底偏位或超挖，孔壁原状土体结构受到扰动、破坏或松软土层挖孔，未及时支护	（1）有选择地先挖几个桩孔进行连续降水，使孔底不积水，桩周围土体黏聚力增强，并保持稳定。 （2）尽可能避免桩孔内产生较大水压差。 （3）挖孔深度控制不大于稳定极限高度。 （4）防止偏位或超挖；在松软土层挖孔，及时进行支护；对塌方严重孔壁，用砂、石填塞，并在护壁的相应部位设泄水孔，用以排除孔洞内积水
井涌 （流泥）	遇残积土、粉土特别是均匀的粉细砂土层，当地下水位差很大时，使土颗粒悬浮在水中成流态泥土，从井底上涌	遇有局部或厚度大于1.5m的流动性淤泥和可能出现涌土、涌砂时，可采取将每节护壁高度减小到300～500mm，并随挖随验、随浇筑混凝土，或采用钢护筒作护壁，或采用有效的降水措施以减轻水压力
护壁裂缝	（1）护壁过厚，其自重大于土体的极限摩阻力，因而导致下滑，引起裂缝。 （2）过度抽水后，在桩孔周围造成地下水位大幅度下降，在护壁外产生负摩擦力。 （3）由于塌方，使护壁失去部分支撑的土体下滑，使护壁某一部分受拉而产生环向水平裂缝，同时由于下滑不均匀和护壁四周压力不均，造成较大的弯矩和剪力作用，而导致垂直和斜向裂缝	（1）护壁厚度不宜太大，尽量减轻自重，在护壁内适当配φ10@200竖向钢筋，上下节竖钢筋要连接牢靠，以减少环向拉力。 （2）桩孔口的护壁导槽要有良好的土体支撑，以保证其强度和稳固。 （3）裂缝一般可不处理，但要加强施工监视、观察，发现问题及时处理
淹井	井孔内遇较大泉眼或土渗透系数大的砂砾层；附近地下水在井孔集中	可在群桩孔中间钻孔，设置深井，用潜水泵降低水位，至桩孔挖掘完成再停止抽水，填砂砾封堵深井
截面大小不一或扭曲	（1）挖孔时没有每节对中量测桩中心轴线及半径。 （2）土质松软或遇粉细砂层难以控制半径。 （3）孔壁支护未严格控制尺寸	（1）挖孔时应按每节支护量测桩中心轴线及半径。 （2）遇松软土层或粉细砂层加强支护。 （3）严格认真控制支护尺寸

续表

常见问题	原　　因	处　理　方　法
超量	（1）挖孔时未每层控制截面，出现超挖。 （2）遇有地下土洞、落水洞、下水道或古墓、坑穴。 （3）孔壁坍落，或成孔后间歇时间过长，孔壁风干或浸水剥落	（1）挖孔时每层每节严格控制截面尺寸。 （2）遇地下洞穴时，用3：7灰土填补、夯实，并防止孔壁坍落。 （3）成孔后在48h内浇筑桩混凝土，避免长期搁置

任务 2.3　地基处理

【地基处理方法】

2.3.1　换填法

换填法是将基础底面下要求范围内的软弱土层挖去，用砂石、素土、灰土、工业废渣等材料分层回填夯实，作为地基的持力层，以提高基础下部的地基强度，并通过垫层的压力扩散作用降低地基的压应力，减少变形量。同时垫层可起排水作用，地基土中孔隙水可通过垫层快速排出，从而加速下部土层的沉降和固结。

换填法适用于淤泥、淤泥质土、湿陷性黄土、素填土、杂填土地基及暗沟、暗塘等的浅层处理。

1. 换填法处理地基施工工艺流程

换填法处理地基施工工艺流程如图 2.27 所示。

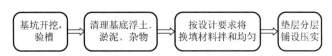

图 2.27　换填法处理地基施工工艺流程

换填法处理地基示意如图 2.28 所示。

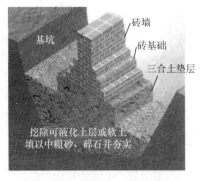

图 2.28　换填法处理地基示意

2. 施工要点

（1）垫层施工应根据不同的换填材料选择施工机械。素填土宜采用平碾或羊足碾，砂石等宜用振动碾和振动压实机。当有效夯实深度内土的饱和度小于并接近 0.6 时，可采用重锤夯实。

（2）垫层的施工方法、分层铺填厚度、每层压实遍数等宜通过试验确定。除接触下卧软土层的垫层底层应根据施工机械设备及下卧层土质条件的要求留有足够的厚度外，一般情况下，垫层的分层铺填厚度可取为 200～300mm。为保证分层压实质量，应控制机械碾压速度。

（3）素土和灰土垫层土料的施工含水率宜控制在最优含水率 $\omega_{op}\pm2\%$ 的范围内，最优含水率可通过击实试验确定，也可按当地经验取用。

（4）当垫层底部存在古井、古墓、洞穴、旧基础、暗塘等软硬不均的部位时，应根据建筑对不均匀沉降的要求予以处理，并经检验合格后，方可铺填垫层。

（5）严禁扰动垫层下卧层的淤泥或淤泥质土层，防止其被践踏、受冻或受浸泡。在碎石或卵石垫层底部宜设置 150～300mm 厚的砂垫层，以防止淤泥或淤泥质土层表面的局部破坏。如淤泥或淤泥质土层厚度较小，在碾压荷载下抛石能挤入该层底面时，可采用抛石挤淤处理。先在软弱土面上堆填块石、片石等，然后将其压入以置换和挤出软弱土。

（6）垫层底面宜设在同一标高上，如深度不同，基坑底土面应挖成阶梯或斜坡搭接，并按先深后浅的顺序进行垫层施工，搭接处应夯压密实。素土及灰土垫层分段施工时，不得在柱基、墙角及承重窗间墙下接缝；上下两层的缝距不得小于 500mm；接缝处应夯压密实；灰土应拌和均匀并应当日铺填夯压；灰土夯实后 3d 内不得受水浸泡；垫层竣工后，应及时进行基础施工与基坑回填。

（7）重锤夯实的夯锤宜采用圆台形，锤重宜大于 2t，锤底面单位静压力宜为 15～20kPa，夯锤落距宜大于 4m。重锤夯实宜一夯挨一夯按顺序进行，在独立柱基基坑内，宜按先外后里的顺序夯击。同一基坑底面标高不同时，应按先深后浅的顺序逐层夯实。夯击宜分 2～3 遍进行，累计夯击 10～15 次。最后两击平均夯沉量，对砂土不应超过 5～10mm，对细颗粒土不应超过 10～20mm。

（8）当夯击或碾压振动对邻近既有或正在施工中的建筑产生危害时，必须采取有效预防措施。

3. 质量检验

（1）对粉质黏土、灰土、粉煤灰和砂石垫层的施工质量，可用环刀法、贯入仪、静力触探、轻型动力触探或标准贯入试验检验；对砂石、矿渣垫层，可用重型动力触探检验，并均应通过现场试验以设计压实系数所对应的贯入度为标准检验垫层的施工质量。压实系数也可采用环刀法、灌砂法、灌水法或其他方法检验。

（2）垫层的施工质量检验必须分层进行。应在每层的压实系数符合设计要求后铺填上层土。

（3）采用环刀法检验垫层的施工质量时，取样点应位于每层厚度的 2/3 处。检验点数量，对大基坑每 50～100m² 不应少于一个检验点，基槽每 10～20m 不应少于一个点，每个独立柱基不应少于一个点。采用贯入仪或动力触探检验垫层的施工质量时，每分层检验点的间距应小于 4m。

（4）竣工验收采用荷载试验检验垫层承载力时，每个单体工程不宜少于3个点；对于大型工程，则应按单体工程的数量或工程的面积确定检验点数。

2.3.2 强夯法

【强夯地基】

强夯法是用起重机械（起重机或起重机配三脚架、龙门架）将大吨位（一般为8～30t）夯锤起吊到6～30m高度后自由落下，给地基土以强大的冲击能量的夯击，使土中出现冲击波和很大的冲击应力，迫使土层孔隙压缩、土体局部液化，在夯击点周围产生裂隙，从而形成良好的排水通道，令孔隙水和气体逸出，使土料重新排列，经时效压密达到固结，从而提高地基承载力、降低其压缩性的一种有效的地基加固方法，也是我国目前最为常用和最经济的深层地基处理方法之一。图2.29所示为强夯机和夯锤。

强夯法适用于对碎石土、砂土、低饱和度粉土、黏性土、湿陷性黄土、高填土、杂填土，以及"围海造地"地基、工业废渣、垃圾地基等的处理，也可用于防止粉土及粉砂的液化，消除或降低大孔土的湿陷性等级；对于高饱和度淤泥、软黏土、泥炭、沼泽土，如使用一定的技术措施也可采用，还可用于水下夯实。强夯法不得用于不允许对工程周围建筑物和设备有一定振动影响的地基加固，必须使用时，应采取防振、隔振措施。

图 2.29　强夯机和夯锤

1. 强夯法处理地基施工工艺流程

强夯法处理地基施工工艺流程如图2.30所示。

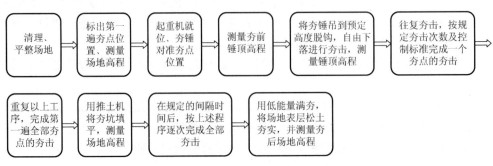

图 2.30　强夯法处理地基施工工艺流程

2. 施工要点

（1）夯锤质量可取 10~40t，其底面形式宜采用圆形或多边形，锤底面积宜按土的性质确定，锤底静接地压力值可取 25~40kPa，对于细颗粒土，锤底静接地压力宜取较小值。锤的底面宜对称设置若干个与其顶面贯通的排气孔，孔径可取 250~300mm。强夯置换锤底静接地压力值可取 100~200kPa。

（2）施工机械宜采用带有自动脱钩装置的履带式起重机或其他专用设备。采用履带式起重机时，可在臂杆端部设置辅助地锚，或采取其他安全措施，防止落锤时机架倾覆。

（3）当场地表土软弱或地下水位较高，夯坑底积水影响施工时，宜采用人工降低地下水位或铺填一定厚度的松散性材料，使地下水位低于坑底面以下 2m。坑内或场地积水应及时排除。

（4）施工前应查明场地范围内的地下构筑物和各种地下管线的位置及标高等，并采取必要的措施，以免因施工而造成损坏。

（5）当强夯施工所产生的振动对邻近建筑物或设备可能产生有害的影响时，应设置监测点，并采取挖隔振沟等隔振或防振措施。

3. 质量检验

（1）检查施工过程中的各项测试数据和施工记录，不符合设计要求时应补夯或采取其他有效措施。强夯置换施工中，可采用超重型或重型圆锥动力触探检查置换墩的着底情况。

（2）强夯处理后的地基竣工验收承载力检验，应在施工结束后间隔一定时间方能进行，对于碎石土和砂土地基，其间隔时间可取 7~14d，粉土和黏性土地基可取 14~28d。强夯置换地基间隔时间可取 28d。

（3）强夯处理后的地基竣工验收时，承载力检验应采用原位测试和室内土工试验。强夯置换后的地基竣工验收时，承载力检验除应采用单墩荷载试验检验外，尚应采用动力触探等有效手段查明置换墩的着底情况及承载力与密度随深度的变化；对饱和粉土地基，允许采用单墩复合地基荷载试验代替单墩荷载试验。

（4）竣工验收承载力检验的数量，应根据场地复杂程度和建筑物的重要性确定，对于简单场地上的一般建筑物，每个建筑地基的荷载试验检验点不应少于 3 个点；对于复杂场地或重要建筑地基，应增加检验点数。强夯置换地基荷载试验检验和置换墩着底情况检验数量均不应少于墩点数的 1%，且不应少于 3 个点。

2.3.3 水泥土搅拌法

水泥土搅拌法分为深层搅拌法（以下简称湿法）和粉体喷搅法（以下简称干法）。水泥土搅拌法适用于处理正常固结的淤泥与淤泥质土、粉土、饱和黄土、素填土、黏性土以及无流动地下水的饱和松散砂土等地基。当地基土的天然含水率小于 30%（黄土含水率小于 25%）、大于 70% 或地下水的 pH 小于 4 时，不宜采用干法。冬期施工时，应注意负温对处理效果的影响。

水泥土搅拌法形成的水泥土加固体，可作为竖向承载的复合地基、基坑工程围护挡墙、被动区加固和防渗帷幕、大体积水泥稳定土等。加固体形状可分为柱状、壁状、格栅状或块状等。

1. 水泥土搅拌法处理地基施工工艺流程

水泥土搅拌法处理地基施工工艺流程如图 2.31 所示。

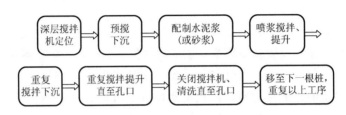

图 2.31　水泥土搅拌法处理地基施工工艺流程

2. 施工要点

（1）水泥土搅拌法施工现场事先应予以平整，必须清除地上和地下的障碍物。遇有明沟、池塘及洼地时应抽水和清淤，回填黏性土料并予以压实，不得回填杂填土或生活垃圾。

（2）水泥土搅拌桩施工前应根据设计进行工艺性试桩，数量不得少于 2 根。当桩周为成层土时，应对相对软弱土层增加搅拌次数或增加水泥掺量。

（3）搅拌头翼片的枚数、宽度、与搅拌轴的垂直夹角、搅拌头的回转数、提升速度应相互匹配，以确保加固深度范围内土体的任何一点均能经过 20 次以上的搅拌。

（4）竖向承载搅拌桩施工时，停浆（灰）面应高于桩顶设计标高 300～500mm。在开挖基坑时，应将搅拌桩顶端施工质量较差的桩段人工挖除。

（5）施工中应保持搅拌桩机底盘的水平和导向架的竖直，搅拌桩的垂直偏差不得超过 1%，桩位的偏差不得大于 50mm，成桩直径和桩长不得小于设计值。

3. 质量检查

（1）成桩 7d 后，采用浅部开挖桩头［深度宜超过停浆（灰）面下 0.5m］，目测检查搅拌的均匀性，量测成桩直径。检查量为总桩数的 5%。

（2）成桩后 3d 内，可用轻型动力触探（N_{10}）检查每米桩身的均匀性。检验数量为施工总桩数的 1%，且不少于 3 根。

（3）对相邻桩搭接要求严格的工程，应在成桩 15d 后，选取数根桩进行开挖，检查搭接情况。

（4）基槽开挖后，应检验桩位、桩数与桩顶质量，如不符合设计要求，应采取有效补强措施。

2.3.4　高压喷射注浆法

高压喷射注浆法适用于处理淤泥、淤泥质土、流塑、软塑或可塑黏性土、粉土、砂土、黄土、素填土和碎石土等地基，可用于既有建筑和新建建筑地基加固，也可用于深基坑、地铁等工程的土层加固或防水。

高压喷射注浆法分旋喷、定喷和摆喷三种类别。根据工程需要和土质条件，可分别采用单管法、双管法和三管法。加固形状可分为柱状、壁状、条状和块状。

1. 高压喷射注浆法处理地基施工工艺流程

高压喷射注浆法处理地基施工工艺流程如图 2.32 及图 2.33 所示。

图 2.32　高压喷射注浆法处理地基施工工艺流程

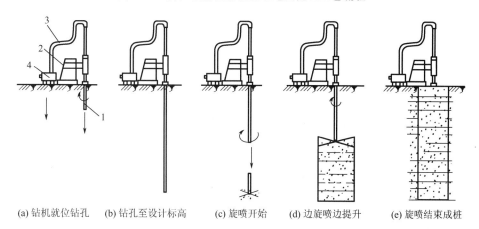

(a) 钻机就位钻孔　(b) 钻孔至设计标高　(c) 旋喷开始　(d) 边旋喷边提升　(e) 旋喷结束成桩

图 2.33　高压喷射注浆法处理地基施工工艺流程示意
1—旋喷管；2—钻孔机械；3—高压胶管；4—超高压脉冲泵

2. 施工要点

（1）施工前应根据现场环境和地下埋设物的位置等情况，复核高压喷射注浆的设计孔位。

（2）高压喷射注浆的施工参数应根据土质条件、加固要求通过试验或根据工程经验确定，并在施工中严格加以控制。单管法及双管法的高压水泥浆和三管法的高压水的压力应大于 20MPa。

（3）高压喷射注浆的主要材料为水泥，对于无特殊要求的工程，宜采用强度等级为 32.5 级及以上的普通硅酸盐水泥。根据需要可加入适量的外加剂及掺合料，用量应根据试验确定。

（4）水泥浆液的水灰比应按工程要求确定，可取 0.8～1.5，常用 1.0。

（5）高压喷射注浆的施工工序为机具就位、贯入喷射管、喷射注浆、拔管和冲洗等。

（6）喷射孔与高压注浆泵的距离不宜大于 50m，钻孔的位置与设计位置的偏差不得大于 50mm。实际孔位、孔深和每个钻孔内的地下障碍物、洞穴、涌水、漏水及与岩土工程勘察报告不符等情况均应详细记录。

（7）当喷射注浆管贯入土中，喷嘴达到设计标高时，即可喷射注浆。在喷射注浆参数达到规定值后，随即分别按旋喷、定喷或摆喷的工艺要求提升喷射管，由下而上喷射注浆。喷射管分段提升的搭接长度不得小于 100mm。

（8）对需要局部扩大加固范围或提高强度的部位，可采用复喷措施。

（9）在高压喷射注浆过程中出现压力骤然下降、上升或冒浆异常时，应查明原因并及时采取措施。

（10）高压喷射注浆完毕，应迅速拔出喷射管。为防止浆液凝固收缩影响桩顶高程，必要时可在原孔位采用冒浆回灌或第二次注浆等措施。

（11）当处理既有建筑地基时，应采用速凝浆液或跳孔喷射和冒浆回灌等措施，以防喷射过程中地基产生附加变形及地基与基础间出现脱空现象。同时，应对建筑物进行变形监测。

（12）施工中应做好泥浆处理，及时将泥浆运出或在现场短期堆放后作为土方运出。

（13）施工中应严格按照施工参数和材料用量施工，并如实做好各项记录。

3. 质量检验

（1）高压喷射注浆可根据工程要求和当地经验采用开挖检查、取芯（常规取芯或软取芯）、标准贯入试验、荷载试验、围井注水试验等方法进行检验，并结合工程测试、观测资料及实际效果综合评价加固效果。

（2）检验点应布置在下列部位：①有代表性的桩位；②施工中出现异常情况的部位；③地基情况复杂，可能对高压喷射注浆质量产生影响的部位。

（3）检验点的数量为施工孔数的 1%，并不应少于 3 点。

（4）质量检验宜在高压喷射注浆结束 28d 后进行。

（5）竖向承载旋喷桩地基竣工验收时，承载力检验应采用复合地基荷载试验和单桩荷载试验。

（6）荷载试验必须在桩身强度满足试验条件之后，并宜在成桩 28d 后进行。检验数量为桩总数的 0.5%～1%，且每项单体工程不应少于 3 点。

2.3.5 预压法

1. 砂井堆载预压法

砂井堆载预压法是在软弱地基中用钢管打孔，灌砂设置砂井作为竖向排水通道，并在砂井顶部设置砂垫层作为水平排水通道；在砂垫层上部压载以增加土中附加应力，使土体中孔隙水较快地通过砂井和砂垫层排出，从而加速土体固结，使地基得到加固。图 2.34 所示为砂井堆载预压法示意。

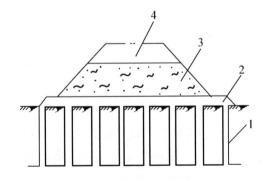

图 2.34　砂井堆载预压法示意

1—砂井；2—砂垫层；3—永久性填土；4—超载填土

1）砂井堆载预压法处理地基施工工艺流程

砂井堆载预压法处理地基施工工艺流程如图 2.35 所示。

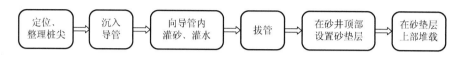

图 2.35　砂井堆载预压法处理地基施工工艺流程

2）施工要点

（1）砂井的灌砂量，应按井孔的体积和砂在中密度状态时的干密度计算，其实际灌砂量不得小于计算值的 95%。灌入砂袋中的砂宜用干砂，并应灌制密实。

（2）在加载过程中应进行竖向变形、边桩水平位移及孔隙水压力等项目的监测，且根据监测资料控制加载速率。

3）质量检查

（1）对不同来源的砂井和砂垫层砂料，必须取样进行颗粒分析和渗透性试验。

（2）对预压工程，应进行地基竖向变形、侧向位移和孔隙水压力等项目的监测。

（3）排水竖井处理深度范围内和竖井底面以下受压土层，经预压所完成的竖向变形和平均固结度应满足设计要求。

（4）应对预压的地基土进行原位十字板剪切试验和室内土工试验，必要时应进行现场荷载试验。

2. 真空预压法

真空预压法是以大气压力作为预压荷载，它是先在需加固的软土地基表面铺设一层透水砂垫层或砂砾层，再在其上覆盖一层不透气的塑料薄膜或橡胶布，四周密封好与大气隔绝，在砂垫层内埋设渗水管道，然后与真空泵连通进行抽气，使透水材料保持较高的真空度，在土的孔隙水中产生负的孔隙水压力，将土中孔隙水和空气逐渐吸出，从而使土体

【真空预压法】

固结。对于渗透系数小的软黏土，为加速孔隙水的排出，也可在加固部位设置砂井、袋装砂井或塑料板等竖向排水系统。

真空预压法适于饱和均质黏性土及含薄层砂夹层的黏性土，特别适于新淤填土、超软土地基的加固，但不适于在加固范围内有足够的水源补给的透水土层，以及无法堆载的倾斜地面和对施工场地狭窄的工程进行地基处理。

1）真空预压法处理地基施工工艺流程

真空预压法处理地基施工工艺流程及示意分别如图 2.36 和图 2.37 所示。

图 2.36　真空预压法处理地基施工工艺流程

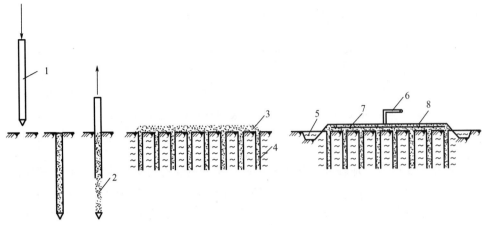

(a)打设竖向排水管　　　(b) 在软土地基表面铺设砂垫层　　　(c) 设置抽真空装置及膜内外管道，然后抽真空

图 2.37　真空预压法处理地基施工工艺流程示意

1—钢管；2—砂井；3— 砂垫层土；4— 砂井；5—黏土；6—真空泵；7—渗水管道；8—薄膜

2）真空预压法的特点

（1）不需要大量堆载，可省去加载和卸载工序，节省大量原材料、能源和运输能力，缩短预压时间。

（2）真空预压法所产生的负压使地基土的孔隙水加速排出，可缩短固结时间；同时由于孔隙水排出，渗流速度增大，地下水位降低，由渗流力和降低水位引起的附加应力也随之增大。由此提高了加固效果，且负压可通过管路送到任何场地，适应性强。

（3）孔隙渗流水的流向及渗流力引起的附加应力均指向被加固土体，土体在加固过程中的侧向变形很小，真空预压可一次加足，地基不会发生剪切破坏而引起地基失稳，可有效缩短总的排水固结时间。

（4）适用于超软黏性土以及边坡、码头、岸边等地基稳定性要求较高的工程地基加固，土越软，加固效果越明显。

（5）所用设备和施工工艺比较简单，无须大量的大型设备，便于大面积使用。

（6）无噪声、无振动、无污染，可做好文明施工。

（7）技术经济效果显著，根据国内在天津新港区的大面积实践，当真空度达到600mmHg 时，经 60d 抽气，不少井区土的固结度都达到 80％以上，地面沉降达 57cm，同时能耗降低 1/3，工期缩短 2/3，比一般堆载预压造价降低 1/3。

3）施工要点

（1）真空预压法竖向排水系统设置同砂井（或袋装砂井、塑料排水带）堆载预压法。应先平整场地，设置排水通道，在软土地基表面铺设砂垫层或在土层中再加设砂井（或埋设袋装砂井、塑料排水带），再设置抽真空装置及膜内外管道。

（2）砂垫层中真空压力分布管的埋设，一般宜采用条形或鱼刺形排列，如图 2.38 所示。其铺设距离要适当，使真空度分布均匀，管上部应覆盖 100～200mm 厚的砂层。

（3）砂垫层上的密封薄膜，一般采用 2～3 层聚氯乙烯薄膜，应按先后顺序同时铺设，

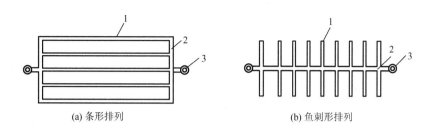

(a) 条形排列   (b) 鱼刺形排列

图 2.38　真空压力分布管排列示意

1—真空压力分布管；2—集水管；3—出膜口

并在加固区四周离基坑线外缘 2m 处开挖深 0.8～0.9m 的沟槽，将薄膜的周边放入沟槽内，用黏土或粉质黏土回填压实，要求气密性好、密封不漏气；或采用板桩覆水封闭，而以膜上全面覆水较好，这样既密封好又可减缓薄膜的老化。图 2.39 所示为薄膜周边密封方法。

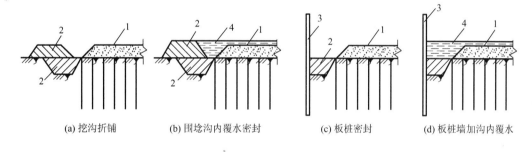

(a) 挖沟折铺   (b) 围埝沟内覆水密封   (c) 板桩密封   (d) 板桩墙加沟内覆水

图 2.39　薄膜周边密封方法

1—密封膜；2—填土压实；3—板桩；4—覆水

（4）当面积较大时，宜分区预压，区与区的间隔距离以 2～6m 为佳。

（5）做好真空度、地面沉降量、深层沉降、水平位移、孔隙水压力和地下水位的现场测试工作，掌握变化情况，作为检验和评价预压效果的依据。应随时分析，如发现异常，应及时采取措施，以免影响最终加固效果。

（6）真空预压结束后，应清除砂槽和腐殖土层，避免在地基内形成水平渗水暗道。

3. 质量控制

（1）施工前应检查施工监测措施、沉降、孔隙水压力等原始数据，以及排水设施、砂井（包括袋装砂井）或塑料排水带等的位置、真空分布管的距离等。

（2）施工中应检查密封膜的密封性能、真空表读数等，泵及膜内真空度应达到 96kPa 和 73kPa 以上的技术要求。

（3）施工结束后应检查地基土的十字板剪切强度、标贯或静力触探值及要求达到的其他物理力学性能，重要建筑物地基应进行承载力检验。

【上海中心大厦】

拓展讨论

结合上海中心大厦基础施工，以及党的二十大报告，以国家战略需求为导向，集聚力量进行原创性引领性科技攻关，坚决打赢关键核心技术攻坚战。谈一谈上海中心大厦地基有什么特点，针对其地基特点，施工中攻克了哪些核心技术。

项目小结

项目	工作任务	能 力 目 标	基本要求	主 要 知 识 点	任 务 成 果
基础工程施工	浅基础施工	可以进行浅基础施工的组织和质量监督	掌握	（1）浅基础施工的工作流程及施工要点； （2）浅基础施工中质量事故产生的原因及处理方法	（1）编制附图中配电房项目的基础施工方案； （2）编制附图中配电房项目的桩基础施工方案
	常见桩基础施工	可以进行桩基础施工的组织和质量监督	掌握	（1）常见桩基础施工的工作流程和施工要点； （2）常见桩基础施工中质量事故产生的原因及处理方法	
	地基处理	可以进行地基处理施工的现场技术工作和旁站监理工作	熟悉	（1）几种地基处理方法的适应范围； （2）几种地基处理方法的工作流程和施工要点； （3）几种地基处理方法的质量检验方法	

思考与训练

一、单选题

1. 筏形基础施工前，如地下水位较高，应降低地下水位以保证在无水情况下进行（　　）。

A. 地质勘探　　　　　　　　　　B. 施工测量

C. 上部结构施工　　　　　　　　D. 基坑开挖和基础施工

2. 筏形基础混凝土浇筑必须留设施工缝时，应按施工缝要求处理，并应设置（　　）。

A. 挡土墙　　　　　　　　　　　B. 隔离带

C. 止水带　　　　　　　　　　　D. 排水沟

3. 锤击打桩法进行打桩时，宜采用（　　）的方式，可取得良好的效果。

A. 重锤低击，低提重打　　　　　　B. 重锤高击，低提重打

C. 轻锤低击，高提重打　　　　　　D. 轻锤高击，高提重打

4. 需要分段开挖及浇筑混凝土护壁（0.5～1.0m 为一段），且施工设备简单，对现场周围原有建筑的影响小，施工质量可靠的灌注桩指的是（　　）。

A. 钻孔灌注桩　　　　　　　　　　B. 沉管灌注桩

C. 人工挖孔灌注桩　　　　　　　　D. 爆扩灌注桩

5. 锤击桩当桩距小于 4 倍桩径时，打桩宜采用（　　）。

A. 复打　　　　　　　　　　　　　B. 跳打

C. 从一侧向另一侧打　　　　　　　D. 自周围向中间打

6. （　　）不是泥浆护壁灌注桩成孔方法作业。

A. 挖孔　　　　　B. 钻孔　　　　　C. 冲孔　　　　　D. 抓孔

7. 泥浆在泥浆护壁灌注桩施工中所起的主要作用是（　　）。

A. 导向　　　　　B. 定位　　　　　C. 保护孔口　　　　　D. 护壁

8. 静力压桩的施工程序中，不是"静压沉管"紧前工序的是（　　）。

A. 压桩机就位　　　　　　　　　　B. 吊桩插桩

C. 桩身对中调直　　　　　　　　　D. 测量定位

9. 在泥浆护壁成孔灌注桩施工中，确保成桩质量的关键工序是（　　）。

A. 吊放钢筋笼　　　　　　　　　　B. 吊放导管

C. 泥浆护壁成孔　　　　　　　　　D. 灌注水下混凝土

10. 在预制桩打桩过程中，如发现贯入度一直骤减，说明（　　）。

A. 桩尖破坏　　　　　　　　　　　B. 桩身破坏

C. 桩下有障碍物　　　　　　　　　D. 遇软土层

二、多选题

1. 砂石桩适用于挤密（　　）等地基，起到挤密周围土层、增加地基承载力的作用。

A. 松散砂土　　B. 素填土　　C. 杂填土　　D. 黏性土

E. 湿陷性黄土

2. 预制桩的接桩工艺包括（　　）。

A. 硫黄胶泥浆锚法接桩　　　B. 挤压法接桩　　　C. 焊接法接桩

D. 法兰螺栓接桩　　　　　　E. 直螺纹接桩

3. 打桩时应注意观察（　　）。

A. 打桩入土的速度　　　　　B. 打桩架的垂直度　　C. 桩身压缩情况

D. 桩锤回弹情况　　　　　　E. 贯入度变化情况

4. 锤击沉桩法的施工程序中，"接桩"之前应完成的工作有（　　）。

A. 打桩机就位　　　　　　　　　　B. 吊桩喂桩

C. 校正　　　　　　　　　　　　　D. 锤击沉桩

E. 送桩

5. 混凝土灌注桩按其成孔方法不同，可分为（　　）。

A. 钻孔灌注桩　　　　　　　　B. 沉管灌注桩　　　　　C. 人工挖孔灌注桩

D. 静压沉桩　　　　　　　　　　E. 爆扩灌注桩

6. 泥浆护壁成孔灌注桩施工工艺流程中，在"清孔"之前应完成的工作有（　　）。

A. 测定桩位　　　　　　　　B. 埋设护筒　　　　　C. 制备泥浆

D. 下钢筋笼　　　　　　　　E. 成孔

7. 泥浆护壁成孔灌注桩施工的工艺流程中，在"下钢筋笼"之前完成的工作有（　　）。

A. 测定桩位　　　　　　　　　　B. 埋设护筒

C. 制备泥浆　　　　　　　　　　D. 绑扎承台钢筋

E. 成孔

8. 当桩中心距小于或等于4倍桩边长时，打桩顺序宜采用（　　）。

A. 由中间向两侧　　　　　　　　B. 逐排打设

C. 由中间向四周　　　　　　　　D. 由两侧向中间

E. 任意打设

9. 打桩质量控制主要包括（　　）。

A. 灌入度控制　　　　　　　　B. 桩尖标高控制　　　　C. 桩锤落距控制

D. 打桩后的偏差控制　　　　　　E. 打桩前的位置控制

三、简答题

1. 地基处理方法一般有哪几种？各有什么特点？

2. 试述换土垫层法的适用情况、施工要点与质量检查方法。

3. 钢筋混凝土预制桩在制作、起吊、运输和堆放过程中各有什么要求？

4. 现浇混凝土桩的成孔方法有几种？各种方法的特点及适用范围如何？

5. 桩基检测的方法有几种？验收时应准备哪些资料？

项目 **3** 脚手架工程与垂直运输

通过学习，掌握常用脚手架的技术要求和安全管理规定，明确扣件式钢管脚手架、碗扣式钢管脚手架的构造和搭设要求；了解附着式升降脚手架的设置和使用要求，以及吊篮的构造和施工注意事项；了解垂直运输设施的类型和高层建筑垂直运输设施的配套方案，明确塔式起重机、龙门架、施工升降机、混凝土布料机的基本构造和施工安全要求。

如图 3.1 所示，某三层框架结构住宅，每层 KJL、LL、L 的梁顶高分别为 3.36m、3.32m、3.36m，框架柱断面为 600mm×600mm，梁宽均为 250mm。试计算其脚手架工程量。

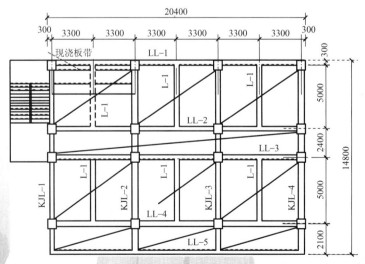

图 3.1 某三层框架结构（单位：mm）

能力目标

（1）通过学习，能组织常用脚手架（扣件式钢管脚手架、碗扣式钢管脚手架）的施工；

（2）能对脚手架、垂直运输设施进行常规的安全检查；

（3）具有现场施工员和监理员的工作能力。

任务 3.1 脚手架工程技术和安全管理

3.1.1 脚手架的分类与技术要求

脚手架是用杆件、构件和配件所搭设的用于施工服务的各种临时性构件。图 3.2 所示为常见脚手架类型。

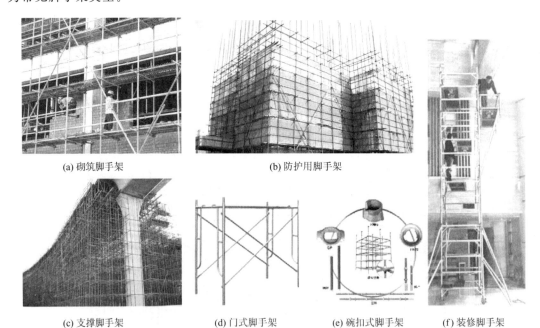

(a) 砌筑脚手架　　　　　　　　(b) 防护用脚手架

(c) 支撑脚手架　　　　(d) 门式脚手架　　　(e) 碗扣式脚手架　　　(f) 装修脚手架

图 3.2　常见脚手架类型

1. 脚手架的分类

（1）按用途划分，可分为操作用脚手架（包括结构脚手架和装修作业脚手架）、防护用脚手架、承重-支撑用脚手架。

（2）按构架方式划分，可分为杆件组合式脚手架、框架组合式脚手架、格构件组合式脚手架、台架。

【脚手架的分类及搭设】

（3）按脚手架的设置形式划分，可分为单排脚手架、双排脚手架、满堂脚手架、封圈型脚手架、开口型脚手架、特型脚手架。

（4）按脚手架的支固方式划分，可分为落地式脚手架、悬挑脚手架、附墙悬挂脚手架、悬吊式脚手架（吊篮）、附着式升降脚手架、整体式附着升降脚手架、水平移动脚手架。

（5）按脚手架平、立杆连接方式划分，可分为承插式脚手架、扣接式脚手架、销栓式脚手架。

2. 脚手架工程的技术要求

不同的脚手架系列均有其自身的构造特点、使用性能和应用方面的限制，不同的建筑工程对脚手架的设置要求也有共同性和差异性。因此，在解决施工脚手架的设置问题时，必须从满足施工需要和确保安全出发，综合考虑各种条件和因素，解决实际存在的各种问题。脚手架一般由构架基本结构、整体稳定和抗侧力杆件、连墙件和卸载装置、作业层设施、其他安全防护设施等组成。

3. 脚手架工程的安全管理工作

脚手架工程事故的类型、产生的原因及预防措施见表 3-1。

表 3-1　脚手架工程事故的类型、产生的原因及预防措施

事故的类型	产生的原因	预防措施
整架倾倒或局部垮架	构架存在缺陷，构架缺少必需的结构杆件，未按规定数量和要求设连墙件；在使用过程中任意拆除必不可少的杆件和连墙件；构架尺寸过大、承载能力不足、设计安全度不够或严重超载；地基出现过大的不均匀沉降	必须确保脚手架的构造和防护设施达到承载可靠和使用安全的要求；在编制施工组织设计、技术措施和施工应用中，必须对构件的质量、构架方案、连墙件和作业层的设置要求，脚手架地基或其他支承物的技术要求和处理措施等做出明确的安排和规定。必须严格按照规范、设计要求进行脚手架的搭设、使用和拆除，坚决制止乱搭、乱改和乱用等情况
整架失稳或垂直坍塌		
人员从脚手架上高处坠落	作业层未按规定设置围挡防护；作业层未满铺脚手板；脚手架架面与墙之间的间隙过大；脚手板和杆件因搁置不稳、扎结不牢或发生断裂而坠落	
落物伤人（物体打击）		
不当操作事故（闪失、碰撞等）	用力过猛，致使身体失去平衡；在架面上拉车退着行走；拥挤碰撞；集中多人搬运重物或安装较重的构件；架面上的冰雪未清除，造成滑跌	健全规章制度，加强规范管理，制止和杜绝违章指挥和违章作业；完善防护措施，提高施工人员的自我保护意识和作业素质

3.1.2　扣件式钢管脚手架

扣件式钢管脚手架是钢管杆件用扣件连接而成，具有工作可靠、装拆方便、适应性强等优点，除用来搭设各种形式的脚手架外，还可用于搭设模板支撑架、井架、上料平台架、斜道、栈桥及作其他用途。

1. 扣件的形式

钢管脚手架扣件的基本形式有直角扣件、旋转扣件和对接扣件（图 3.3）。直角扣件（十字扣）用于两根呈垂直交叉钢管的连接；旋转扣件（回转扣）用于两根呈任意角度交叉钢管的连接；对接扣件（筒扣、一字扣）用于两根钢管对接连接。

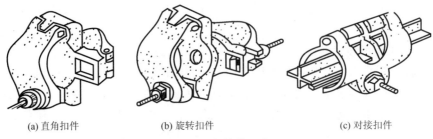

(a) 直角扣件   (b) 旋转扣件   (c) 对接扣件

图 3.3　扣件的形式

2. 构件的形式

1）外脚手架

【落地式外脚手架搭设】

外脚手架构件包括立杆、大横杆、小横杆、剪刀撑、连墙件、横向斜撑、栏杆和挡脚板等。

（1）落地式外脚手架。落地式外脚手架的构造如图 3.4 所示。

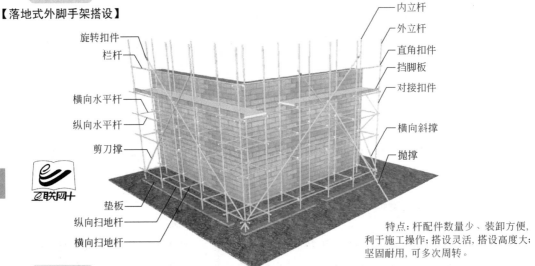

特点：杆配件数量少、装卸方便，利于施工操作；搭设灵活，搭设高度大；坚固耐用，可多次周转。

图 3.4　落地式外脚手架的构造

【悬挑式外脚手架搭设】

（2）悬挑式外脚手架。悬挑式外脚手架是将全高的脚手架分成若干段，利用悬挑梁作脚手架基础，悬挑梁上搭设扣件式钢管脚手架，分段悬挑分段搭设脚手架。悬挑式外脚手架外立面须满设剪刀撑。悬挑式外脚手架的基本形式有支撑杆件悬挑式外脚手架（图 3.5）和挑梁式悬挑式外脚手架（图 3.6）两种。

① 构造要求：一次悬挑脚手架高度不宜超过 24m；型钢悬挑梁宜采用双轴对称截面的型钢。悬挑钢梁型号及锚固件应按设计确定，钢梁截面高度不应小于 160mm；悬挑梁尾端应在两处及以上固定于钢筋混凝土梁板结构上；锚固型钢悬挑梁的 U 形钢筋拉环或锚固螺栓直径不宜小于 16mm。

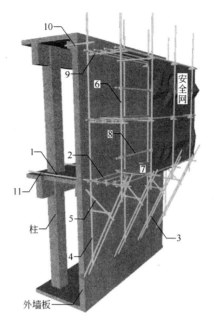

图 3.5 支撑杆式悬挑式外脚手架

1—水平横杆；2—大横杆；3—双斜杆；4—内立杆；5—加强短杆；6—外立杆；7—竹笆脚手板；

8—栏杆；9—小横杆；10—短钢管与结构拉结；11—与水平杆焊接预埋环

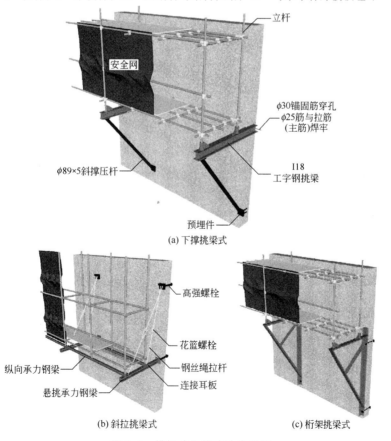

(a) 下撑挑梁式

(b) 斜拉挑梁式   (c) 桁架挑梁式

图 3.6 挑梁式悬挑式外脚手架

用于锚固的U形钢筋拉环或锚固螺栓应采用冷弯成型，U形钢筋拉环、锚固螺栓与型钢间隙应用钢楔或硬木楔楔紧。每个型钢悬挑梁外端宜设置钢丝绳或钢拉杆，与上一层建筑结构斜向拉结。钢丝绳、钢拉杆不参与悬挑钢梁受力计算；钢丝绳与建筑结构拉结的吊环应使用HPB300级钢筋，其直径不宜小于20mm，吊环预埋锚固长度应符合规定。

悬挑钢梁悬挑长度应按设计确定，固定段长度不应小于悬挑段长度的1.25倍。型钢悬挑梁固定端应采用2个（对）及以上U形钢筋拉环或锚固螺栓与建筑结构梁板固定，U形钢筋拉环或锚固螺栓应预埋至混凝土梁、板底层钢筋位置，并应与混凝土梁、板底层钢筋焊接或绑扎牢固，其锚固长度应符合现行国家标准的规定。图3.7所示为悬挑钢梁构造。

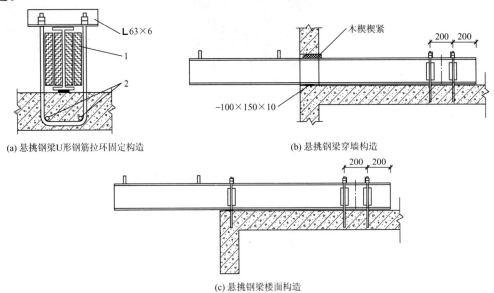

(a) 悬挑钢梁U形钢筋拉环固定构造　　　　(b) 悬挑钢梁穿墙构造

(c) 悬挑钢梁楼面构造

图3.7　悬挑钢梁构造（单位：mm）

1—木楔侧向楔紧；2—两根1.5m长、直径为18mm的HRB335级钢筋

当型钢悬挑梁与建筑结构采用螺栓钢压板连接固定时，钢压板尺寸不应小于100mm×10mm（宽×厚）；当采用螺栓角钢压板连接时，角钢的规格不应小于L63mm×6mm。

型钢悬挑梁悬挑端应设置能使脚手架立杆与钢梁可靠固定的定位点，定位点离悬挑梁端部不应小于100mm。锚固位置设置在楼板上时，楼板的厚度不宜小于120mm。如果楼板的厚度小于120mm，应采取加固措施。

悬挑梁间距应按悬挑架架体立杆纵距设置，每一纵距设置一根。悬挑架的外立面剪刀撑应自下而上连续设置。

锚固型钢的主体结构混凝土强度等级不得低于C20。

② 搭设程序：检查准备及材料配备→定位→（放置悬挑型钢）→安纵向扫地杆→安立杆→安横向扫地杆→安小横杆→安大横杆→安剪刀撑→安连墙件→铺脚手板→设置防护栏杆→扎安全网→（钢丝绳反拉）。

2）连墙构造

连墙构造（以下简称"连墙件"）对外脚手架的安全至关重要，由于连墙件设置数量不足、构造不符合要求及被任意拆掉等所造成的事故屡有发生，必须引起高度重视，确保其设置符合要求。

（1）刚性连墙件。刚性连墙件是指既能承受拉力和压力作用，又有一定的抗弯和抗扭能力的刚性较好的连墙构造，即它一方面能抵抗脚手架相对于墙体的里倒和外张变形，同时也能对立杆的纵向弯曲变形有一定的约束作用，从而提高脚手架的抗失稳能力。扣件式钢管脚手架的刚性连墙件的常用形式如图 3.8 所示。刚性连墙件示意如图 3.9 所示。

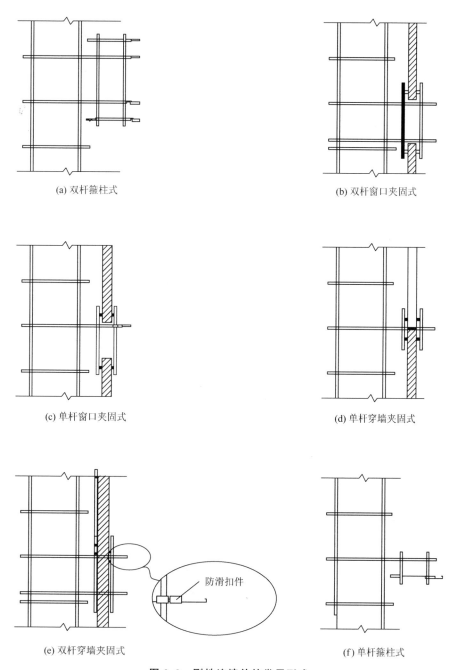

(a) 双杆箍柱式

(b) 双杆窗口夹固式

(c) 单杆窗口夹固式

(d) 单杆穿墙夹固式

防滑扣件

(e) 双杆穿墙夹固式

(f) 单杆箍柱式

图 3.8　刚性连墙件的常用形式

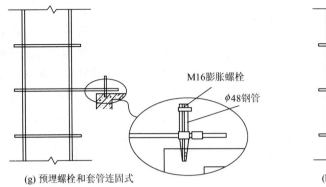

(g) 预埋螺栓和套管连固式

(h) 预埋短钢管连固式

图 3.8 刚性连墙件的常用形式（续）

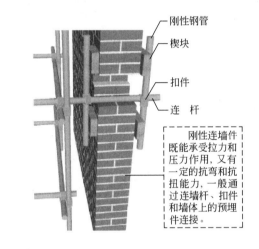

刚性钢管

楔块

扣件

连杆

刚性连墙件既能承受拉力和压力作用，又有一定的抗弯和抗扭能力，一般通过连墙杆、扣件和墙体上的预埋件连接。

图 3.9 刚性连墙件示意

（2）柔性连墙件。柔性连墙件为只承受拉力作用或只承受拉力和压力作用，而不具有抗弯、抗扭能力的刚度较差的连墙构造。它只能限制脚手架向外或向内倾倒，而对脚手架的抗失稳能力并无帮助，因此在使用上受到限制。纯受拉连墙件只能用于 3 层以下房屋，纯拉压连墙件一般只能用在高度不超出 24m 的建筑工程中。扣件式钢管脚手架的柔性连墙件有两种形式，如图 3.10 所示。

（3）连墙件设置的注意事项。应确保杆件间的连接可靠，扣件必须拧紧，垫木必须夹持稳固，防止脱出；装设连墙件时，应保持立杆的垂直度要求，避免拉固时产生变形；当连墙件轴向荷载（水平力）的计算值大于 6kN 时，应增设扣件以加强其抗滑动能力，特别是在强风来袭之前，应检查并加固连墙措施，以保证脚手架安全；连墙构造中的连墙杆或拉筋应垂直于墙面设置，并呈水平位置或稍向脚手架一端倾斜，但不容许向上翘起。图 3.11 所示为连墙件的构造形态。

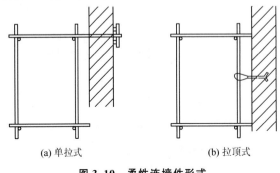

(a) 单拉式   (b) 拉顶式

图 3.10 柔性连墙件形式

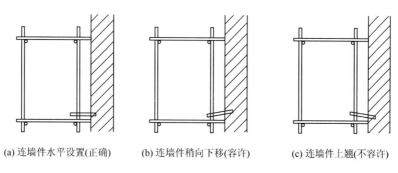

(a) 连墙件水平设置(正确)　　　　(b) 连墙件稍向下移(容许)　　　　(c) 连墙件上翘(不容许)

图 3.11　连墙件的构造形态

（4）挑扩作业面（图 3.12）。在不采取斜支加强构造的情况下，脚手架横向水平杆伸出立杆之外的长度不得大于 600mm，允许铺两块脚手板，但只允许靠立杆的一块脚手板有施工荷载（站人或放材料）；当遇有阳台、挑篷及其他突出墙面的构造，使内立杆距外墙面超出 600mm 时，应视操作的需要（即施工荷载的分布情况）采用挑支构造以扩宽作业层面。

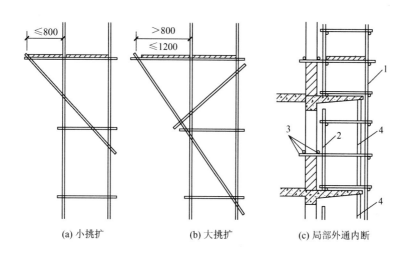

(a) 小挑扩　　　　(b) 大挑扩　　　　(c) 局部外通内断

图 3.12　挑扩作业面（单位：mm）

1—外立杆；2—内立杆；3—连墙件；4—支柱（连支 3 层）

（5）局部卸载构造。当搭设的脚手架立杆稳定性不能满足计算要求时，可采用局部卸载装置，将超出的部分荷载传给工程结构，以确保脚手架使用的安全。局部卸载构造的形式如图 3.13 所示。

3）里脚手架

里脚手架为室内作业架，依作业要求和场地条件搭设，常为"一"字形的分段脚手架，可采用双排架或单排架。装修作业架的铺板宽度不少于 2 块板或 0.6m；砌筑作业架的铺板为 3～4 块，宽度应不小于 0.9m。当作业层高大于 2.0m 时，应按高处作业规定，在架子外侧设防护栏杆；用于高大厂房和厅堂的高度不小于 4.0m 的里脚手架，应参照外脚手架的要求搭设。用于一般层高墙体的砌筑作业架，也应设置必要的抛撑，以确保架子

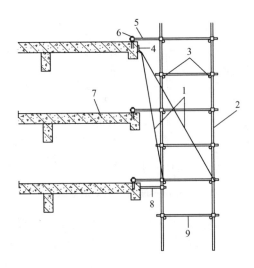

图 3.13　局部卸荷构造的形式

1—卸荷钢丝绳；2—立杆；3—纵向水平杆；4—预埋吊环；5—连墙件；

6—预埋短钢管；7—建筑结构；8—回顶短钢管；9—横向水平杆

稳定。单层抹灰脚手架的构架要求虽低于砌筑架，但也必须保证稳定、安全和满足操作的需要。砌筑用里脚手架的构架形式如图 3.14 所示。

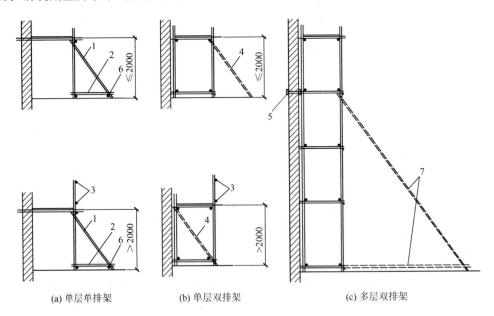

(a) 单层单排架　　　　　(b) 单层双排架　　　　　(c) 多层双排架

图 3.14　砌筑用里脚手架的构架形式（单位：mm）

1—抛撑；2—扫地杆；3—栏杆；4—视需要设置的斜杆和抛撑；5—连墙点；

6—纵向连接杆；7—无连墙件设置的抛撑

4）满堂脚手架

满堂脚手架是采用纵、横向不少于 3 排立杆，并与水平杆、水平剪刀撑、竖向剪刀撑、扣件等连接构成的脚手架，该架体顶部作业层施工荷载通过水平杆传递给立杆，顶部立杆呈偏心受压状态。满堂脚手架可用于天棚安装和装修作业，以及其他大面积的高处作业。其所受荷载除本身自重外，还有作业面上的施工荷载。满堂脚手架的一般构造形式如图 3.15 所示。

（1）满堂脚手架搭设高度不宜超过 36m，其施工层不得超过一层。

（2）立杆接长接头必须采用对接扣件连接；水平杆长度不宜小于 3 跨。

（3）满堂脚手架应在架体外侧四周及内部纵、横向每隔 6～8m 由底至顶设置连续竖向剪刀撑。当架体搭设高度在 8m 以下时，应在架顶部设置连续水平剪刀撑；当架体搭设高度在 8m 及以上时，应在架体底部、顶部及竖向间隔不超过 8m 处分别设置连续水平剪刀撑。水平剪刀撑宜在竖向剪刀撑斜杆相交平面设置。剪刀撑宽度应为 6～8m。

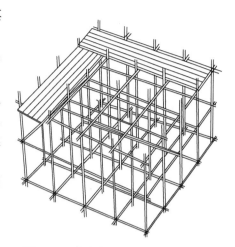

图 3.15 满堂脚手架的一般构造形式

（4）剪刀撑应用旋转扣件固定在与之相交的水平杆或立杆上，旋转扣件中心线至主节点的距离不宜大于 150mm。

（5）满堂脚手架的高宽比不宜大于 3；当高宽比大于 2 时，应在架体的外侧四周和内部水平间隔 6～9m、竖向间隔 4～6m 处设置连墙件与建筑结构拉结；当无法设置连墙件时，应采取设置钢丝绳张拉固定等措施。

（6）最少跨数为 2、3 跨的满堂脚手架，宜按规定设置连墙件。

（7）当满堂脚手架局部承受集中荷载时，应按实际荷载计算并应局部加固。

（8）满堂脚手架应设爬梯，爬梯踏步间距不得大于 300mm。

（9）满堂脚手架操作层支撑脚手板的水平杆间距不应大于 1/2 跨距。

5）斜道

（1）人行并兼作材料运输的斜道，其形式宜按下列要求确定。

① 高度不大于 6m 的脚手架，宜采用"一"字形斜道。

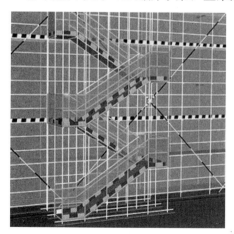

图 3.16 "之"字形人行斜道

② 高度大于 6m 的脚手架，宜采用"之"字形人行斜道，如图 3.16 所示。

（2）斜道的构造应符合下列规定。

① 斜道应附着外脚手架或建筑物设置。

② 运料斜道宽度不应小于 1.5m，坡度不应大于 1:6；人行斜道宽度不应小于 1m，坡度不应大于 1:3。

③ 拐弯处应设置平台，其宽度不应小于斜道宽度。

④ 斜道两侧及平台外围均应设置栏杆及挡脚板，栏杆高度应为 1.2m，挡脚板高度不应小于 180mm。

⑤ 运料斜道两端、平台外围和端部均应按规定设置连墙件；每两步应加设水平斜杆；应按规定设置剪刀撑和横向斜撑。

3. 地基和基础

立杆的地基和基础构造可按表 3-2 的要求处理。搭设在楼面上的脚手架，其立杆底端宜设底座或垫板，并根据立柱集中荷载进行楼面结构验算。

表 3-2　立杆的地基和基础构造

搭设高度 H	地基土质		
	中、低压缩性且压缩性均匀	回填土	高压缩性或压缩性不均匀
≤24m	夯实原土，立杆底座置于面积不小于 0.075m² 的垫块、垫木上	土夹石或灰土回填夯实，立杆底座置于面积不小于 0.10m² 的混凝土垫块或垫木上	夯实原土，铺设宽度不小于 200mm 的通长槽钢或垫木
25～35m	垫块、垫木面积不小于 0.10m²，其余同上	砂夹石回填夯实，其余同上	夯实原土，铺厚度不小于 200mm 砂垫层，其余同上
36～50m	垫块、垫木面积不小于 0.15m²，或铺通长槽钢或木板，其余同上	砂夹石回填夯实，垫块或垫木面积不小于 0.15m²，或铺通长槽钢或木板	夯实原土，铺 150mm 厚道渣夯实，再铺通长槽钢或垫木，其余同上

注：表中混凝土垫块厚度不小于 200mm，垫木厚度不小于 50mm。

4. 搭设作业

搭设作业施工工艺流程如图 3.17 所示。

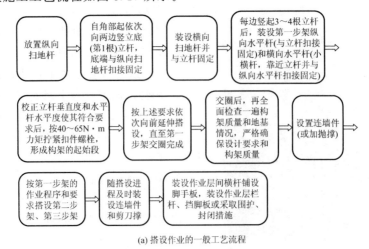

(a) 搭设作业的一般工艺流程

图 3.17　搭设作业施工工艺流程

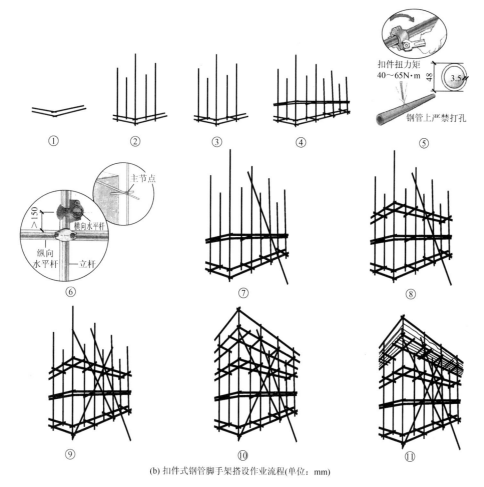

(b) 扣件式钢管脚手架搭设作业流程(单位：mm)

图 3.17 搭设作业施工工艺流程（续）

①—放置纵向扫地杆；②—自角部起依次向两边竖立底(第 1 根)立杆；③—装设横向扫地杆并与立杆固定；

④—装设第一步大、小横杆；⑤、⑥—按 40～65N·m 力矩拧紧扣件螺栓；

⑦—第一步架交圈完成，设置连墙件(或加抛撑)；⑧—按第一步架的作业程序和要求搭设第二步架、第三步架；

⑨—随搭设进程及时装设连墙件和剪刀撑；

⑩、⑪—装设作业层间横杆并铺设脚手板，装设作业层栏杆、挡脚板或采取围护、封闭措施

3.1.3 碗扣式钢管脚手架

碗扣式钢管脚手架是一种采用碗扣方式连接的钢管脚手架，其采用带连接件的定型杆件，组装简便，具有比扣件式钢管脚手架更强的稳定承载能力，不仅可以组装各式脚手架，而且更适合构造各种支撑架，特别是重载支撑架。

碗扣式钢管脚手架采用每隔 0.6m 设一套碗扣接头的定型立杆和两端焊有接头的定型横杆，并实现了杆件系列的标准化。碗扣接头是该脚手架系统的核心部件，由上、下碗扣，横杆接头，上碗扣的限位销等组成，如图 3.18 所示。

碗扣式钢管脚手架具有如下性能特点。

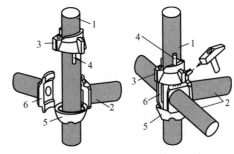

(a) 碗扣式脚手架　　　　　　　　　　　(b) 碗扣接头

图 3.18　碗扣式脚手架和碗扣接头

1—立杆；2—横杆；3—上碗扣；4—限位销；5—下碗扣；6—横杆接头

（1）多功能。能根据具体施工要求，组成不同组架尺寸、形状和承载能力的单（双）排脚手架、支撑架、支撑柱、物料提升架、爬升脚手架、悬挑架等多种功能的施工装备，也可用于搭设施工棚、料棚、灯塔等构筑物，特别适合于搭设曲面脚手架和重载支撑架。

（2）高功效。整架拼拆速度比常规脚手架快 3～5 倍，快速省力，工人用一把铁锤即可完成全部作业，避免了螺栓操作带来的诸多不便。

（3）通用性强。主构件均采用普通的扣件式钢管脚手架的钢管，可用扣件同普通钢管连接，通用性强。

（4）承载力大。立杆连接是同轴心承插，横杆同立杆靠碗扣接头连接，接头具有可靠的抗弯、抗剪、抗扭力学性能；而且各杆件轴心线交于一点，节点在框架平面内。因此结构稳固可靠，承载力大。

（5）安全可靠。接头设计时，考虑到上碗扣螺旋摩擦力和自重力作用，使接头具有可靠的自锁能力。作用于横杆上的荷载通过下碗扣传递给立杆，下碗扣具有很强的抗剪能力（最大为 199kN），上碗扣即使没被压紧，横杆接头也不致脱出而造成事故。同时配备有安全网支架、层间横杆、脚手板、挡脚板、架梯、挑梁、连墙撑等杆配件，使用安全可靠。

（6）易于加工。主构件采用 $\phi48mm \times 3.5mm$ 的 Q235 焊接钢管，制造工艺简单，成本适中，可直接对现有扣件式脚手架进行加工改造，不需要复杂的加工设备。

（7）不易丢失。该脚手架无零散易丢失扣件，可将构件丢失降低到最小程度。

（8）维修少。该脚手架构件消除了螺栓连接，构件经碰耐磕，一般锈蚀不影响拼拆作业，不需特殊养护、维修。

（9）便于管理。其构件系列标准化，容易堆放整齐，便于现场材料管理，满足文明施工要求。

（10）易于运输。该脚手架最长构件 3130mm，最重构件 40.53kg，便于搬运和运输。

3.1.4　附着式升降脚手架

附着式升降脚手架是一种搭设一定高度并附着于工程结构上，依靠自身的升降设备和装置，可随工程结构逐层爬升或下降，具有防倾覆、防坠落装置的外脚手架，如图 3.19 所示。由于它具有沿工程结构爬升（下降）的状态属性，因此也可称为"爬升脚手架"，或简称"爬架"。当建筑物的高度在 80m 以上时，其经济性较为显著。

图 3.19 附着式升降脚手架

（1）附着式升降脚手架由竖向主框架、水平支撑桁架、架体构架、附着支承结构、防倾装置、防坠装置等组成。

（2）附着式升降脚手架结构构造的尺寸应符合下列规定。

① 架体结构高度不应大于 5 倍楼层高。

② 架体宽度不应大于 1.2m。

③ 直线布置的架体支承跨度不应大于 7m；折线或曲线布置的架体，相邻两主框架支承点处架体外侧距离不得大于 5.4m。

④ 架体的水平悬挑长度不得大于 2m，且不得大于跨度的 1/2。

⑤ 架体全高与支承跨度的乘积不应大于 110m^2。

（3）附着式升降脚手架应在附着支承结构部位设置与架体高度相等、与墙面垂直的定型的竖向主框架，竖向主框架应采用桁架或刚架结构，其杆件连接的节点应采用焊接或螺栓连接，并应与水平支承桁架和架体构成有足够强度和支撑刚度的属于空间几何不变体系的稳定结构。竖向主框架结构构造应符合下列规定。

① 竖向主框架可采用整体结构或分段对接式结构，结构形式应为竖向桁架式或门形刚架式等。各杆件的轴线应汇交于节点处，并应采用螺栓或焊接连接，如不交汇于一点，则必须进行附加弯矩验算。

② 当架体升降采用中心吊时，在悬臂梁行程范围内竖向主框架内侧水平杆去掉部分的断面，应采取可靠的加固措施。

③ 主框架内侧应设有导轨。

④ 竖向主框架宜采用单片式主框架，如图 3.20(a) 所示；或采用空间桁架式主框架，如图 3.20(b) 所示。

（4）附着式升降脚手架应在每个竖向主框架处设置升降设备，升降设备应采用电动葫芦或电动液压设备，单跨升降时可采用手动葫芦，并应符合下列规定。

① 升降设备必须与建筑结构和架体有可靠连接。

② 固定电动升降动力设备的建筑结构应安全可靠。

③ 设置电动液压设备的架体部位，应有加强措施。

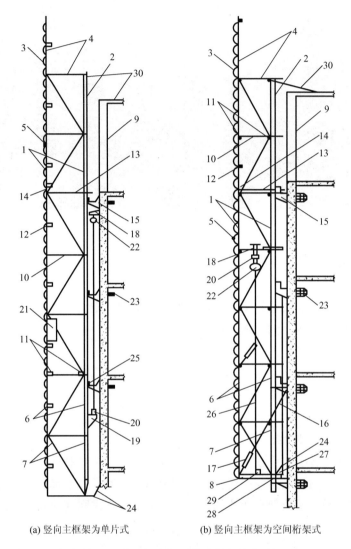

(a) 竖向主框架为单片式　　　(b) 竖向主框架为空间桁架式

图 3.20　竖向主框架的架体断面构造

1—竖向主框架；2—导轨；3—密目安全网；4—架体；5—剪刀撑（45°~60°）；6—立杆；

7—水平支承桁架；8—竖向主框架底座托盘；9—正在施工层；10—架体横向水平杆；

11—架体纵向水平杆；12—防护栏杆；13—脚手板；14—作业层挡脚板；

15—附墙支座（含导向、防倾装置）；16—吊拉杆（定位）；17—花篮螺栓；

18—升降上吊挂点；19—升降下吊挂点；20—荷载传感器；21—同步控制装置；

22—电动葫芦；23—锚固螺栓；24—底部脚手板及密封翻板；25—定位装置；

26—升降钢丝绳；27—导向滑轮；28—主框架底座托座与附墙支座临时固定连接点；

29—升降滑轮；30—临时拉结

任务 3.2 常用模板支撑架

3.2.1 类别

用脚手架材料可以搭设各类模板支撑架，包括梁模、板模、梁板模和箱基模等，并大量用于梁板模板的支撑架中。在板模和梁板模支撑架中，支撑高度大于 4.0m 者称为"高支撑架"，有早拆要求及装置者称为"早拆模板体系支撑架"。

扣件式、碗扣式、门式和承插型盘扣式钢管脚手架材料均可用于构造模板支撑架，并各具特点，按其构造情况可做以下分类。

（1）按构造类型划分。

① 支柱式支撑架（支柱承载的构架）。

② 片（排架）式支撑架（由一排有水平拉杆连接的支柱形成的构架）。

③ 双排支撑架（两排立杆形成的支撑架）。

④ 空间框架式支撑架（多排或满堂设置的空间构架）。

（2）按杆系结构体系划分。

① 几何不可变杆系结构支撑架（杆件长细比符合桁架规定、竖平面斜杆设置不小于均占两个方向构架框格的 1/2 的构架）。

② 非几何不可变杆系结构支撑架（符合脚手架构架规定，但有竖平面斜杆设置的框格低于其总数 1/2 的构架）。

（3）按支柱类型划分。

① 单立杆支撑架。

② 双立杆支撑架。

③ 格构柱群支撑架（由格构柱群体形成的支撑架）。

④ 混合支柱支撑架（混用单立杆、双立杆、格构柱的支撑架）。

（4）按水平构架情况划分。

① 水平构造层不设或少量设置斜杆或剪刀撑的支撑架。

② 有一道或数道水平加强层设置的支撑架，又可分为：a.板式水平加强层（每道仅为单层设置，斜杆设置不少于 1/3 水平框格）；b.桁架式水平加强层（每道为双层，并有竖向斜杆设置）。

此外，单、双排支撑架还有设附墙拉结（或斜撑）与不设之分，后者的支撑高度不宜大于 4m。支撑架所受荷载一般为竖向荷载，但箱基模板（墙板模板）支撑架则同时受竖向和水平荷载作用。

3.2.2 设置要求

模板支撑架的设置应满足可靠承受模板荷载，确保沉降、变形、位移均符合规定，绝对避免出现坍塌和垮架等要求，并应特别注意确保以下三点。

（1）承力点应设在支柱或靠近支柱处，避免水平杆跨中受力。

（2）充分考虑施工中可能出现的最大荷载作用，并确保其仍有 2 倍的安全系数。

（3）支柱的基底绝对可靠，不得发生严重沉降变形。

3.2.3 常用模板支撑架的一般构造

1. 使用扣件式钢管脚手架材料搭设的模板支撑架

由于扣件式钢管脚手架材料具有可任意组合的突出特点，因此，可以按设计要求组装成各种形式符合承载要求的模板支撑架，如图 3.21 所示。

【扣件式模板支撑架搭设】

图 3.21　使用扣件式钢管脚手架材料搭设的模板支撑架

模板支撑架立杆步距与立杆间距不宜超过 JGJ 130—2011《建筑施工扣件式钢管脚手架安全技术规范》附录 C 中的表 C-2～表 C-5 所规定的上限值，立杆伸出顶层水平杆中心线至支撑点的长度不应超过 0.5m，满堂支撑架搭设高度不宜超过 30m。

模板支撑架立杆底部宜设置底座或垫板。模板支撑架必须设置纵、横向扫地杆（图 3.22），纵向扫地杆应采用直角扣件固定在距钢管底端不大于 200mm 处的立杆上，横向扫地杆应采用直角扣件固定在紧靠纵向扫地杆下方的立杆上；立杆基础不在同一高度上时，必须将高处的纵向扫地杆向低处延长两跨与立杆固定，高低差不应大于 1m；靠边坡上方的立杆轴线到边坡的距离不应小于 500mm。

模板支撑架应根据架体的类型设置剪刀撑，并应符合下列规定。

（1）普通型。

① 在架体外侧周边及内部纵、横向每 5～8m，应由底至顶设置连续竖向剪刀撑，剪刀撑宽度应为 5～8m。普通型水平、竖向剪刀撑布置如图 3.23 所示。

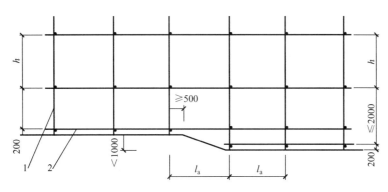

图 3.22　纵、横向扫地杆构造（单位：mm）

1—横向扫地杆；2—纵向扫地杆

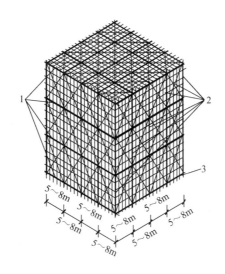

图 3.23　普通型水平、竖向剪刀撑布置

1—水平剪刀撑；2—竖向剪刀撑；3—扫地杆设置层

② 在竖向剪刀撑顶部交点平面应设置连续水平剪刀撑。支撑高度超过 8m，或施工总荷载大于 15kN/㎡，或集中线荷载大于 20kN/m 的支撑架，扫地杆的设置层应设置水平剪刀撑。水平剪刀撑至架体底平面距离与水平剪刀撑间距不宜超过 8m。

（2）加强型。

① 当立杆纵、横间距为 0.9 m×0.9m～1.2m×1.2m 时，在架体外侧周边及内部纵、横向每 4 跨（且不大于 5m），应由底至顶设置连续竖向剪刀撑，剪刀撑宽度应为 4 跨。

② 当立杆纵、横间距为 0.6 m×0.6m～0.9 m×0.9m（含 0.6m×0.6m、0.9m×0.9m）时，在架体外侧周边及内部纵、横向每 5 跨（且不小于 3m），应由底至顶设置连续竖向剪刀撑，剪刀撑宽度应为 5 跨。

③ 当立杆纵、横间距为 0.4 m×0.4m～0.6 m×0.6m（含 0.4m×0.4m）时，在架体外侧周边及内部纵、横向每 3～3.2m 应由底至顶设置连续竖向剪刀撑，剪刀撑宽度应为 3～3.2m。

④ 在竖向剪刀撑顶部交点平面应设置水平剪刀撑，水平剪刀撑至架体底平面距离与水平剪刀撑间距不宜超过 6m，剪刀撑宽度应为 3～5m，如图 3.24 所示。

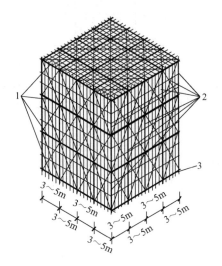

图 3.24　加强型水平、竖向剪刀撑构造布置
1—水平剪刀撑；2—竖向剪刀撑；3—扫地杆设置层

2. 使用碗扣式钢管脚手架材料搭设的模板支撑架

【碗扣式模板支撑架搭设】

用碗扣式钢管脚手架系列构件可以组装各种类型的模板支撑架，如图 3.25 所示。其一般组架结构由立杆垫座（或立杆可调座）、立杆、顶杆、可调托撑、横杆和斜杆（或斜撑、剪刀撑）等组成。使用不同长度的横杆可组成不同立杆间距的模板支撑架，当所需要的立杆间距与标准横杆长度（或现有横杆长度）不符时，可采用两组或多组架子交叉叠合布置，横杆错层连接，如图 3.26 所示。

图 3.25　使用碗扣式钢管脚手架材料搭设的模板支撑架

对于楼板等荷载较小但支撑面积较大的模板支撑架，一般不必把所有立杆连成整体，而是可分成几个独立支撑架，只要高宽（以窄边计）比小于 3∶1 即可，但至少应有两跨（即 3 根立杆）连成一个整体。对一些重载支撑架或支撑高度较高（大于 10m）的支撑架，则需把所有立杆连成一个整体，并根据具体情况适当加设斜撑、横托撑或扩大底部架。

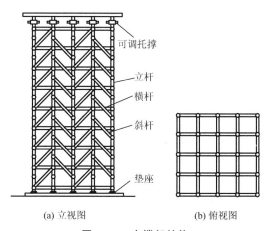

(a) 立视图　　　　　　　　(b) 俯视图

图 3.26　支撑架结构

碗扣式钢管脚手架由于其杆件为轴心受力、杆件和节点间距定型、整架稳定性好、承载力大，特别适合于构造超高、超重的梁板模板支撑架，用于高大厅堂（如电视台的演播大厅、宾馆门厅、剧院等）、结构转换层和道桥工程的施工中。图 3.27 所示即为一现浇箱形截面钢筋混凝土桥梁模板支撑架，其设计荷载达 30kN/m²，立杆沿桥梁横向布置，依上部荷载要求采用变杆距（0.6m、0.9m、1.2m 和 1.5m），纵向采用等杆距，以利于水平杆的设置。当施工期间要求不中断交通时，可视需要留出车辆通道，对通道两侧荷载显著增大的支撑架部分则采用密排（杆距 0.6～0.9m）设置，也可用格构式支柱组成支墩或支撑架（图 3.27）。格构式支撑柱由立杆、顶杆和 0.3m 横杆组成（横杆步距 0.6m），在其底部设支座（有普通垫座、可调垫座和转角座，转角座用于斜支撑柱的底座），顶部设可调座。支撑柱的允许荷载随高度 H 的加大而降低：$H \leqslant 5m$ 时，允许荷载为 140kN；$5m < H \leqslant 10m$ 时，允许荷载为 120kN；$10m < H \leqslant 15m$ 时，允许荷载为 100kN。当支撑柱间用横杆连成整体时，

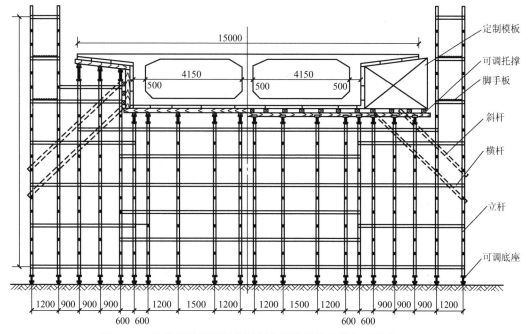

图 3.27　现浇箱形截面钢筋混凝土桥梁模板支撑架（单位：mm）

其承载能力将会有所提高。当使用转角座时，应用地锚将其固定牢固。以上构造形式均可在有相应需要的建筑工程中应用。

3. 使用门式钢管脚手架材料搭设的模板支撑架

【门式模板支撑架搭设】

用门式钢管脚手架构造模板支撑架时，其构架根据施工要求和荷载情况确定，其构造形式按其用途大致有以下几种。

1）作梁模板支撑

（1）门式钢管脚手架垂直于梁轴线的标准构架布置（图 3.28）。即按 1.8m 间距，两侧面装交叉支撑，门式钢管脚手架横梁上架设顺木方以支撑梁底模板，侧模支撑可按一般梁模构造通过斜撑杆传给支撑架，为确保支撑架稳定，可视需要在底部加设扫地杆、封口杆和在门式钢管脚手架上部装上水平架。

图 3.28 门式钢管脚手架垂直于梁轴线的标准构架布置

（2）门式钢管脚手架平行于梁轴线的两排布置。排距根据需要确定，一般为 0.8～1.2m，排间装以适合的交叉支撑或以横杆连接固定，同排门式钢管脚手架间用大横杆连接固定。图 3.29 所示为梁模板支撑布置。

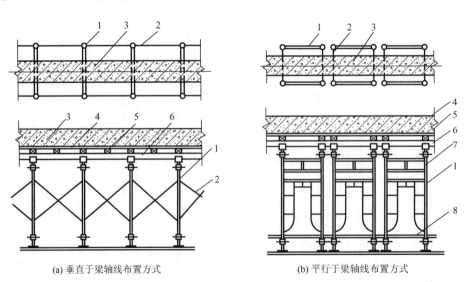

(a) 垂直于梁轴线布置方式　　　　(b) 平行于梁轴线布置方式

图 3.29 梁模板支撑布置

1—门式钢管脚手架；2—交叉支撑；3—梁；4—模板；5—小楞；6—托梁；7—调节梁；8—水平加固杆

（3）门式钢管脚手架垂直于梁轴线的交错布置。这种布置可使梁的集中荷载作用点避开门架的跨中，以适应大型梁的支撑要求。布置形式可以采用叠合或错开，即用两对（架距 0.9m）或三对（架距 0.6m）门式钢管脚手架按标准构架尺寸交错布置并全部装设交叉支撑，并视需要在纵向和横向设拉杆连接固定和加强，如图 3.30 所示。

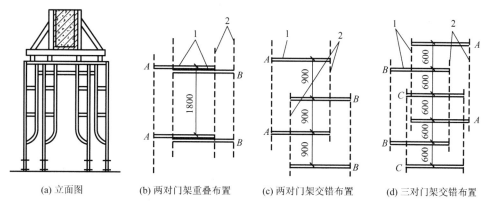

(a) 立面图　　(b) 两对门架重叠布置　　(c) 两对门架交错布置　　(d) 三对门架交错布置

图 3.30　梁模板支撑的门架交错布置（单位：mm）
1—门式钢管脚手架；2—交叉支撑

2）作梁、板模板支撑

楼板的支撑可按满堂脚手架构造，梁的支撑可按上述构造，在设计时注意它们之间的整体组合和拉结。

4. 使用承插型盘扣式钢管脚手架搭设的模板支撑架

1）主要构配件的材质及外观质量要求

（1）主要构配件。盘扣节点由焊接于立杆上的连接盘、水平杆杆端扣接头和斜杆杆端扣接头组成，如图 3.31 所示。

【承插型盘扣式模板
支撑架搭设】

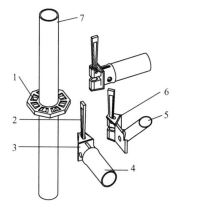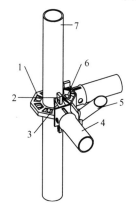

图 3.31　盘扣节点
1—连接盘；2—扣接头插销；3—水平杆杆端扣接头；4—水平杆；
5—斜杆；6—斜杆杆端扣接头；7—立杆

水平杆和斜杆杆端扣接头与连接盘的插销连接应具有可靠防滑脱构造措施。立杆盘扣节点宜按 0.5m 模数设置。

(2) 材质要求。承插型盘扣式钢管脚手架的构配件除有特殊要求外，其材质应符合 GB/T 1591—2008《低合金高强度结构钢》、GB/T 700—2006《碳素结构钢》及 GB/T 11352—2009《一般工程用铸造碳钢件》的规定。

(3) 构配件外观质量要求。

① 钢管应无裂纹、凹陷、锈蚀，不得采用接长钢管。

② 钢管应平直，直线度允许偏差为管长的 1/500，两端面应平整，不得有斜口、毛刺。

③ 铸件表面应光洁、平整，不得有砂眼、缩孔、裂纹、浇冒口残余等缺陷，表面黏砂应清除干净。

④ 冲压件不得有毛刺、裂纹、氧化皮等缺陷。

⑤ 各焊缝有效焊缝高度应符合相应规范或标准的规定，焊缝应饱满，焊药应清除干净，不得有未焊透、夹砂、咬肉、裂纹等缺陷。

⑥ 可调底座和可调托座的螺牙宜采用梯形牙，A 型管宜配置 $\phi48$ 丝杆和调节手柄，B 型管宜配置 $\phi38$ 丝杆和调节手柄，丝杆直径不得小于 36mm。可调底座和可调托座的表面应镀锌，镀锌表面应光滑，在连接处不得有毛刺、滴瘤和多余结块；可调底座及可调托座丝杆与螺母旋合长度不得小于 4～5 牙。

⑦ 架体杆件及构配件表面应镀锌或涂刷防锈漆，涂层应均匀、牢固。

⑧ 主要构配件上的生产厂标识应清晰。

2) 构造要求

(1) 模板支撑架应根据施工方案计算得出的立杆排架尺寸选用定长的水平杆，并应根据支撑高度组合套插的立杆段、可调托座和可调底座，如图 3.32 所示。

图 3.32　承插型盘扣式钢管脚手架模板支撑架

(2) 当搭设高度不大于 8m 的满堂模板支撑架时，支撑架架体四周外立面向内的第一跨每层均应设置竖向斜杆，架体整体底层及顶层均应设置竖向斜杆，并应在架体内部区域每隔 5 跨由底至顶纵、横向均设置竖向斜杆（图 3.33）或采用扣件钢管搭设的大剪刀撑（图 3.34）。当满堂模板支撑架的架体高度不超过 4 节段立杆时，可不设置顶层水平斜杆；当架体高度超过 4 节段立杆时，应设置顶层水平斜杆或扣件钢管水平剪刀撑。

(3) 当搭设高度大于 8m 的满堂模板支撑架时，竖向斜杆应满布设置，水平杆的步距不得大于 1.5m，沿高度每隔 4～6 个节段立杆应设置水平层斜杆（图 3.35）或扣件

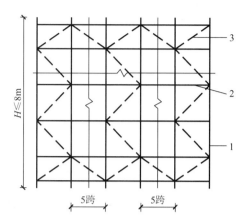

图 3.33 满堂模板支撑架高度不大于 8m 时竖向斜杆设置

1—立杆；2—水平杆；3—斜杆

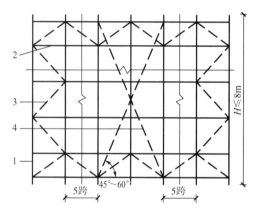

图 3.34 满堂模板支撑架高度不大于 8m 时大剪刀撑设置

1—立杆；2—水平杆；3—斜杆；4—大剪刀撑

钢管大剪刀撑，并应与周边结构形成可靠拉结。对长条状的独立高支模架，架体总高度与架体的宽度之比 H/B 不应大于 3，如图 3.36 所示。

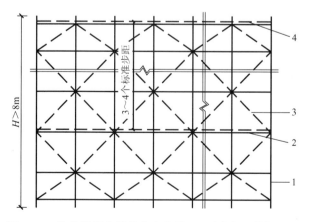

图 3.35 满堂模板支撑架高度大于 8m 时水平层斜杆设置

1—立杆；2—水平杆；3—斜杆；4—水平层斜杆或大剪刀撑

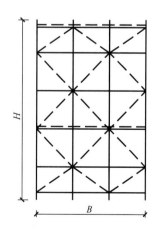

图 3.36 长条状独立高支模架的高宽比

（4）当模板支撑架搭设成独立方塔架时，每个侧面每步距均应设竖向斜杆。当有防扭转要求时，可在顶层及每隔 3～4 步增设水平层斜杆或钢管水平剪刀撑，如图 3.37 所示。

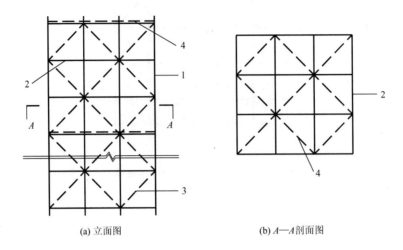

(a) 立面图   (b) A—A 剖面图

图 3.37　独立方塔架
1—立杆；2—水平杆；3—竖向斜杆；4—水平层斜杆

（5）模板支撑架立杆可调托座伸出顶层水平杆的悬臂长度严禁超过 650mm，如图 3.38 所示，可调托座插入立杆长度不得小于 150mm；架体顶层的水平杆步距应比标准步距缩小一个盘扣间距。

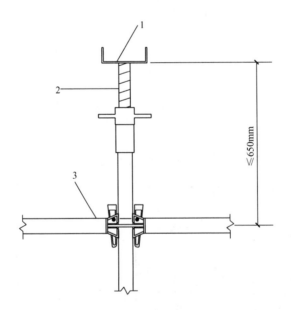

图 3.38　立杆可调托座伸出顶层水平杆的悬臂长度
1—可调托座；2—立杆悬臂端；3—顶层水平杆

（6）模板支架应设置扫地水平杆，可调底座调节螺母离地高度不得大于 300mm，作为扫地杆的水平杆离地高度应小于 550mm。当可调底座调节螺母离地高度不大于 200mm

时，第一层步距可按照标准步距设置，且应设置竖向斜杆，并可间隔抽除第一层水平杆形成施工人员进出通道，与通道正交的两侧立杆间应设置竖向斜杆。

（7）模板支撑架应与周围已建成的结构进行可靠连接。

（8）当模板支撑架架体内设置人行通道时，应在通道上部架设支撑横梁，如图 3.39 所示，横梁截面大小应按跨度及承受的荷载确定。通道两侧支撑梁的立杆间距应根据计算结果设置，通道周围的模板支架应连成整体。洞口顶

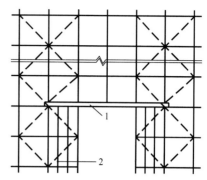

图 3.39　模板支撑架架体内人行通道设置
1—支撑横梁；2—加密立杆

部应铺设封闭的防护板，两侧应设置安全网。通行机动车的洞口必须设置安全警示和防撞设施。

任务 3.3　垂直运输设施

3.3.1　垂直运输设施的设置要求

垂直运输设施为在建筑施工中垂直运（输）送材料、设备和供人员上下的机械设备或设施，是施工技术措施中不可缺少的重要环节。随着高层建筑、超高层建筑、高耸工程以及超深地下工程的飞速发展，对垂直运输设施的要求也相应提高，垂直运输技术已成为建筑施工中的重要技术之一。垂直运输设施可大致分为塔式起重机、施工电梯、物料提升架、混凝土泵、采用葫芦式起重机或其他小型起重机具的物料提升设施五大类，如图 3.40 所示。

3.3.2　高层建筑垂直运输设施配套方案

在选择高层建筑垂直运输设施配套方案时，应多从以下方面进行比较（表 3-3）。

（1）按照短期集中性供应和长期经常性供应的要求，从专供、联分供和分时段供三种方式中选定。所谓联分供方式，即联供以满足集中性供应要求，分供以满足流水性供应要求。

（2）使设备的利用率和生产率达到较高值，使利用成本达到较低值。

(a) 塔式起重机

(b) 施工电梯

(c) 物料提升架

(d) 混凝土泵

(e) 葫芦式起重机

图 3.40　垂直运输设施种类

表 3-3　高层建筑垂直运输设施常用配套方案

项次	配套方案	功能配合	优 缺 点	适用情况
1	施工电梯+塔式起重机及料斗	塔式起重机及料斗承担吊装和运送模板、钢筋、混凝土，施工电梯运送人员和零散材料	优点：直供范围大，综合服务能力强，易调节安排。 缺点：集中运送混凝土的效率不高，受大风影响限制	吊装量较大、现浇混凝土量适应塔式起重机能力
2	施工电梯+塔式起重机+混凝土泵及布料杆	混凝土泵和布料杆输送混凝土，塔式起重机承担吊装和大件材料运输，施工电梯运送人员和零散材料	优点：直供范围大、综合服务能力强、供应能力大，易调节安排。 缺点：投资大、费用高	工期紧、工程量大的超高层工程的结构施工阶段

续表

项次	配套方案	功能配合	优 缺 点	适 用 情 况
3	施工电梯＋带臂杆高层井架	施工电梯运送人员和零散材料，带臂杆高层井架可带吊笼和吊斗、臂杆吊运钢筋模板	优点：垂直输送能力较强，费用低。 缺点：直供范围小，无吊装能力，增加水平运输设施	无大件吊装、以现浇为主、工程量不太大和集中的工程
4	施工电梯＋高层井架＋塔式起重机及料斗	施工电梯运送人员、零散材料，高层井架运送大宗材料，塔式起重机及料斗吊装和运送大件材料	优点：直供范围大、综合服务能力强、供应能力大，易调节安排，结构完成后可拆除塔式起重机。 缺点：可能出现设备能力利用不足的情况	吊装和现浇量较大的工程
5	施工电梯＋塔式起重机及料斗＋塔架	以塔架取代高层井架，功能配合同第4项	同第4项，但塔架为可带混凝土斗的物料专用电梯，性能优于高层井架，费用也较高	吊装和现浇量较大的工程
6	塔式起重机及料斗＋普通井架	人员上下使用室内楼梯，普通井架送大宗材料，塔式起重机及料斗吊装和运送大件材料	优点：吊装和垂直运输要求均可适应，费用低。 缺点：供应能力不够强，人员上下不方便	适用于50m以下的建筑工程

3.3.3 吊篮

吊篮是一种能够替代传统脚手架，可减轻劳动强度，提高工作效率，并能够重复使用的新型高处作业设备。建筑吊篮的使用已经逐渐成为一种趋势，在高层及多层高建筑的外墙施工、幕墙安装、保温施工和维修清洗外墙等高处作业中得到广泛使用，同时可用于大型罐体、桥梁和大坝等工程的作业，如图3.41所示。

(a) 吊篮实物图

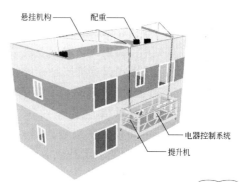

(b) 电动吊篮脚手架

图 3.41 吊篮

1. 吊篮的分类

（1）按用途划分，可分为维修吊篮和装修吊篮。前者为篮长不大于 4m、载重量不大于 5kN 的小型吊篮，一般为单层；后者的篮长可达 8m 左右，载重量为 5～10kN，并有单层、双层、三层等多种形式，可满足装修施工的需要。

（2）按驱动形式划分，可分为手动、气动和电动三种。

（3）按提升方式划分，可分为卷扬式（又有提升机设于吊箱或悬挂机构之分）和爬升式（又有 a 式卷绳和 s 式卷绳之分）两种。

2. 吊篮的基本工作规定

（1）吊篮的工作环境温度为 −20～40℃。

（2）吊篮的制造应按有关标准及设计图样进行，质量不合格的产品不准使用。

（3）使用环境相对湿度不大于 90%（25℃）。

（4）电源电压偏离额定值不大于 ±5%。

（5）工作处阵风风速不大于 10.8m/s（相当于 6 级风力）。

3. 吊篮的施工注意事项

（1）采用吊篮进行外装修作业时，一般应选用设备完善的吊篮产品。自行设计、制作的吊篮应达到标准要求，并有严格的审批制度。

（2）使用吊篮的工程应对屋面结构进行复核，确保工程结构的安全。

（3）发现吊篮工作不正常时，应及时停止作业，检查和消除隐患。严禁在"带病"吊篮上继续进行作业。

3.3.4 塔式起重机

塔式起重机具有提升、回转、水平输送（通过滑轮车移动和臂杆仰俯）等功能，不仅是重要的吊装设备，而且也是重要的垂直运输设备，其垂直和水平吊运长、大、重物料的能力仍为其他垂直运输设备（施）所不及。

1. 塔式起重机的分类

按回转方式，可以分为上回转塔式起重机［图 3.42(a)］和下回转塔式起重机［图 3.42(b)］；按有无运行机构，可分为移动式塔式起重机［图 3.42(c)］和固定式塔式起重机。下面主要介绍固定式塔式起重机。

【塔式起重机
安装顶升拆卸】

2. 固定式塔式起重机

固定式塔式起重机又分附着式塔式起重机和动臂式塔式起重机。附着式塔式起重机按起重量分类，可分为轻型塔式起重机、中型塔式起重机和重型塔式起重机；附着式塔式起重机按头部结构分类，可分为平头塔式起重机［图 3.42(d)］和带塔帽的塔式起重机［图 3.42(e)］。下面主要介绍平头塔式起重机和动臂式塔式起重机。

1）平头塔式起重机的主要特点及适用范围

（1）平头塔式起重机的主要特点。

① 取消了塔顶和起重臂拉杆，安装方便、快捷、省时。

② 由于起重臂更容易在空中拼装，降低了安装塔式起重机时对施工场地、安装设备的要求。

(a) 上回转塔式起重机

(b) 下回转塔式起重机

(c) 移动式塔式起重机

(d) 平头塔式起重机

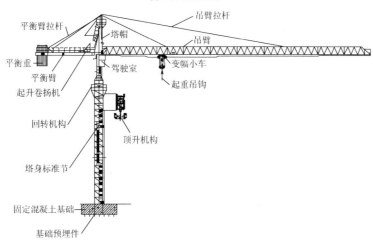

(e) 带塔帽的塔式起重机

图 3.42　塔式起重机的种类

（2）平头塔式起重机的适用范围。

由于起重臂可在空中拆卸，平头塔式起重机特别适合一些特殊工程的施工要求，如电力行业冷却塔、斜拉索大桥的施工，以及工地狭窄、地面不平的场所。

2）动臂式塔式起重机的特点及适用范围

【动臂式塔式起重机在东京晴空塔的空中安装】

图 3.43 动臂式塔式起重机

（1）动臂式塔式起重机的变幅是起重臂通过变幅机构钢丝绳的收放，绕着铰点上下仰、俯来实现的，如图 3.43 所示。其基本特点如下。

① 起重臂上仰时，起升高度相应增加，而不需要靠增加塔身标准节来实现。

② 动臂式塔式起重机平衡臂（转台）的回转半径很短，起重臂上仰时，塔式起重机工作幅度随之减小，因此十分有利于塔式起重机灵活地避开空中的障碍物，减少施工工地塔式起重机群之间的相互干扰。

③ 起重臂变幅式塔式起重机的最大起重量比相同起重力矩的水平臂塔式起重机的最大起重量大，很适合那些一次起吊的重量比较大的施工。

④ 动臂式塔式起重机结构复杂，能耗高。

（2）动臂式塔式起重机的适用范围如下。

① 主要用于工期要求紧、吊装量大的建筑施工。

② 起重量大的水电、火电建设工程。

③ 某些国家和地区（如英国、美国加利福尼亚州、东南亚某些国家）对塔式起重机臂架和平衡臂进入施工区域以外的空间有严格的法律规定，这些国家和地区只能使用动臂变幅式塔式起重机。

【国之砝码】

拓展讨论

先进的施工机械对建筑施工有很大影响，结合党的二十大报告，实施产业基础再造工程和重大技术装备攻关工程，支持专精特新企业发展，推动制造业高端化、智能化、绿色化发展。谈一谈我国塔式起重机在高端化、智能化、绿色化方面有哪些发展？

3.3.5 井架和龙门架

1. 井架

井式垂直运输架，简称井架或井字架，如图 3.44 所示，是施工中最常用的、也是最为简便的垂直运输设施。它的稳定性好、运输量大，除用型钢或钢管加工成定型井架之外，还可采用许多种脚手架材料搭设，而且可以搭设较高的高度（达 50m 以上）。

一般的井架多为单孔井架，但也可设置两孔或多孔井架。井架内设吊盘（也可在吊盘下加设混凝土料斗）；两孔或三孔井架可以分别设置吊盘或料斗，以满足同时运输多种材料的需要。井架上可视需要设置拔杆。其起重量一般为 0.5～1.5t，回转半径可达 10m。

普通型钢井架由立柱、平撑、斜撑等杆件组成。在房屋建筑中一般都采用单孔四柱角钢井架，其有两种构造方法：一种是用单根角钢由螺栓连接而成，通常是把连接板焊在立柱上，仅平撑、斜撑和立柱的连接以及立柱的接高用螺栓连接，在杆件重、井架大的情况下多采用这种方法；另一种是在工厂组焊成一定长度的节段，然后运至工地安装，一般轻型小井架多采用这种方法。

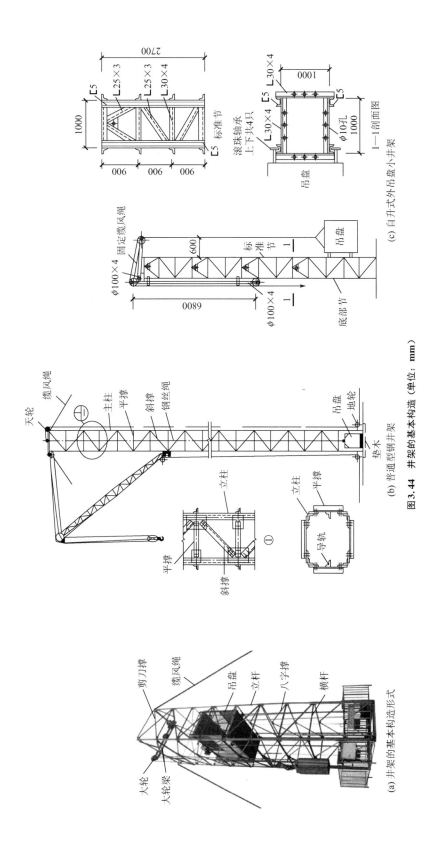

图3.44 井架的基本构造（单位：mm）

(a) 井架的基本构造形式

(b) 普通型钢井架

(c) 自升式外吊盘小井架

2. 龙门架

龙门架是由两根立杆及天轮梁（横梁）构成的门式架。在龙门架上装设滑轮（天轮及地轮）、导轨、吊盘（上料平台）、安全装置、起重索、缆风绳等，即构成一个完整的垂直运输体系。普通龙门架的基本构造形式如图 3.45（a）所示。图 3.45（b）所示为门式升降机的基本构造：单吊笼，前后均装翻板门并设开门自锁装置；平台架，为自升式，套在导轨立柱架的顶部，可沿导轨架垂直升降；摇头拔杆，装设在架顶，用手动葫芦控制套架升降，套架外设有操作平台；附壁撑，由直撑和斜撑构成，每隔 15m 设置；底座架，为整体结构。该机架设有断绳保护、吊笼平层定位保护、防钢丝绳假断保护、超高限位保护及吊笼操作传呼信号等系统。

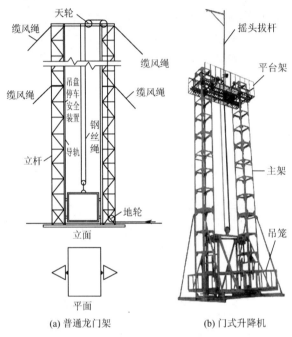

(a) 普通龙门架 (b) 门式升降机

图 3.45　龙门架的基本构造

3.3.6　门式起重机

【门式起重机吊重】

门式起重机简称龙门吊，其操作要求如下。

（1）门式起重机的负荷能力标牌。

① 醒目易读且能够抵抗不良气候和腐蚀。

② 固定在操作舱内易被操作员读到的位置。

（2）操作舱中应该准备干粉灭火器。

（3）起重机上有吊钩安全限位装置，且有报警设施。

门式起重机起吊前必须进行设备检查（图 3.46），其检查要求如下。

（1）所有起重设备在每天使用前应由一个专业的检查人员进行检查。

（2）起重设备的维修、检测应由有资质的单位进行。

(a) 步骤1

(b) 步骤2

(c) 步骤3

图 3.46 门式起重机起吊前检查内容

3.3.7　施工升降机

1. 施工升降机概述

【施工升降机组装及注意事项】

施工升降机是一种采用齿轮齿条啮合方式或钢丝绳提升方式，使吊笼做垂直或倾斜运动，用以输送人员和物料的机械，如图 3.47 所示。

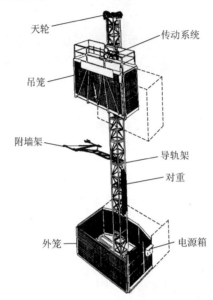

图 3.47　施工升降机组成

2. 施工升降机的分类

施工升降机按其传动形式，分为齿轮齿条式、钢丝绳式和混合式三种。

3.3.8　混凝土布料机

混凝土布料机是泵送混凝土的末端设备，其作用是将泵压来的混凝土通过管道送到要浇筑构件的模板内。

混凝土布料机可分为移动布料机、塔式布料机、电梯井内爬布料机、船用布料机等，如图 3.48 所示。

(a) 移动布料机

(b) 塔式布料机

图 3.48　混凝土布料机的种类

(c) 电梯井内爬布料机

(d) 船用布料机

图 3.48　混凝土布料机的种类（续）

1. 移动布料机

（1）移动布料机的组成：分 12m、15m、18m 三种，由两部分回转架组成的合成运动就能覆盖所有布料半径范围的布料点。

（2）移动布料机的结构如图 3.49 所示。

（3）移动布料机的使用注意事项。

① 按照布料杆出厂安装说明书安装布料杆。

② 布料杆使用前，必须在起旋转作用的弯管处使用短钢丝绳固定在上主梁架上做保险，防止连接处断裂坠落伤人。

【移动布料机操作】

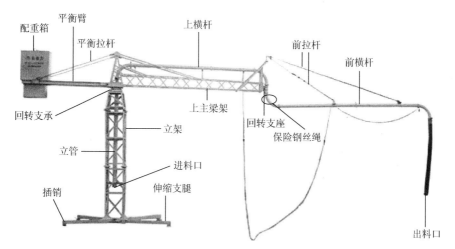

图 3.49　移动布料机的结构

③ 杆的塔身（及四方柱）上部每个角绑一钢丝绳做缆风绳，缆风绳的末端安装一弯钩。布料机安装完毕后，将 4 根缆风绳的弯钩与施工层钢筋相连，但缆风绳不要太紧，应留出布料杆受力变形的距离。验收合格后，方可投入使用。

④ 安放布料杆及其配重，要求布料杆中间必须架空 200～300mm，支脚下面铺垫枕木或木方，且支腿下对于模板支撑架应进行加固，检查布料杆杆身是否垂直；布料杆安放在架体上时要用架管将支腿压实，安装在楼地面上时可不用。

⑤ 安装布料杆配重。在布料杆上维护保养作业人员应系挂安全带。

2. 塔式布料机

塔式布料机是专门为铁路制梁场、核电等工程施工设计生产的专用混凝土浇筑布料设备。

【电梯井内爬布料机安装】

3. 电梯井内爬布料机

电梯井内爬布料机为高层建筑混凝土施工的布料设备。布料机固定在电梯井内，配置自动爬升机构，利用液压油缸顶升，在电梯井内自动爬升，使布料机随着楼层的升高而升高，省时省力、效率高。

4. 船用布料机

船用布料机是一种为港湾、码头等工程施工设计生产的专用布料设备。

项目小结

项目	工作任务	能力目标	基本要求	主要知识点	任务成果
脚手架工程与垂直运输	常用脚手架	（1）可以编制常用脚手架搭拆专项施工方案； （2）可以进行常用脚手架搭拆过程的技术管理与安全监督	掌握	（1）扣件式钢管脚手架的搭设工作流程； （2）悬挑式外脚手架的构造要求、搭设方法	（1）编制图 3.4 所示落地式外脚手架的搭设专项方案； （2）编制图 3.32 承插型盘扣式钢管脚手架模板支撑架的搭设专项方案； （3）编制塔式起重机、施工升降机安装拆除的专项施工方案
	常用模板支撑架	（1）可以编制常用模板支撑架的专项施工方案； （2）可以进行常用模板支撑架搭拆过程的技术管控与安全监督	掌握	（1）常用模板支撑架的分类； （2）常用模板支撑架的一般构造； （3）大于 8m 的满堂模板支撑架搭设的注意事项	
	垂直运输设施	（1）可以进行吊篮施工专项方案的编制； （2）可以进行塔式起重机、施工升降机安装拆除过程的安全监管； （3）可以进行混凝土布料机的现场施工指导	熟悉	常用垂直运输设施的分类及使用安全注意事项	

简答题

1. 扣件式钢管脚手架的基本构件有哪些?

2. 扣件式钢管脚手架对搭设有什么要求?

3. 试论述连墙件的分类及使用范围。

4. 试论述碗扣接头的组成。

5. 对悬挑式外脚手架工字钢及锚固螺栓有何要求?

6. 常用模板支撑架按构造类型分为哪几种?

7. 模板支撑立杆对接和搭接时有哪些规定?

8. 碗扣式钢管脚手架材料搭设的模板支撑架结构由哪些部分组成?

9. 承插型盘扣式钢管脚手架模板支撑架何时需设置水平斜杆或水平剪刀撑?

10. 在承插型盘扣式钢管脚手架模板支撑架体内设置人行通道时有哪些注意事项?

11. 垂直运输设施可分为哪五大类?

12. 使用手动葫芦升降吊篮时,有哪些注意事项?

13. 平头塔式起重机的主要特点有哪些?

14. 施工升降机按传动形式可分为哪几种?

15. 简述电梯井内爬式布料机的特点。

项目 **4** 钢筋混凝土主体结构工程施工

项目任务

通过学习，了解常见模板的构造，掌握模板安装与拆除的技术规定和安全要求，钢筋下料、加工、连接的工艺流程和质量验收标准；掌握基础、墙、柱、梁、楼板模板安装与拆除，钢筋绑扎安装，混凝土浇捣、养护的工艺流程和质量验收标准；掌握施工缝的设置位置和处理要求。

项目导读

（1）阅读附图配电房图纸，分析并编制合适的模板施工方案；

（2）阅读附图配电房图纸，分析并编制合适的钢筋施工方案；

（3）阅读附图配电房图纸，分析并编制合适的混凝土施工方案。

能力目标

（1）通过学习，能够组织模板、钢筋、混凝土的施工；

（2）具备现场施工员的工作能力；

（3）能够监督检查模板、钢筋、混凝土工程施工；

（4）具备旁站监理员的工作能力。

任务 4.1 模板工程

4.1.1 常见的模板类型

1. 组合式模板

组合式模板在现代模板技术中是通用性强、装拆方便、周转使用次数多的一种新型模板，用它进行现浇混凝土结构施工，可事先按设计要求组拼成梁、柱、墙、楼板的大型模板，整体吊装就位，也可采用散支散拆方法。

1) 钢定型模板

钢定型模板由边框、面板、纵横肋组成，面板为 2.3～2.5mm 厚的钢板，模板类型主要有平面模板、连接角模、阳角模板和阴角模板［图 4.1(a)］，连接件主要有 U 形卡、L 形插销、紧固螺栓、钩头螺栓和对拉螺栓等［图 4.1(b)］。钢定型模板一次性投资大，需多次周转使用才有经济效益，使用时与混凝土直接接触的表面应涂隔离剂，须轻拆轻放；工人操作劳动强度大，回收及修整的难度大，因而钢定型模板已逐渐较少被使用。

2) 钢框木（竹）胶合板模板

钢框木（竹）胶合板模板是以热轧异形钢为钢框架、以覆面胶合板作板面并加焊若干钢筋承托面板的一种组合式模板，如图 4.2 所示。其面板有木（竹）胶合板和单片木面竹芯胶合板等。

2. 工具式模板

工具式模板是针对工程结构构件的特点研制开发的可持续周转使用的一种专用性模板，包括大模板、滑动模板、爬升模板、飞模、模壳等。

1) 大模板

此种模板单块面积大，通常是以一面现浇墙使用一块模板，区别于组合钢模板和钢框胶合板模板，故称为大模板，其构造如图 4.3 所示。

大模板是采用专业设计和工业化加工制作而成的一种工具式模板，一般与支架连为一体。由于它自重大，施工时需配以相应的吊装和运输机械，用于浇筑现浇混凝土墙体。它具有安装和拆除简便、尺寸准确、板面平整、周转使用次数多等特点。

采用大模板进行建筑施工的工艺特点是：以建筑物的开间、进深、层高为基础进行大模板设计、制作，以大模板为主要施工手段，以现浇钢筋混凝土墙体为主导工序，组织有节奏的均衡施工。这种施工方法工艺简单、施工速度快、工程质量好、结构整体性强、抗震能力好，混凝土表面平整光滑，可以减少抹灰湿作业。由于它的工业化、机械化施工程度高，综合技术经济效益好，因而受到普遍欢迎。

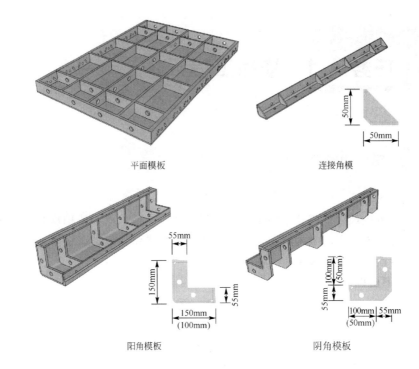

平面模板

连接角模

50mm

50mm

阳角模板

55mm

150mm

150mm
(100mm)

55mm

阴角模板

100mm
(50mm)

55mm

100mm
(50mm)

55mm

(a) 钢模板类型

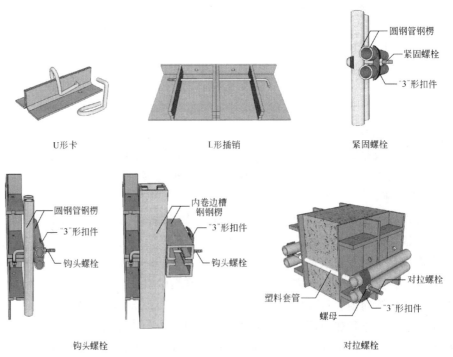

U形卡

L形插销

紧固螺栓

圆钢管钢楞

紧固螺栓

"3"形扣件

钩头螺栓

圆钢管钢楞

"3"形扣件

钩头螺栓

内卷边槽
钢钢楞

"3"形扣件

钩头螺栓

对拉螺栓

塑料套管

螺母

"3"形扣件

对拉螺栓

(b) 钢模板连接件

图 4.1　钢定型模板

图 4.2　钢框木（竹）胶合板模板

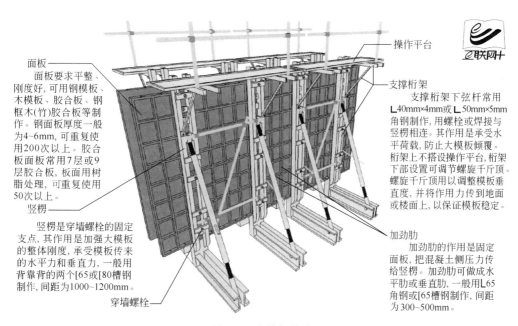

面板
面板要求平整、刚度好，可用钢模板、木模板、胶合板、钢框木(竹)胶合板等制作。钢面板厚度一般为4~6mm，可重复使用200次以上。胶合板面板常用7层或9层胶合板，板面用树脂处理，可重复使用50次以上。

竖楞
竖楞是穿墙螺栓的固定支点，其作用是加强大模板的整体刚度，承受模板传来的水平力和垂直力，一般用背靠背的两个[65或[80槽钢制作，间距为1000~1200mm。

穿墙螺栓

操作平台

支撑桁架
支撑桁架下弦杆常用∟40mm×4mm或∟50mm×5mm角钢制作，用螺栓或焊接与竖楞相连。其作用是承受水平荷载，防止大模板倾覆。桁架上不搭设操作平台，桁架下部设置可调节螺旋千斤顶。螺旋千斤顶用以调整模板垂直度，并将作用力传到地面或楼面上，以保证模板稳定。

加劲肋
加劲肋的作用是固定面板，把混凝土侧压力传给竖楞。加劲肋可做成水平肋或垂直肋，一般用∟65角钢或[65槽钢制作，间距为300~500mm。

图 4.3　大模板构造

2）滑动模板

用滑动模板（简称滑模）施工，是现浇混凝土工程的一项施工工艺，与常规施工方法相比，其施工速度快、机械化程度高，可节省支模和搭设脚手架所需的工料，能较方便地将模板进行拆除和组装，并可重复使用。滑动模板和其他施工工艺相结合（如预制装配、砌筑或其他支模方法等），可为简化施工工艺创造条件，更好地取得综合经济效益。

【滑动模板】

滑动模板装置主要由模板系统、操作平台系统、液压系统、施工精度控制系统和水电配套系统等部分组成，其构造如图4.4所示。

3）爬升模板

爬升模板（简称爬模）是综合大模板与滑动模板工艺及特点的一种模板，具有大模板和滑动模板共同的优点，尤其适用于超高层建筑施工，可用

【爬升模板】

于现浇钢筋混凝土竖向（或倾斜）结构，如墙体、电梯井、桥梁、塔柱等。其分为有架爬升模板（即模板爬架子、架子爬模板）和无架爬升模板（即模板爬模板）两种。

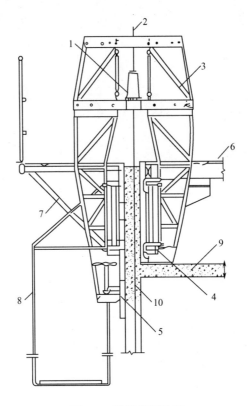

图 4.4　滑动模板构造

1—千斤顶；2—支承杆；3—提升架；4—围圈；5—模板；6—操作平台；
7—外挑架；8—吊脚手架；9—楼板；10—墙体

（1）模板与爬架互爬。这种方法是以建筑物的钢筋混凝土墙体为支承主体，通过附着于已完成的钢筋混凝土墙体上的爬升支架或大模板，利用连接爬升支架与大模板的爬升设备使一方固定，另一方做相对运动，交替向上爬升，以完成模板的爬升、下降、就位和校正等工作。该技术是最早采用并应用较广泛的一种爬升模板工艺。

（2）模板与模板互爬。这种方法取消了爬升支架，采用甲、乙两种大模板互为依托，用提升设备和爬杠使两种相邻模板互相交替爬升。模板的爬升可以安排在楼板支模、绑钢筋的同时进行，所以不占用施工工期，有利于加快工程进度。典型的施工案例有北京的新万寿宾馆的外墙施工。

4）飞模

飞模是一种大型工具式模板，由于它可以借助起重机械从已浇筑完的混凝土楼板下吊运飞出转移到上层重复使用，故称飞模。因其外形如桌，故又称桌模或台模。

飞模主要由平台板、支撑系统（包括梁、支架、支撑、支腿等）和其他配件（如升降和行走机构等）组成，适用于大开间、大柱网、大进深的现浇钢筋混凝土楼盖施工，尤其适用于现浇板柱结构（无柱帽）楼盖的施工。图 4.5 所示为门式架飞模。

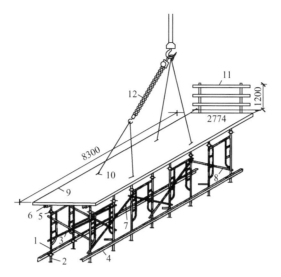

图 4.5 门式架飞模（单位：mm）

1—门式脚手架（下部安装连接件）；2—底托（插入门式架）；3—交叉拉杆；

4—通长角铁；5—顶托；6—大龙骨；7—人字支撑；8—水平拉杆；

9—面板；10—吊环；11—护身栏；12—电动环链

5）模壳

模壳是现浇混凝土（主要是板类构件）中的一种工具，也是一种施工工艺，常用于密肋楼板的施工中。

模壳有以下两种类型。

（1）塑料模壳。塑料模壳是以改性聚丙烯为基材，采用模压注塑成型工艺制成，由于受注塑机容量的限制，一般按壳体尺寸加工成 4 块模壳，用角钢组装成钢塑结合的整体大型模壳，如图 4.6 所示。

（2）玻璃钢模壳。玻璃钢模壳是以中碱玻璃纤维方格布做增强材料，不饱和聚酯树脂做黏结材料，手糊阴模成型，采用薄壁加肋的构造形式，先成型模体，后加工内肋，可按设计要求制成不同规格尺寸的整体大模壳，如图 4.7 所示。

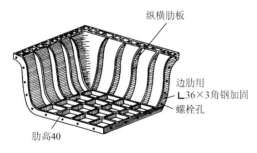

图 4.6 塑料模壳

（单位：mm）

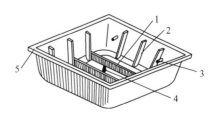

图 4.7 玻璃钢模壳

1—底肋；2—侧肋；3—手动拆模装置；

4—气动拆模装置；5—边肋

3. 永久性模板

永久性模板也称一次性消耗模板，其在结构构件混凝土浇筑后模板不拆除，并构成构件受力或非受力的组成部分。

目前，我国用在现浇楼板工程中作永久性模板的材料，一般有压型钢板模板和钢筋混凝土薄板模板两种。在工程中要结合工程任务情况、结构特点和施工条件合理选用永久性模板。

1）压型钢板模板

压型钢板模板是采用镀锌或经防腐处理的薄钢板，经成型机冷轧成具有梯波形截面的槽形钢板或开口式方盒状钢壳的一种工程模板。

压型钢板模板一般用在现浇密肋楼板工程中。压型钢板模板安装后，在肋底内侧铺设受拉钢筋，在肋的顶面焊接横向钢筋或在其上部受压区铺设网状钢筋，楼板混凝土浇筑后，压型钢板模板不再拆除，并成为密肋楼板结构的组成部分。如无吊顶顶棚设置要求时，压型钢板模板下表面便可直接喷、刷装饰涂层，可获得具有较好装饰效果的密肋式顶棚。压型钢板模板组合楼板构造如图 4.8 所示。压型钢板模板可做成开敞式和封闭式截面，如图 4.9 所示。

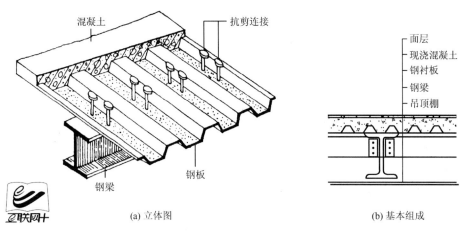

(a) 立体图   (b) 基本组成

图 4.8 压型钢板模板组合楼板构造

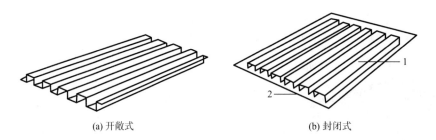

(a) 开敞式   (b) 封闭式

图 4.9 压型钢板模板类型

1—开敞式压型钢板模板；2—附加钢板

封闭式压型钢板模板，是在开敞式压型钢板模板下表面连接一层附加钢板，这样可提高模板的刚度，提供平整的顶棚面，空格内可用以布置电器设备线路。

压型钢板模板具有加工容易、自重轻、安装速度快、操作简便、取消支拆模板的烦琐工序等优点。

2）钢筋混凝土薄板模板

钢筋混凝土薄板模板可分为预应力和非预应力混凝土薄板模板，其中常用的为预应力混凝土薄板模板，如图 4.10 所示。预应力混凝土薄板模板一般是在构件预制工厂的台座上生产，通过施加预应力配筋制作成的一种预应力混凝土薄板构件，主要应用于现浇钢筋混凝土楼板工程中，薄板本身既是现浇楼板的永久性模板，当与楼板的现浇混凝土叠合后又构成楼板的受力结构部分，与楼板形成组合板；或构成楼板的非受力结构部分，而只作为永久性模板使用。

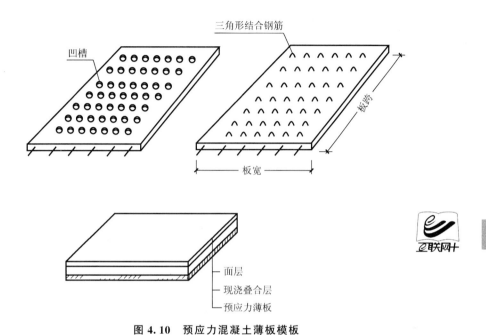

图 4.10 预应力混凝土薄板模板

4.1.2 模板的安装、 验收与拆除

1. 模板的安装

1）模板安装的规定

模板的安装，应遵守下列规定。

（1）按配板设计顺序拼装，以保证模板系统的整体稳定。

（2）配件必须装插牢固。支柱和斜撑下的支承面应平整坚实，要有足够的受压面积；支承件应着力于外钢楞上。

（3）预埋件与预留孔洞必须位置准确、安设牢固。

（4）基础模板必须支撑牢固，防止变形，侧模斜撑的底部应加设垫木。

（5）墙和柱模板的底面应找平，下端应与事先做好的定位基准靠紧垫平，在墙、柱上继续安装模板时，模板应有可靠的支承点，其平直度应进行校正。

（6）楼板模板支模时，应先完成一个格构的水平支撑及斜撑安装，再逐渐向外扩展，以保持支撑系统的稳定性。

（7）墙柱与梁板同时施工时，应先支设墙柱模板，调整固定后，再在其上架设梁板模板。

（8）支柱所设的水平撑与剪刀撑，应按构造与整体稳定性布置。

（9）预组装墙模板吊装就位后，下端应垫平，紧靠定位基准；两侧模板均应利用斜撑调整和固定其垂直度。

（10）在多层及高层建筑中，上下层对应的模板支柱应设置在同一竖向中心线上。

（11）对现浇混凝土梁、板，当跨度不小于4m时，模板应按设计要求起拱；当设计无具体要求时，起拱高度宜为跨度的 $1‰\sim3‰$。

（12）曲面结构可用双曲可调模板，采用平面模板组装时，应使模板面与设计曲面的最大差值不超过设计的允许值。

2）模板安装的工艺要求

模板安装时，应符合下列工艺要求。

（1）同一条拼缝上的U形卡，不宜向同一方向卡紧。

（2）墙模板的对拉螺栓孔应平直相对，穿插螺栓不得斜拉硬顶。钻孔应采用机具，严禁采用电、气焊灼孔。

（3）钢楞宜采用整根杆件，接头应错开设置，搭接长度不应少于200mm。

3）模板的安装方法

模板的安装方法基本上有两种，即单块就位组拼（散装）和预组拼，其中预组拼又可分为分片组拼和整体组拼两种。采用预组拼方法，可以加快施工速度，提高工效和模板的安装质量，但必须具备相适应的吊装设备和较大的拼装场地。

2. 模板的验收

模板工程验收时，应提供下列文件。

（1）模板工程的施工设计或有关模板排列图和支承系统布置图。

（2）模板工程质量检查记录及验收记录。

（3）模板工程支模的重大问题及处理记录。

（4）模板拆除的安全要求。

3. 模板的拆除

模板拆除时，应符合以下安全要求。

（1）拆模前应制定拆模程序、拆模方法及安全措施。

（2）模板拆除的顺序和方法，应按照配板设计的规定进行，遵循"先支后拆""先非承重部位、后承重部位"及"自上而下"的原则。拆模时，严禁用大锤和撬棍硬砸硬撬。

（3）先拆除侧面模板（混凝土强度大于 $1N/mm^2$），再拆除承重模板。

（4）组合大模板宜大块整体拆除。

（5）支承件和连接件应逐件拆卸，模板应逐块拆卸传递，拆除时不得损伤模板和混凝土。

（6）拆下的模板和配件均应分类堆放整齐，附件应放在工具箱内。

4.1.3 基础、柱、墙、梁、楼板的模板施工

1. 基础模板施工

1）基础模板的配制特点

（1）一般配模为竖向，且配板高度可以高出混凝土浇筑表面，所以有较大的灵活性。

【基础模板】

（2）模板高度方向如用两块以上模板组拼时，一般应用竖向钢楞连固，其接缝齐平布置时，竖楞间距一般宜为 750mm；当接缝错开布置时，竖楞间距最大可为 1200mm。

（3）基础模板由于可以在基槽设置锚固桩作支撑，所以可以不用或少用对拉螺栓。

（4）高度在 1400mm 以内的侧模，其竖楞的拉筋或支撑，可按最大侧压力和竖楞间距计算竖楞上的总荷载布置，竖楞可采用 $\phi 48mm \times 3.5mm$ 钢管。高度在 1500mm 以上的侧模，可按墙体模板进行设计配模。

2）条形基础

条形基础可根据基础边线就地组拼模板。将基槽土壁修整后用短木方将钢模板支撑在土壁上，然后在基槽两侧地坪上打入钢管锚固桩，搭钢管吊架，使吊架保持水平，用线锤将基础中心引测到水平杆上，按中心线安装模板，用钢管、扣件将模板固定在吊杆上，再用支撑拉紧模板。图 4.11 所示为条形基础模板构造。

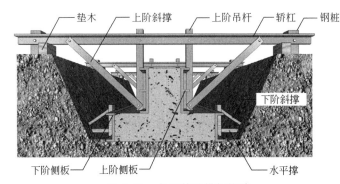

图 4.11 条形基础模板构造

条形基础模板施工注意事项如下。

（1）模板支撑于土壁时，必须将松土清除修平，并加设垫板。

（2）为了保证基础宽度，防止两侧模板位移，宜在两侧模板间相隔一定距离加设临时支撑木条，待浇筑混凝土时拆除。

3）独立基础

独立基础一般就地拼装各侧模板，并用支撑撑于土壁上。搭设柱模井字架，使立杆下端固定在基础模板外侧，用水平仪找平井字架水平杆后，先将第一块柱模用扣件固定在水平杆上，同时搁置在混凝土垫块上，然后按单块柱模组拼方法组拼柱模，直至柱顶。图 4.12 所示为独立基础模板构造。

独立基础模板的施工注意事项如下。

（1）基础短柱顶伸出的钢筋间距，应符合上段柱子的要求。

（2）柱模板之间要用水平撑和斜撑连成整体。

（3）基础短柱模板的 U 形卡不要一次上满，要等校正固定后再上满；安装过程中要随时检查对角线，防止柱模扭转。

2. 柱模板施工

（1）柱模板支承垫底部应预先找平，以保证模板位置正确，防止模板底部漏浆。常用的找平方法是沿柱模板内边线用 1：3 水泥砂浆抹找平层 ［图 4.13（a）］。另外，在外柱部位，继续安装模板前，要设置模板支承垫条带 ［图 4.13（b）］，并校正其平直。

【柱模板】

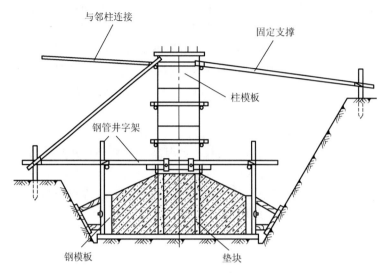

图 4.12 独立基础模板构造

（2）设置柱模板定位基准。采用钢筋定位时，墙体模板可根据构件断面尺寸切割一定长度的钢筋，焊成定位梯子支撑筋（钢筋端头刷防锈漆）［图 4.13(c)］，绑（焊）在墙体两根竖筋上，起到支撑作用，间距 1200mm 左右；对柱模板，可在基础和柱模上口用钢筋焊成井字形套箍支撑筋［图 4.13(d)］撑拉模板，并固定竖向钢筋，也可在竖向钢筋靠模板一侧焊一小段钢筋，以保持钢筋与模板的位置。

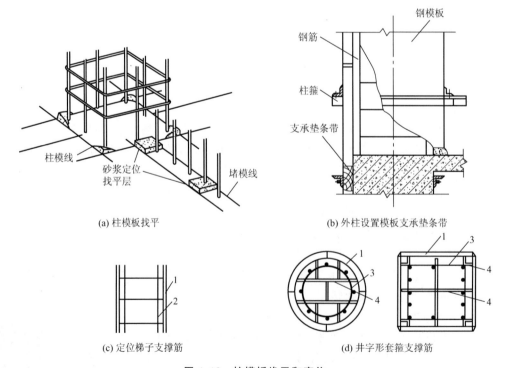

(a) 柱模板找平 (b) 外柱设置模板支承垫条带

(c) 定位梯子支撑筋 (d) 井字形套箍支撑筋

图 4.13 柱模板找平和定位

1—模板；2—梯形筋；3—箍筋；4—井字支撑筋

（3）保证柱模板的长度符合模数，不符合部分放到节点部位处理；或以梁底标高为准，由上往下配模，不符合模数部分放到柱根部位处理。当柱高在 4m 或 4m 以上时，一般应四面支撑；当柱高超过 6m 时，不宜单根柱支撑，宜几根柱同时支撑连成构架。

（4）柱模板根部要用水泥砂浆堵严，防止跑浆；柱模板的浇筑口和清扫口，在配模时应一并考虑留出。

（5）梁、柱模板分两次支设时，在柱子混凝土达到拆模强度时，最上一段柱模板应先保留不拆，以便与梁模板连接。

（6）柱模板的清扫口应留置在柱脚一侧，如果柱子断面较大，为了便于清理，也可在两侧留设。清理完毕，应立即封闭。

（7）柱模板安装就位后，应立即用 4 根支撑或有张紧器（花篮螺栓）的缆风绳与柱顶四角拉结，并校正其中心线和偏斜，全面检查合格后，再整体固定。常用的柱模板支设方法如图 4.14 所示。

3. 墙模板施工

（1）按位置线安装门洞口模板，埋设预埋件或木砖。

【墙模板】

（2）把预先拼装好的一侧模板按位置线就位，然后安装拉杆或斜撑，安装支固套管和穿墙螺栓。穿墙螺栓的规格和间距，由模板设计规定。

（3）清扫墙内杂物，再安装另一侧模板，调整斜撑（或拉杆）使模板垂直后，拧紧穿墙螺栓。

（4）墙模板安装注意事项如下。

① 单块模板就位组拼时，应从墙角模板开始，向互相垂直的两个方向组拼，这样可以减少临时支撑的设置。否则要随时注意拆换支撑或增加支撑，以保证墙模板处于稳定状态。

② 当完成第一步单块就位组拼模板后，可安装内钢楞，内钢楞与模板肋用钩头螺栓紧固，其间距不大于 600mm。当钢楞长度不够需要接长时，接头处要增加同样数量的钢楞。

③ 预组拼模板安装时，应边就位边校正，并随即安装各种连接件、支承件或加设临时支撑。必须待模板支撑稳固后，才能脱钩。当墙面较大，模板需分几块预拼安装时，模板之间应按设计要求增加纵横附加钢楞。当设计无规定时，连接处的钢楞数量和位置应与预组拼模板上的钢楞数量和位置等同。附加钢楞的位置在接缝处两边，与预组拼模板上钢楞的搭接长度一般为预组拼模板全长（宽）的 15%～20%。

④ 在组装模板时，要使两侧穿孔的模板对称放置，以使穿墙螺栓与墙模板保持垂直。

⑤ 相邻模板边肋用 U 形卡连接的间距不得大于 300mm，预组拼模板接缝处宜满上 U 形卡，并反正交替安装。

⑥ 上下层墙模板接槎的处理：当采用单块就位组拼时，可在下层模板上端设一道穿墙螺栓，拆模时该层模板暂不拆除，在支上层模板时，作为上层模板的支承面，如图 4.15 所示；当采取预组拼模板时，可在下层混凝土墙上端往下 200mm 左右处设置水平预埋螺栓，紧固一道通长角钢作为上层模板的支承，如图 4.16 所示。

⑦ 预留门窗洞口的模板应有锥度，安装要牢固，既不变形，又便于拆除。

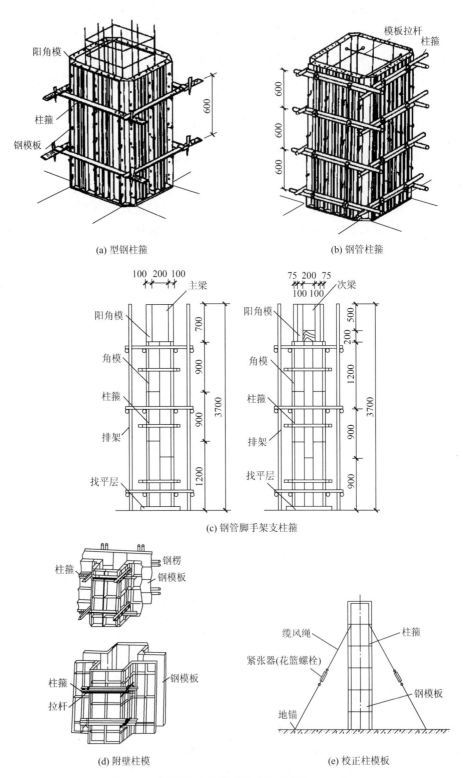

(a) 型钢柱箍

(b) 钢管柱箍

(c) 钢管脚手架支柱箍

(d) 附壁柱模

(e) 校正柱模板

图 4.14　常用的柱模板支设方法（单位：mm）

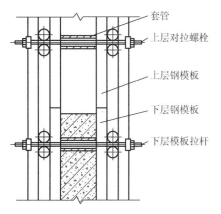

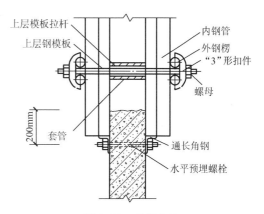

图 4.15　下层模板不拆以作上层模板支承面　　　　图 4.16　角钢支承

⑧ 对拉螺栓的设置，应根据不同的对拉螺栓采用不同的做法：对组合式对拉螺栓，要注意内部杆拧入尼龙帽 7～8 个丝扣；对通长螺栓，要套硬塑料管，以确保螺栓或拉杆回收使用，塑料管长度应比墙厚小 2～3mm。

⑨ 墙模板上预留的小型设备孔洞，当遇到钢筋时，应设法确保钢筋位置正确，不允许将钢筋移向一侧，如图 4.17 所示。墙模板的组装如图 4.18 所示。

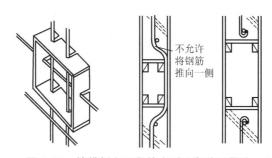

图 4.17　墙模板上预留的小型设备孔洞做法

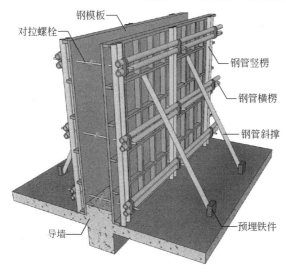

墙体模板组装时，要先弹出中心线和两边线，选择一边先装，设支撑，在顶部用线锤吊直，拉线找平后支撑固定；待钢筋绑扎好后，把墙基础清理干净，再竖立另一边模板。为了保证墙体的厚度，墙板内应加撑头或对拉螺栓。

图 4.18　墙模板的组装

【梁模板施工】

4. 梁模板施工

（1）梁柱接头模板的连接特别重要，一般可按图 4.19 和图 4.20 所示处理，或用专门加工的梁柱接头模板。梁模板与楼板模板的交接，可利用阴角模板或木材镶拼处理，如图 4.21 所示。

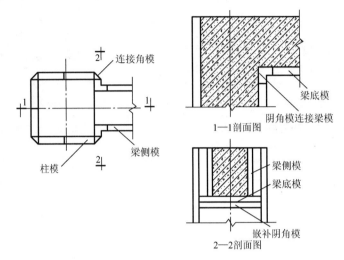

图 4.19　梁柱接头模板采用嵌补模板

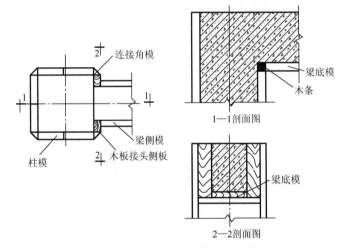

图 4.20　梁柱接头模板采用木条镶拼

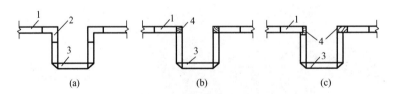

图 4.21　梁模板与楼板模板的交接处理方法

1—楼板模板；2—阴角模板；3—梁模板；4—木材

（2）梁模支柱的设置，应经模板设计计算确定。梁模板一般情况下采用双支柱，间距以 60～100cm 为宜。

（3）梁模板支柱纵横方向的水平拉杆、剪刀撑等，均应按设计要求布置；一般工程当设计无规定时，支柱间距一般不宜大于 2m，纵横方向的水平拉杆的上下间距不宜大于 1.5m，纵横方向的垂直剪刀撑的间距不宜大于 6m；跨度大或楼层高的工程，必须认真进行设计，尤其是对支撑系统的稳定性，必须进行结构计算，按设计精心施工。

（4）采用扣件式钢管脚手架或碗扣式钢管脚手架作支架时，扣件要拧紧，杯口要紧扣，要抽查扣件的扭力矩，横杆的步距要按设计要求设置。图 4.22 所示为框架梁、柱模板采用扣件式钢管脚手架支设。采用桁架支模时，要按事先设计的要求设置，要考虑桁架的横向刚度，上下弦要设水平连接，拼接桁架的螺栓要拧紧，数量要满足要求。

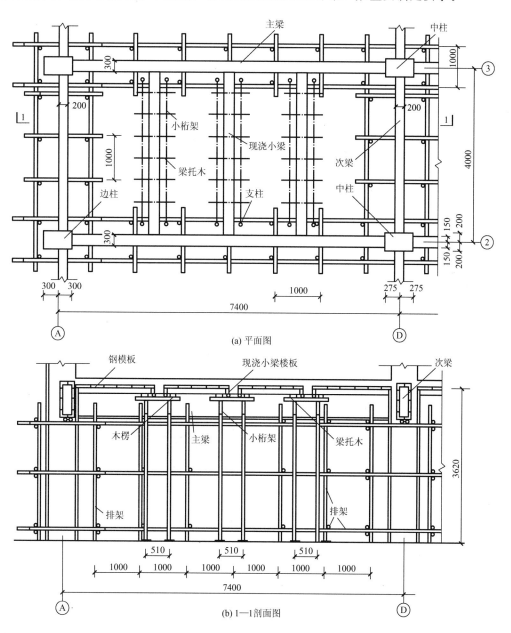

图 4.22 框架梁、柱模板采用扣件式钢管脚手架支设（单位：mm）

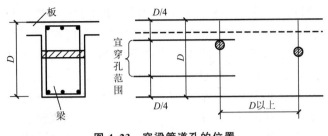

图 4.23　穿梁管道孔的位置

（5）由于空调等各种设备管道安装的要求，需要在模板上预留孔洞时，应尽量使穿梁管道孔分散，穿梁管道孔的位置应设置在梁中，如图 4.23 所示，以防削弱梁的截面，影响梁的承载能力。

5. 楼板模板施工

（1）采用立柱作支架时，从边跨一侧开始逐排安装立柱，并同时安装外钢楞（大龙骨）。根据模板设计规定，一般情况下立柱与外钢楞间距为 600～1200mm，与内钢楞（小龙骨）间距为 400～600mm。调平后即可铺设模板。

在模板铺设完进行标高校正后，立柱之间应加设水平拉杆，其道数根据立柱高度决定。一般情况下离地面 200～300mm 处设一道，往上纵横方向每隔 1.6m 左右设一道。

（2）采用桁架作支承结构时，一般应预先支好梁、墙模板，然后将桁架按模板设计要求支设在梁侧模通长的型钢或方木上，调平固定后再铺设模板。

（3）当墙、柱已先行施工时，可利用已施工的墙、柱作垂直支撑，采用悬挂支模，如图 4.24 所示。

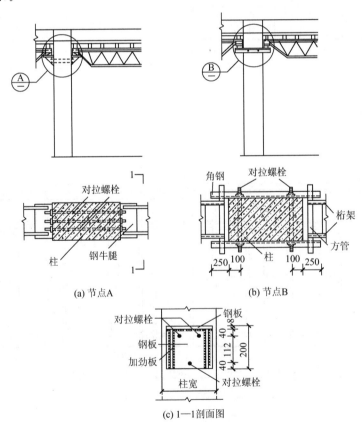

(a) 节点A　　　　　(b) 节点B

(c) 1—1剖面图

图 4.24　悬挂支模（单位：mm）

（4）当楼板模板采用单块就位组拼时，宜按每个节间从四周先用阴角模板与墙、梁模板连接，然后向中央铺设。相邻模板边肋应按设计要求用 U 形卡连接，也可用钩头螺栓与钢楞连接，还可用 U 形卡预拼成大块再吊装铺设。

（5）楼板模板施工注意事项。

① 底层地面应夯实，并垫通长脚手板，楼层地面立支柱（包括钢管脚手架作支撑）也应垫通长脚手板。采用多层支架模板时，上下层支柱应在同一竖向中心线上。

② 桁架支模时，要注意桁架与支点的连接，防止滑动，桁架应支承在通长的型钢上，使支点形成一条直线。

③ 预组拼模板板块较大时，应加钢楞再吊装，以增加板块的刚度。

④ 预组拼模板在吊运前应检查模板的尺寸、对角线、平整度，以及预埋件和预留孔洞的位置；安装就位后，应立即用角模与梁模板、墙模板连接。

⑤ 采用钢管脚手架作支撑时，在支柱高度方向每隔 1.2～1.3m 设一道双向水平拉杆。楼板模板及支承平面图及剖面图如图 4.25 所示。桁架支设楼板模板如图 4.26 所示。

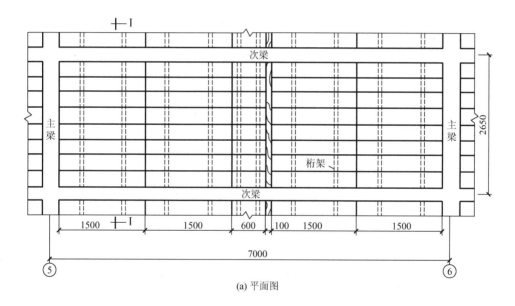

(a) 平面图

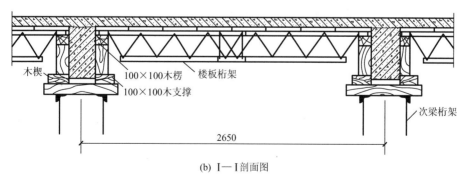

(b) I—I 剖面图

图 4.25　楼板模板及支承平面图及剖面图（单位：mm）

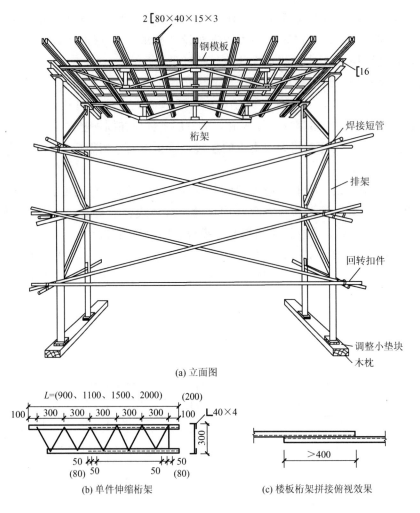

(a) 立面图

(b) 单件伸缩桁架　　　(c) 楼板桁架拼接俯视效果

图 4.26　桁架支设楼板模板（单位：mm）

任务 4.2　钢筋工程

4.2.1　钢筋配料

钢筋配料是根据构件配筋图，先绘出各种形状和规格的单根钢筋简图并加以编号，然后分别计算钢筋下料长度和根数，填写配料单，申请加工。

1. 钢筋下料长度计算

钢筋因弯曲或做弯钩会使其长度变化，在配料中不能直接根据图纸中尺寸下料；必须了解对混凝土保护层、钢筋弯曲、弯钩等的规定，再根据图中尺寸计算其下料长度。各种钢筋下料长度计算公式如下。

直钢筋下料长度＝构件长度－保护层厚度＋弯钩增加长度

弯起钢筋下料长度＝直段长度＋斜段长度－弯曲调整值＋弯钩增加长度

箍筋下料长度＝箍筋周长＋箍筋调整值

上述钢筋需要搭接的话，还应增加钢筋搭接长度。

1）弯曲调整值

钢筋弯曲后的特点：一是在弯曲处内皮收缩、外皮延伸、轴线长度不变；二是在弯曲处形成圆弧。钢筋弯曲时的量度方法是沿直线量外包尺寸 [图 4.27(a)]，因此，弯起钢筋的量度尺寸大于下料尺寸，两者之间的差值称为弯曲调整值。该值根据理论推算并结合实践经验列于表 4－1。

表 4－1 钢筋弯曲调整值

钢筋弯曲角度	30°	45°	60°	90°	135°
光圆钢筋弯曲调整值	$0.3d$	$0.54d$	$0.9d$	$1.75d$	$0.38d$
热轧带肋钢筋弯曲调整值	$0.3d$	$0.54d$	$0.9d$	$2.08d$	$1.22d$

注：d 为钢筋直径。

2）弯钩增加长度

钢筋的弯钩形式有半圆弯钩、直弯钩及斜弯钩三种，如图 4.27(b)、(c)、(d) 所示。半圆弯钩是最常用的一种弯钩；直弯钩只用在柱钢筋的下部、箍筋和附加钢筋中；斜弯钩只用在直径较小的钢筋中。

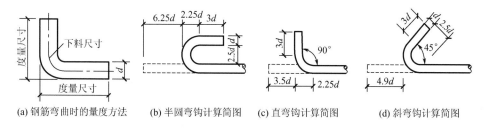

(a) 钢筋弯曲时的量度方法　　(b) 半圆弯钩计算简图　　(c) 直弯钩计算简图　　(d) 斜弯钩计算简图

图 4.27 钢筋弯曲时的量度方法和钢筋弯钩计算简图

光圆钢筋的弯钩增加长度，按图 4.27 所示（弯心直径为 $2.5d$、平直部分为 $3d$）计算：对半圆弯钩为 $6.25d$，对直弯钩为 $3.5d$，对斜弯钩为 $4.9d$。

在生产实践中，由于实际弯心直径与理论弯心直径有时不一致、钢筋粗细和机具条件不同等而影响平直部分的长短（手工弯钩时平直部分可适当加长，机械弯钩时可适当缩短），因此在实际配料计算时，对弯钩增加长度常根据具体条件采用经验数据，见表 4－2。

表 4－2 半圆弯钩增加长度参考表（用机械弯钩）

钢筋直径 d/mm	≤6	8～10	12～18	20～28	32～36
一个弯钩长度	$4d$	$6d$	$5.5d$	$5d$	$4.5d$

3）弯起钢筋斜段长度

弯起钢筋斜段长度计算如图 4.28 所示，弯起钢筋斜段长度系数见表 4-3。

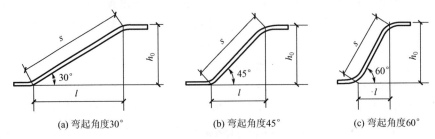

(a) 弯起角度30°　　　　(b) 弯起角度45°　　　　(c) 弯起角度60°

图 4.28　弯起钢筋斜段长度计算

表 4-3　弯起钢筋斜段长度系数

弯起角度 α	30°	45°	60°
斜边长度 s	$2h_0$	$1.41h_0$	$1.15h_0$
底边长度 l	$1.732h_0$	h_0	$0.575h_0$

注：h_0 为弯起高度。

4）箍筋调整值

箍筋调整值，即弯钩增加长度和弯曲调整值两项之差或之和，根据箍筋量外包尺寸确定，见图 4.29 与表 4-4。

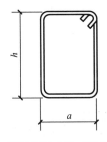

图 4.29　箍筋量度方法（量外包尺寸）

表 4-4　箍筋下料长度（量外包尺寸）

有抗震要求	光圆钢筋	$2a+2h+23d$
	热轧带肋钢筋	$2a+2h+24d$
无抗震要求	光圆钢筋	$2a+2h+13d$
	热轧带肋钢筋	$2a+2h+14d$

2. 变截面构件箍筋长短参数计算

根据比例原理，每根箍筋的长短差数 Δ 可按式(4-1) 计算（图 4.30）：

$$\Delta=\frac{l_c-l_d}{n-1} \tag{4-1}$$

式中　l_c——箍筋的最大高度；

l_d——箍筋的最小高度；

n——箍筋个数，$n = s/a + 1$；

s——最长箍筋和最短箍筋之间的总距离；

a——箍筋间距。

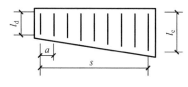

图 4.30　变截面构件箍筋

3. 配料计算的注意事项

（1）在设计图纸中，钢筋配置的细节问题没有注明时，一般可按构造要求处理。表 4-5 为纵向受力钢筋的混凝土最小保护层厚度；表 4-6 为纵向受拉钢筋的最小锚固长度。

表 4-5　纵向受力钢筋的混凝土最小保护层厚度　　　单位：mm

环 境 类 别		板、墙、壳		梁		柱	
		≤C25	>C25	≤C25	>C25	≤C25	>C25
一		20	15	25	20	25	20
二	a	25	20	30	25	30	25
	b	30	25	40	35	40	35
三	a	25	30	45	40	45	40
	b	45	40	55	50	55	50

注：基础中纵向受力钢筋的混凝土保护层厚度不应小于 40mm，当无垫层时不应小于 70mm。

表 4-6　纵向受拉钢筋的最小锚固长度　　　单位：mm

钢 筋 类 型	混凝土强度等级						
	C20	C25	C30	C35	C40	C45	C50
HPB300 级	39d	34d	30d	28d	25d	24d	23d
HRB335 级	38d	33d	29d	27d	25d	23d	22d
HRB400 与 RRB400 级	—	40d	35d	32d	29d	28d	27d

注：1. 当圆钢末端做成 180°弯钩，弯后平直部分长度不应小于 3d。

　　2. 在任何情况下，纵向受拉钢筋的锚固长度不应小于 25d。

　　3. d 为钢筋公称直径。

（2）配料计算时，要考虑钢筋的形状和尺寸在满足设计要求的前提下有利于加工安装。

（3）配料时，还要考虑施工需要的附加钢筋，如后张预应力构件预留孔道定位用的钢筋井字架、基础双层钢筋网中保证上层钢筋网位置用的钢筋撑脚、墙板双层钢筋网中固定钢筋间距用的钢筋撑铁、柱钢筋骨架中增加的四面斜筋撑等。

4. 配料计算实例

【钢筋翻样图(CAD)】

【例 4-1】 某建筑钢筋混凝土框架梁 KL3 的截面尺寸与配筋如图 4.31 所示，共计 3 根，混凝土强度等级为 C30，柱截面尺寸为 600mm×650mm，三级抗震等级，次梁宽 200mm。试编制 KL3 的钢筋配料单。

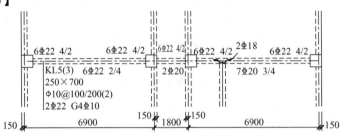

图 4.31 KL3 平法配筋图 （单位：mm）

【解】1. 绘制钢筋翻样图

（1）C30 混凝土保护层厚度为 20mm。

（2）纵向受力钢筋 $\Phi 22$ 的锚固长度为 $37\times22=814(\text{mm})$，伸入柱内长度为 $600-20=580(\text{mm})$，$814\text{mm}>580\text{mm}$，需要弯锚，向下弯折长度为 $15\times22=330(\text{mm})$；$\Phi 20$ 的锚固长度为 $37\times20=740(\text{mm})$，伸入柱内长度为 580mm，$740\text{mm}>580\text{mm}$，需要弯锚，向上弯折长度为 $15\times20=300(\text{mm})$。

（3）吊筋底部宽度=次梁宽+$2\times50\text{mm}=300\text{mm}$，45°上弯至梁顶部，水平延伸段长度=$20d=20\times18=360(\text{mm})$。

（4）绘制 KL3 钢筋翻样图 （图 4.32），并将各种钢筋编号。

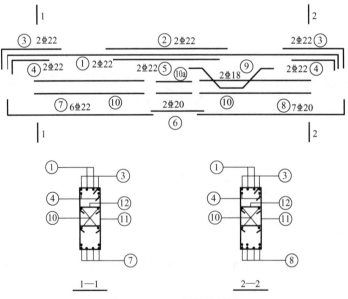

图 4.32 KL3 钢筋翻样图

2. 计算钢筋下料长度

计算钢筋下料长度时，应根据单根钢筋翻样图尺寸并考虑各项调整值（数值向上取整）。

①号受力钢筋下料长度＝6900＋1800＋6900＋150×2−2×20＋2×330−2×2.08×22＝16429(mm)

②号受力钢筋下料长度＝1800＋2×450＋2×(6900−450−450)/3＝6700(mm)

③号受力钢筋下料长度＝(6900−450−450)/3＋600−20＋330−2.08×22＝2865(mm)

④号钢筋的下料长度＝(6900−450−450)/4＋600−20＋330−2.08×22＝2365(mm)

⑤号钢筋的下料长度＝1800＋2×450＋2×(6900−450−450)/4＝5700(mm)

⑥号钢筋的下料长度＝1800−150−150＋2×740＝2980(mm)

⑦号钢筋的下料长度＝6900−450−450＋814＋580＋330−2.08×22＝7679(mm)

⑧号钢筋的下料长度＝6900−450−450＋814＋580＋330−2.08×22＝7679(mm)

⑨号吊筋的下料长度＝2×360＋2×(700−2×20−2×10)×1.414−4×0.54×18＋300＝2792(mm)

⑩号钢筋的下料长度＝6900−450×2＋2×15×10＝6300(mm)

⑩a号钢筋的下料长度＝1800−150×2＋2×15×10＝1800(mm)

⑪号箍筋的下料长度＝2×(210＋660)＋23×10＝1993(mm)，箍筋根数 $n=\left(\dfrac{1050-50}{100}+1\right)\times2+\dfrac{6000-1050\times2}{200}-1+\left(\dfrac{1050-50}{100}+1\right)\times2+\dfrac{6000-1050\times2}{200}-1+\dfrac{1800-150-150-50-50}{100}+1=97$(根)

⑫号拉筋的下料长度＝210＋2×(1.9×6＋75)＝383(mm)，拉筋根数 $n=2\times\left(\dfrac{6000}{400}+1+\dfrac{1500}{200}+1+\dfrac{6000}{400}+1\right)=82$(根)

3. 编制配料单

钢筋配料计算完毕，填写配料单，见表 4−7。

表 4−7 钢筋配料单

钢筋编号	简 图	钢号	直径/mm	下料长度/mm	单位根数	合计根数	质量/kg
①	330 ⌐ 15850 ⌐ 330	Φ	22	16429	2	6	295
②	6700	Φ	22	6700	2	6	120
③	330 ⌐ 2575	Φ	22	2865	4	12	103
④	330 ⌐ 2075	Φ	22	2365	4	12	85
⑤	5700	Φ	22	5700	2	6	103
⑥	3128	Φ	20	2980	2	6	45

续表

钢筋编号	简　图	钢号	直径/mm	下料长度/mm	单位根数	合计根数	质量/kg
⑦	330 ⌐7389	Φ	22	7679	6	18	413
⑧	7389 ⌐330	Φ	20	7679	7	21	398
⑨	360 360 / 891 \\300/ 891	Φ	18	2792	2	6	34
⑩	6300	Φ	10	6300	8	24	94
⑩a	1800	Φ	10	1800	4	12	14
⑪	200 650	Φ	10	1993	97	291	358
⑫	200	Φ	6	383	82	246	21
总　　重							2083

4.2.2 钢筋加工

【钢筋除锈】

1. 钢筋除锈

钢筋的表面应洁净，油渍、漆污和用锤敲击时能剥落的浮皮、铁锈等应在使用前清除干净。在焊接前，焊点处的水锈应清除干净。

钢筋的除锈，一般可通过以下两个途径：一是在钢筋冷拉或钢丝调直过程中除锈，对大量钢筋的除锈较为经济省力；二是用机械方法除锈，如采用电动除锈机除锈，对钢筋的局部除锈较为方便。此外，还可采用手工除锈（用钢丝刷、砂盘）、喷砂和酸洗除锈等。

在除锈过程中发现钢筋表面的氧化铁皮鳞落现象严重并已损伤钢筋截面，或在除锈后钢筋表面有严重的麻坑、斑点伤蚀截面时，应降级使用或剔除不用。

2. 钢筋调直

【钢筋调直】

钢筋调直是在钢筋加工成型之前，对热轧钢筋进行矫正，使钢筋成为直线的一道工序。钢筋调直的方法分为机械调直和人工调直。以盘圆供应的钢筋在使用前需要进行调直，调直应优先采用机械方法调直，以保证调直钢筋的质量。钢筋机械调直操作如图 4.33 所示。

人工调直一般是对数量较少、直径较大的钢筋采用的一种调直方法。对于直径小于 12mm 的钢筋，可在钢筋调直台上用小锤敲直或利用调直台上的卡盘和钢筋扳手将钢筋扳直，如图 4.34 所示；也可利用绞磨车调直，如图 4.35 所示。对于直径大于 12mm 的粗钢筋，如只出现一些缓弯现象，则可利用人工在调直台上进行调直。在调直 32mm 以下的钢筋时，应在扳柱上配有钢套，以调整扳柱之间的净空距离。调直时，将钢筋放在钢套和扳柱之间，将有弯的地方对着扳柱，然后用手扳动钢筋，就可将钢筋调直。

图 4.33　钢筋机械调直操作

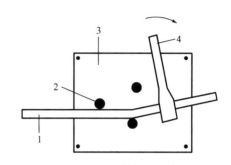

图 4.34　钢筋扳手调直

1—钢筋；2—扳柱；3—卡盘；4—钢筋扳手

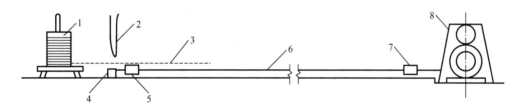

图 4.35　绞磨车调直

1—盘条架；2—钢筋剪；3—开盘钢筋；4—地锚；5—钢筋夹；

6—调直钢筋；7—钢筋夹具；8—绞磨车

3. 钢筋切断

1）机具设备

（1）断丝钳：主要用于切断直径较小的钢筋，如钢丝网片、分布钢筋等。

（2）手动切断机：主要用于切断直径在 16mm 以下的钢筋，其手柄长度可根据切断钢筋直径的大小来调整，以达到切断时省力的目的，如图 4.36 所示。

（3）液压切断器：用于切断直径在 16mm 以下的钢筋。

【钢筋切断】

图 4.36　用手动切断机切断钢筋

2）钢筋切断施工工艺流程

钢筋切断施工工艺流程如图 4.37 所示。

复核料牌 → 统一排料 → 设置挡板 → 检查切断机具 → 检验

图 4.37　钢筋切断施工工艺流程

（1）根据配料单复核料牌所注写的钢筋级别、规格、尺寸、数量是否正确。

（2）将同规格钢筋根据不同长度长短搭配，统筹排料；一般应先断长料，后断短料，以减少短头，减少损耗。

（3）断料时应避免用短尺量长料，防止在量料中产生累计误差。为此，宜在工作台上标出尺寸刻度线并设置控制断料足寸用的挡板。

（4）检查切断机刀口安装是否正确、牢固，运转是否正常，待试运转正常后，方可进行钢筋的切断。

（5）钢筋的断口，不得呈马蹄形或有起弯等现象。

【钢筋弯曲】

4. 钢筋弯曲成型

1）钢筋弯钩和弯折的有关规定

（1）受力钢筋。

① HPB300 级钢筋末端应做 180°弯钩，其弯弧内直径不应小于钢筋直径的 2.5 倍，弯钩的弯后平直部分长度不应小于钢筋直径的 3 倍，如图 4.38（a）所示。

② 当设计要求钢筋末端需做 135°弯钩时，HRB335 级、HRB400 级钢筋的弯弧内直径 D 不应小于钢筋直径的 4 倍，弯钩的弯后平直部分长度应符合设计要求，如图 4.38（b）所示。

③ 钢筋做不大于 90°的弯折时，弯折处的弯弧内直径不应小于钢筋直径的 5 倍，如图 4.38（c）所示。

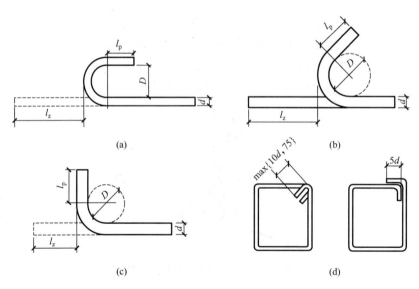

(a)   (b)

(c)   (d)

图 4.38　钢筋端头弯钩及弯折

（2）箍筋。除焊接封闭环式箍筋外，箍筋的末端应做弯钩，如图 4.38(d) 所示。弯钩形式应符合设计要求，当设计无具体要求时，应符合下列规定。

① 箍筋弯钩的弯弧内直径除应满足前述要求外，尚应不小于受力钢筋的直径。

② 箍筋弯钩的弯折角度，对一般结构不应小于 90°，对有抗震等要求的结构应为 135°。

③ 钢筋弯后的平直部分长度，对一般结构不宜小于箍筋直径的 5 倍，对有抗震等要求的结构，不应小于箍筋直径的 10 倍。

2）机具设备

（1）手工弯曲。为保证钢筋成型尺寸的准确，首先应在钢筋弯曲前调整好扳距、弯曲点线和扳柱之间的关系（图 4.39），并防止操作时扳手端部碰着扳柱，故扳手与扳柱之间应保持一定的距离，此距离称为扳距。扳距的大小是根据钢筋的弯曲角度和钢筋的直径来确定的。

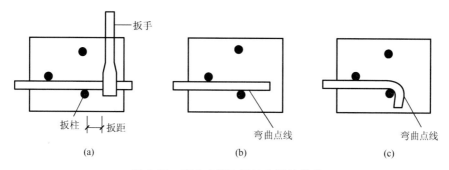

图 4.39 弯曲点线和扳柱之间的关系

（2）机械弯曲。采用专用的箍筋弯曲机进行弯曲，提高了工效，降低了劳动强度。

3）弯曲成型工艺流程

弯曲成型工艺流程如图 4.40 所示。

图 4.40 弯曲成型工艺流程

（1）划线。钢筋弯曲前，对形状复杂的钢筋（如弯起钢筋），应根据钢筋料牌上标明的尺寸，用石笔将各弯曲点位置划出。划线时应注意如下事项。

① 根据不同的弯曲角度扣除弯曲调整值（表 4-1），其扣除方法是从相邻两段长度中各扣除一半。

② 钢筋端部带半圆弯钩时，该段长度划线时应增加 $0.5d$。

③ 划线工作宜从钢筋中线开始向两边进行；两边不对称的钢筋，也可从钢筋一端开始划线，如划到另一端有出入时，应重新调整。

（2）弯曲成型。钢筋在弯曲机上成型时，心轴直径应是钢筋直径的 2.5～5.0 倍，成型轴宜加偏心轴套，以便适应不同直径的钢筋弯曲需要。弯曲细钢筋时，为了使弯弧一侧的钢筋保持平直，挡铁轴宜做成可变挡架或固定挡架（加铁板调整）。

由于成型轴和心轴在同时转动，就会带动钢筋向前滑移，因此钢筋弯曲 90° 时，弯曲点线约与心轴内边缘平齐；弯曲 180° 时，弯曲点线距心轴内边缘为 $(1.0～1.5)d$（钢筋硬时取大值）。HRB335 与 HRB400 级钢筋，不能弯过头再反弯过来，以免钢筋弯曲点处发生裂纹。

（3）钢筋划线实例。

【例 4-2】 有一根直径 16mm 的钢筋，所需形状和尺寸如图 4.41(a) 所示，请对此钢筋进行划线。

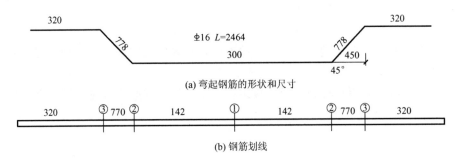

(a) 弯起钢筋的形状和尺寸

(b) 钢筋划线

图 4.41　钢筋划线（单位：mm）

【解】（1）首先在钢筋的中心位置划第一道线。

（2）取中段（300mm）的一半另扣除量度差值 $0.5d$，即取 $(300/2)-0.5\times16=150-8=142(mm)$，划第二道线。

（3）取斜长（778mm）并扣除量度差值 $0.5d$，即取 $778-0.5\times16=778-8=770(mm)$，划第三道线。

以上划的三道线分别为钢筋的弯曲点，如图 4.41(b) 所示，然后分别按扳距、弯曲点线与扳柱的关系进行加工，即可完成所规定的形状。

第一根钢筋弯曲成型后应与设计尺寸校对一遍，完全符合要求后再成批生产。

4）钢筋加工质量检验

（1）主控项目。

① 受力钢筋的弯钩和弯折应符合 4.2.2 节第 4 点第 1）项第（1）条的规定。

② 箍筋弯钩的弯弧内直径、弯折角度、平直部分长度应符合 4.2.2 节第 4 点第 1）项第（2）条的规定。

③ 检查数量：按每工作班同一类型钢筋、同一加工设备抽查不应少于 3 件。检查方法为用钢尺检查。

（2）一般项目。

钢筋加工的形状与尺寸应符合设计要求，其允许偏差应符合表 4-8 的规定。检查数量和方法与主控项目相同。

表 4-8　钢筋加工的允许偏差　　　　　　　　　　单位：mm

项　　目	允许偏差
受力钢筋顺长度方向全长的净尺寸	±10
弯起钢筋的弯折位置	±20
箍筋内的净尺寸	±5

4.2.3 钢筋的连接

钢筋的连接可分为三类，即绑扎搭接连接、焊接连接和机械连接。

受力钢筋的接头宜设置在受力较小处，在同一根钢筋上宜少设接头。轴心受拉及小偏心受拉杆件（如桁架和拱的拉杆）的纵向受力钢筋不得采用绑扎搭接接头。

当受拉钢筋的直径大于 28mm 及受压钢筋的直径大于 32mm 时，不宜采用绑扎搭接接头。

1. 钢筋的绑扎搭接连接

（1）同一构件中相邻纵向受力钢筋的绑扎搭接接头宜相互错开。

（2）钢筋绑扎搭接接头连接区段的长度为 1.3 倍搭接长度，凡搭接接头中点位于该连接区段长度内的搭接接头，均属于同一连接区段。同一连接区段内纵向受拉钢筋绑扎搭接接头面积百分率，为该区段内有搭接接头的纵向受力钢筋截面面积与全部纵向受力钢筋截面面积的比值，如图 4.42 所示。图 4.42 中同一连接区段内的绑扎搭接接头钢筋为两根，当钢筋直径相同时，钢筋绑扎搭接接头面积百分率为 50%。

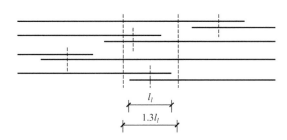

图 4.42 同一连接区段内的纵向受拉钢筋绑扎搭接接头

（3）位于同一连接区段内的纵向受拉钢筋绑扎搭接接头面积百分率：对梁类、板类及墙类构件，不宜大于 25%；对柱类构件，不宜大于 50%。当工程中确有必要增大纵向受拉钢筋绑扎搭接接头面积百分率时，对梁类构件不应大于 50%，对板类、墙类及柱类构件可根据实际情况放宽。

（4）纵向受拉钢筋绑扎搭接接头的搭接长度，应按同一连接区段内的钢筋绑扎搭接接头面积百分率计算。

$$l_l = \zeta l_a \qquad (4-2)$$

式中　l_l——纵向受拉钢筋的绑扎搭接长度；

　　　l_a——纵向受拉钢筋的最小锚固长度，按表 4-6 确定；

　　　ζ——纵向受拉钢筋绑扎搭接长度修正系数（当纵向受拉钢筋绑扎搭接接头面积百分比不大于 25% 时为 1.2；当纵向受拉钢筋绑扎搭接接头面积百分比为 50% 时为 1.4；当纵向受拉钢筋绑扎搭接接头面积百分比为 100% 时为 1.6）。

（5）在任何情况下，纵向受拉钢筋绑扎搭接接头的搭接长度均不应小于 300mm。

（6）构件中的纵向受压钢筋，当采用搭接连接时，其受压搭接长度不应小于第（4）条纵向受拉钢筋绑扎搭接长度的 0.7 倍，且在任何情况下不应小于 200mm。

（7）在纵向受压钢筋绑扎搭接长度范围内应配置箍筋，其直径不应小于搭接钢筋较大直径的 0.25 倍。当钢筋受拉时，箍筋间距不应大于搭接钢筋较小直径的 5 倍，且不应大于 100mm；当钢筋受压时，箍筋间距不应大于搭接钢筋较小直径的 10 倍，且不应大于 200mm。当受压钢筋直径大于 25mm 时，尚应在搭接接头两个端面外 100mm 范围内各设置两个箍筋。

2. 钢筋的焊接连接

（1）钢筋焊接的一般规定。

① 钢筋焊接质量检验，应符合行业标准 JGJ 18—2012《钢筋焊接及验收规程》和 JGJ/T 27—2014《钢筋焊接接头试验方法标准》的规定。

② 压力电渣焊应用于柱、墙、烟囱等现浇混凝土结构中竖向受力钢筋的连接，不得用于梁、板等构件中水平钢筋的连接。

③ 在工程开工或每批钢筋正式焊接前，应进行相应条件下的焊接性能试验，合格后方可正式生产。

④ 钢筋焊接施工之前，应清除钢筋或钢板焊接部位和与电极接触的钢筋表面上的锈斑、油污、杂物等；钢筋端部若有弯折、扭曲时，应予以矫直或切除。

⑤ 进行电阻点焊、闪光对焊、电渣压力焊或埋弧压力焊时，应随时观察电源电压的波动情况。

⑥ 对从事钢筋焊接施工的班组及有关人员应经常进行安全生产教育，并应制定和实施安全技术措施，加强焊工的劳动保护，防止发生烧伤、触电、火灾、爆炸及烧坏焊接设备等事故。

⑦ 焊机应经常维护保养和定期检修，确保正常使用。

【钢筋闪光对焊】

（2）钢筋闪光对焊。

钢筋闪光对焊是将两根钢筋安放成对接形式，利用焊接电流通过两根钢筋的接触点产生的电阻热，使接触点金属熔化，产生强烈飞溅，形成闪光，迅速施加顶锻力而完成的一种压焊方法。闪光对焊广泛用于钢筋的纵向连接，以及预应力钢筋与螺杆的焊接。

钢筋闪光对焊的焊接工艺，可分为连续闪光焊、预热闪光焊和闪光—预热闪光焊等，应根据钢筋品种、直径、焊机功率、施焊部位等因素综合选用。

连续闪光焊施工工艺流程如图 4.43 所示。

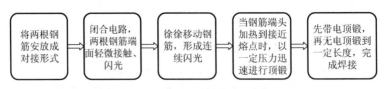

图 4.43　连续闪光焊施工工艺流程

对闪光对焊接头的质量检验，应分批进行外观检查和力学性能试验。

① 外观检查。在同一台班内，由同一焊工完成的 300 个同级别、同直径钢筋焊接接头为一批。当同一台班内焊接的接头数量较少时，可在一周之内累计计算；累计仍不足 300 个接头时，应按一批计算。外观检查的接头数量，应从每批中抽取 10%，且不得少于 10 个。接头应具有适当的镦粗和均匀的金属毛刺，接头处不得有横向裂纹。与电极接触

处的钢筋表面，Ⅰ～Ⅲ级钢筋焊接时，不得有明显的烧伤；Ⅳ级钢筋焊接时，不得有烧伤；负温闪光对焊时，对Ⅱ～Ⅳ级钢筋均不得有烧伤。接头处如有弯折，其弯折角不得大于4°，如图4.44所示。接头处轴线如有偏移，偏移距离不得大于钢筋直径的0.1倍，且不得大于2mm。图4.45所示为钢筋的对焊接头轴线偏移的测量。

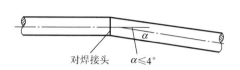

图 4.44 钢筋对焊的弯折角度要求

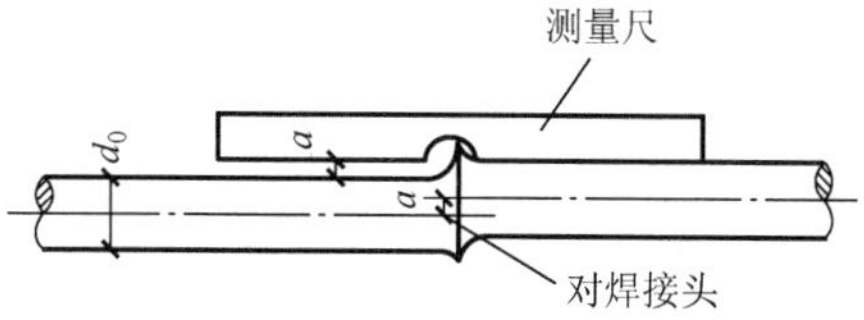

图 4.45 钢筋的对焊接头轴线偏移的测量

　　外观检查结果，当发现有一个接头不符合要求时，应对全部接头进行检查，剔除不合格接头，切除热影响区后重新焊接。

　　② 力学性能试验。需进行拉伸试验和冷弯试验。

　　(3) 钢筋电阻点焊。

　　钢筋电阻点焊是将两根钢筋安放成交叉叠接形式，压紧于两电极之间，利用电阻热熔化母材金属，加压形成焊点的一种压焊方法。

【钢筋电阻点焊】

　　① 钢筋电阻点焊施工工艺流程如图4.46所示。

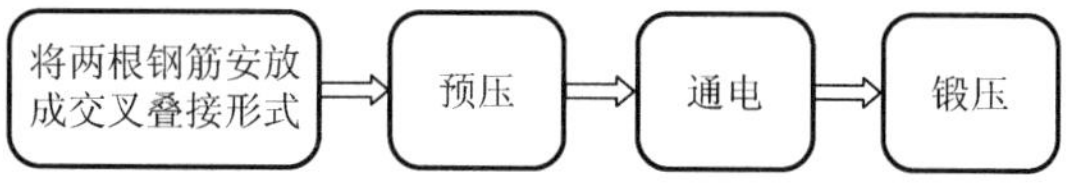

图 4.46 钢筋电阻点焊施工工艺流程

　　② 钢筋焊接网质量检验。成品钢筋焊接网进场时，应按批抽样检验。每批钢筋焊接网应由同一厂家生产，且受力主筋为同一直径、同一级别的焊接网组成，质量不应大于20t。每批焊接网外观质量和几何尺寸的检验，应抽取5%的网片，且不得少于3片。

　　③ 外观检查。焊接网外观质量检查结果，钢筋交叉点开焊数量不得超过整个网片交叉点总数的1%，并且任一根钢筋上开焊点数不得超过该根钢筋上交叉点总数的50%；焊接网最外边钢筋上的交叉点不得开焊；焊接网几何尺寸的允许偏差，对网片的长度、宽度为25mm，对网格的长度、宽度为±10mm。当需方有要求时，经供需双方协商，焊接网片长度允许偏差可取±10mm。

　　④ 力学性能试验。应进行抗剪试验、拉伸试验与弯曲试验。在每批焊接网中，应随机抽取一张网片，在纵、横向钢筋上各截取2根试件，分别进行拉伸和冷弯试验，并在同一根非受拉钢筋上随机截取3个抗剪试件。

　　(4) 钢筋电弧焊。

　　钢筋电弧焊是以焊条作为一极、钢筋为另一极，利用焊接电流通过产生的电弧热进行焊接的一种熔焊方法。

【电弧焊】

　　① 钢筋电弧焊焊接时的要求。钢筋电弧焊包括帮条焊、搭接焊、坡口焊和熔槽帮条焊等接头形式。焊接时，应根据钢筋级别、直径、接头形式和焊接位置选择焊条、焊接工艺和焊接参数；引弧应在垫板、帮条或形成焊缝的部位进行，不

得烧伤主筋；焊接地线与钢筋应接触紧密；焊接过程中应及时清渣，焊缝表面应光滑，焊缝余高应平缓过渡，弧坑应填满。

② 帮条焊和搭接焊。帮条焊和搭接焊宜采用双面焊。当不能进行双面焊时，可采用单面焊。当帮条级别与主筋相同时，帮条直径可与主筋相同或小一个规格；当帮条直径与主筋相同时，帮条级别可与主筋相同或低一个级别。

钢筋与钢板搭接焊时，搭接长度规定为：Ⅰ级钢筋单面焊不小于 $8d$，双面焊不小于 $4d$；Ⅱ、Ⅲ级钢筋单面焊不小于 $10d$，双面焊不小于 $5d$。焊缝宽度不得小于钢筋直径的 0.5 倍，焊缝厚度不得小于钢筋直径的 0.35 倍。

（5）钢筋电渣压力焊。

【电渣压力焊】

钢筋电渣压力焊是将两根钢筋安放成竖向对接形成，利用焊接电流通过两根钢筋端面间隙，在焊剂层下形成电弧过程和电渣过程，产生电弧热和电阻热，熔化钢筋，经加压完成的一种压焊方法。这种焊接方法比电弧焊节省钢材、工效高、成本低，适用于现浇钢筋混凝土结构中竖向或斜向（倾斜度在 4∶1 范围内）钢筋的连接。电渣压力焊在供电条件差、电压不稳、雨季或防火要求高的场合应慎用。

① 钢筋电渣压力焊施工工艺流程如图 4.47 所示。

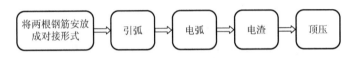

图 4.47　钢筋电渣压力焊施工工艺流程

② 电渣压力焊接头质量检验。电渣压力焊接头应逐个进行外观检查。当进行力学性能试验时，应从每批接头中随机切取 3 个试件做拉伸试验，且应按下列规定抽取试件：在一般构筑物中，应以 300 个同级别钢筋接头作为一批；在现浇钢筋混凝土多层结构中，应以每一楼层或施工区段中 300 个同级别钢筋接头作为一批；不足 300 个接头仍应作为一批。

电渣压力焊接头外观检查结果应符合下列要求：四周焊包凸出钢筋表面的高度应大于或等于 4mm；钢筋与电极接触处，应无烧伤缺陷；接头处的弯折角不得大于 4；接头处的轴线偏移不得大于钢筋直径 0.1 倍，且不得大于 2mm；外观检查不合格的接头应切除重焊，或采用补强焊接措施。

电渣压力焊接头拉伸试验结果，3 个试件的抗拉强度均不得小于该级别钢筋规定的抗拉强度。当试验结果有 1 个试件的抗拉强度低于规定值时，应再取 6 个试件进行复验；复验结果，当仍有 1 个试件的抗拉强度小于规定值时，应确认该批接头为不合格品。

3. 钢筋的机械连接

钢筋的机械连接是指通过连接件的机械咬合作用或钢筋端面的承压作用，将一根钢筋中的力传递至另一根钢筋的连接方法。其接头质量稳定可靠，不受钢筋化学成分的影响，人为因素的影响也小；其操作简便，施工速度快，不受气候条件影响，且无污染，无火灾隐患，施工安全。在粗直径钢筋连接中，机械连接方法具有广阔的发展前景。

1）钢筋套筒挤压连接

钢筋套筒挤压连接是将两根待接钢筋插入钢套筒，用挤压连接设备沿径向挤压钢套筒，使之产生塑性变形，依靠变形后的钢套筒与被连接钢筋纵、横肋产生的机械咬合而成为整体的钢筋连接方法，如图 4.48 所示。

【钢筋套筒挤压连接】

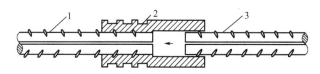

图 4.48 钢筋套筒挤压连接

1—已挤压的钢筋；2—钢套筒；3—未挤压的钢筋

这种接头质量稳定性好，可与母材等强，但操作工人工作强度大，有时液压油还会污染钢筋，综合成本较高。钢筋套筒挤压连接时，要求钢筋最小中心间距为 90mm。

（1）钢筋挤压连接施工工艺流程。

钢筋挤压连接施工工艺流程如图 4.49 所示。

图 4.49 钢筋挤压连接施工工艺流程

钢筋挤压连接宜先在地面上挤压一端套筒，在施工作业区插入待接钢筋后再挤压另一端套筒。压接钳就位时，应对正钢套筒压痕位置的标记，并使压模运动方向与钢筋两纵肋所在的平面相垂直，即保证最大压接面能在钢筋的横肋上。压接钳施压顺序为由钢套筒中部顺次向端部进行。每次施压时，应注意控制压痕深度。

（2）钢筋套筒挤压连接接头质量检验。

钢套筒进场时，必须有原材料试验单与套筒出厂合格证，并由该技术提供单位提交有效的型式检验报告。钢筋套筒挤压连接开始前及施工过程中，应对每批进场钢筋进行挤压连接工艺检验。工艺检验应符合下列要求：每种规格钢筋的接头试件不应少于 3 个；接头试件的钢筋母材应进行抗拉强度试验；3 个接头试件强度均应符合《钢筋机械连接通用技术规程》中相应等级的强度要求。钢筋套筒挤压连接接头现场检验，一般只进行接头外观检查和单向拉伸试验。

① 取样数量。同批条件为材料、等级、形式、规格、施工条件相同。验收批的数量为 500 个接头，不足此数时也作为一个验收批。对每一验收批，应随机抽取 10% 的挤压连接接头做外观检查；抽取 3 个试件做单向拉伸试验。在现场检验合格的基础上，连续 10 个验收批单向拉伸试验合格率为 100% 时，可以扩大验收批所代表的接头数量一倍。

② 挤压连接接头的外观检查要求如下。

a. 挤压后套筒长度应为 1.10～1.15 倍原套筒长度，或压痕外套筒的外径为 0.8～0.9 倍原套筒的外径。

b. 挤压连接接头的压痕道数应符合型式检验确定的道数。

c. 接头处弯折不得大于 4°。

d. 挤压后的套筒不得有肉眼可见的裂缝。

如外观质量合格数大于或等于抽检数的 90%，则该批为合格。如不合格数超过抽检数的 10%，则应逐个进行复验。在外观不合格的接头中抽取 6 个试件做单向拉伸试验，再进行判别。

③ 单向拉伸试验。3 个接头试件的抗拉强度均应满足 A 级或 B 级抗拉强度的要求。如有一个试件的抗拉强度不符合要求，则加倍抽样复验；复验中如仍有一个试件检验结果不符合要求，则该验收批单向拉伸试验判为不合格。

2）钢筋锥螺纹套筒连接

【钢筋锥螺纹套筒连接】

钢筋锥螺纹套筒连接是将两根待接钢筋端头用套丝机做出锥形外螺纹，然后用带锥形内螺纹的套筒将钢筋两端拧紧的钢筋连接方法，如图 4.50 所示。

这种接头质量稳定性一般，施工速度快，综合成本较低。近年来，在普通型锥螺纹接头的基础上，增加了钢筋端头预压或锻粗工序，开发出 GK 型钢筋等强锥螺纹接头，可与母材等强度。

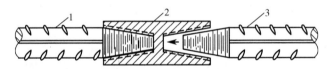

图 4.50　钢筋锥螺纹套筒连接

1—已连接的钢筋；2—锥螺纹套筒；3—待连接的钢筋

（1）钢筋锥螺纹套筒连接施工工艺流程。

钢筋锥螺纹套筒连接施工工艺流程如图 4.51 所示。

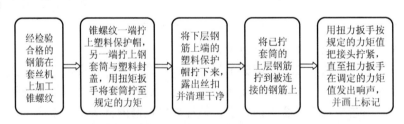

经检验合格的钢筋在套丝机上加工锥螺纹 → 锥螺纹一端拧上塑料保护帽，另一端拧上钢套筒与塑料封盖，用扭矩扳手将套筒拧至规定的力矩 → 将下层钢筋上端的塑料保护帽拧下来，露出丝扣并清理干净 → 将已拧紧的上层钢筋拧到被连接的钢筋上 → 用扭力扳手按规定的力矩值把接头拧紧，直至扭力扳手在调定的力矩值发出响声，并画上标记

图 4.51　钢筋锥螺纹套筒连接施工工艺流程

（2）钢筋锥螺纹套筒连接接头质量检验。

① 连接钢筋时，应检查连接套筒出厂合格证、钢筋锥螺纹加工检验记录。

② 钢筋连接工程开始前及施工过程中，应对每批进场钢筋和接头进行工艺检验，对每种规格钢筋母材进行抗拉强度试验；每种规格钢筋接头的试件数量不应少于 3 个；接头试件应达到《钢筋机械连接通用技术规程》中相应等级的强度要求。

3）钢筋镦粗直螺纹套筒连接

钢筋镦粗直螺纹套筒连接是先将钢筋端头镦粗，再切削成直螺纹，然后用带直螺纹的套筒将钢筋两端拧紧的钢筋连接方法，如图 4.52 所示。

钢筋镦粗直螺纹套筒连接接头的特点：钢筋端部经冷镦后不仅直径增大，使套螺纹后

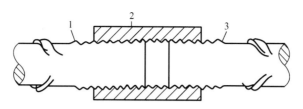

图 4.52 钢筋镦粗直螺纹套筒连接

1—已连接的钢筋；2—直螺纹套筒；3—正在拧入的钢筋

丝扣底部横截面面积不小于钢筋原截面面积，而且由于冷镦后钢材强度提高，致使接头部位有很高的强度，断裂均发生于母材，达到 SA 级接头性能的要求。这种接头的螺纹精度高、接头质量稳定性好、操作简便、连接速度快，且价格适中。

（1）钢筋镦粗直螺纹套筒连接施工工艺流程。

钢筋镦粗直螺纹套筒连接施工工艺流程如图 4.53 所示。

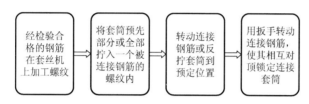

图 4.53 钢筋镦粗直螺纹套筒连接施工工艺流程

（2）钢筋镦粗直螺纹套筒连接接头质量检验。

钢筋镦粗直螺纹套筒连接接头质量应符合《钢筋机械连接通用技术规程》和各种机械连接接头技术规程的规定。

4.2.4 钢筋安装

1. 钢筋现场绑扎程序

（1）核对成品钢筋的钢号、直径、形状、尺寸和数量等是否与料单和料牌相符。如有错漏，应纠正增补。

（2）准备绑扎用的铁丝、绑扎工具（如钢筋钩、带扳口的小撬棍）、绑扎架等，如图 4.54 所示。

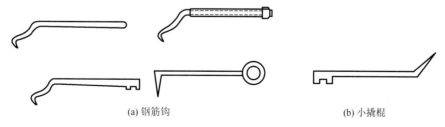

(a) 钢筋钩　　　　　　　　　　　　　　　　　(b) 小撬棍

图 4.54 钢筋绑扎工具

钢筋绑扎用的铁丝，可采用 20～22 号铁丝，其中 22 号铁丝只用于绑扎直径 12mm 以下的钢筋。

（3）准备控制混凝土保护层用的水泥砂浆垫块或塑料卡（图4.55）。水泥砂浆垫块的厚度应等于保护层厚度。垫块的平面尺寸，当保护层厚度等于或小于20mm时为30mm×30mm，大于20mm时为50mm×50mm。当在垂直方向使用垫块时，可在垫块中埋入20号铁丝。

塑料卡的形状有塑料垫块和塑料环圈两种。塑料垫块用于水平构件（如梁、板），在两个方向均有凹槽，以便适应两种保护层厚度；塑料环圈用于垂直构件（如柱、墙），使用时钢筋从卡嘴进入卡腔，由于塑料环圈有弹性，可使卡腔的大小能适应钢筋直径的变化。

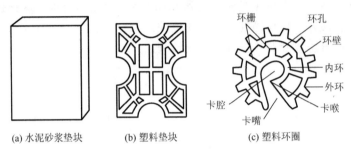

(a) 水泥砂浆垫块　　(b) 塑料垫块　　(c) 塑料环圈

图 4.55　水泥砂浆垫块及塑料卡

（4）画出钢筋位置线。平板或墙板的钢筋，在模板上画线；柱的箍筋，在两根对角线主筋上画点；梁的箍筋，在架立筋上画点；基础的钢筋，在两向各取一根钢筋画点或在垫层上画线。

（5）在绑扎形式复杂的结构部位时，应先研究逐根钢筋穿插就位的顺序，并与模板工联系讨论支模和绑扎钢筋的先后次序，以减少绑扎困难。

2. 基础钢筋绑扎

1）基础钢筋绑扎施工工艺流程

基础钢筋绑扎施工工艺流程如图4.56所示。

图 4.56　基础钢筋绑扎施工工艺流程

2）施工要求

（1）钢筋网绑扎时，四周两行钢筋交叉点应每点扎牢；中间部分交叉点可相隔交错扎牢，但必须保证受力钢筋不发生位移；双向主筋的钢筋网，则须将全部钢筋相交点扎牢。绑扎时应注意相邻绑扎点的铁丝扣要呈八字形，以免网片歪斜变形。

（2）基础底板采用双层钢筋网时，在上层钢筋网下面应设置钢筋撑脚或混凝土撑脚，以保证钢筋位置正确。钢筋撑脚的形式与尺寸如图4.57所示，每隔1m放置一个。其直径选用如下：当板厚 $h \leqslant 30$mm 时，为 $8 \sim 10$mm；当板厚 $h = 30 \sim 50$mm 时，为 $12 \sim 14$mm；当板厚 $h > 50$mm 时，为 $16 \sim 18$mm。

（3）钢筋的弯钩应朝上，不要倒向一边；但双层钢筋网的上层钢筋弯钩应朝下。

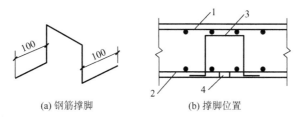

图 4.57 钢筋撑脚的形式与尺寸（单位：mm）

1—上层钢筋；2—下层钢筋；3—钢筋撑脚；4—垫块

（4）独立柱基础为双向弯曲，其底面短边的钢筋应放在长边钢筋的上面。

（5）现浇柱与基础连接用的插筋，其箍筋应比柱的箍筋小一个柱筋直径，以便连接。插筋位置一定要固定牢靠，以免造成柱轴线偏移。

（6）对厚片筏上部钢筋网片，可采用钢管临时支撑体系。图 4.58 所示为绑扎厚片筏上部钢筋网片用的钢管临时支撑。在上部钢筋网片绑扎完毕后，需置换出水平钢管；为此另取一些垂直钢管通过直角扣件与上部钢筋网片的下层钢筋连接起来（该处需另用短钢筋段加强），替换了原支撑体系。在混凝土浇筑过程中，逐步抽出垂直钢管，此时上部荷载可由附近的钢管及上、下端均与钢筋网焊接的多个拉结筋来承受。由于混凝土不断浇筑与凝固，拉结筋细长比减少，提高了承载力。

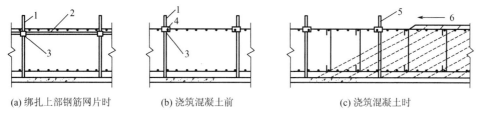

(a) 绑扎上部钢筋网片时　　　(b) 浇筑混凝土前　　　　(c) 浇筑混凝土时

图 4.58 绑扎厚片筏上部钢筋网片用的钢管临时支撑

1—垂直钢管；2—水平钢管；3—直角扣件；4—下层水平钢筋；

5—待拔钢管；6—混凝土浇筑方向

3. 柱钢筋绑扎

1）柱钢筋绑扎施工工艺流程

柱钢筋绑扎施工工艺流程如图 4.59 所示。

图 4.59 柱钢筋绑扎施工工艺流程

【柱钢筋绑扎】

2）施工要点

（1）柱中的竖向钢筋搭接时，角部钢筋的弯钩应与模板成 45°（多边形柱为模板内角的平分角，圆形柱应与模板切线垂直），中间钢筋的弯钩应与模板成 90°。如果用插入式振捣器浇筑小型截面柱时，弯钩与模板的角度不得小于 15°。

（2）箍筋的接头（弯钩叠合处）应交错布置在四角纵向钢筋上；箍筋转角与纵向钢筋交叉点均应扎牢（箍筋平直部分与纵向钢筋交叉点可间隔扎牢）。绑扎箍筋时，绑扣相互间应呈八字形。

（3）下层柱的钢筋露出楼面部分，宜用工具式柱箍将其收进一个柱筋直径，以利于上层柱的钢筋搭接。当柱截面有变化时，其下层柱钢筋的露出部分必须在绑扎梁的钢筋之前先行收缩准确。

（4）框架梁、牛腿及柱帽等的钢筋，应放在柱的纵向钢筋内侧。

（5）柱钢筋的绑扎，应在模板安装前进行。

4. 墙钢筋绑扎

1）墙钢筋绑扎施工工艺流程

墙钢筋绑扎施工工艺流程如图 4.60 所示。

【墙钢筋绑扎】

图 4.60　墙钢筋绑扎施工工艺流程

2）施工要点

（1）墙（包括水塔壁、烟囱筒身、池壁等）的垂直钢筋每段长度不宜超过 4m（钢筋直径不大于 12mm）或 6m（直径大于 12mm），水平钢筋每段长度不宜超过 8m，以利绑扎。

（2）墙的钢筋网绑扎同基础，钢筋的弯钩应朝向混凝土内。

（3）采用双层钢筋网时，在两层钢筋间应设置撑铁，以固定钢筋间距。撑铁可用直径 6～10mm 的钢筋制成，长度等于两层网片的净距，间距约为 1m，相互错开排列。

（4）墙的钢筋可在基础钢筋绑扎之后浇筑混凝土前插入基础内。

（5）墙钢筋的绑扎也应在模板安装前进行。

5. 梁钢筋绑扎

1）梁钢筋绑扎施工工艺流程

梁钢筋绑扎施工工艺流程如图 4.61 所示。

【梁钢筋绑扎】

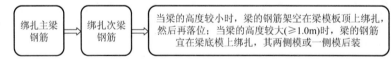

图 4.61　梁钢筋绑扎施工工艺流程

2）施工要点

（1）纵向受力钢筋采用双层排列时，两排钢筋之间应垫以直径不小于 25mm 的短钢筋，以保持其设计距离。

（2）箍筋的接头（弯钩叠合处）应交错布置在两根架立钢筋上，其余同柱。

（3）框架节点处钢筋穿插十分稠密时，应特别注意梁顶面主筋间的净距要有 30mm，以便于浇筑混凝土。

（4）梁钢筋的绑扎与模板安装之间的配合关系：①当梁的高度较小时，梁的钢筋架空在梁模板顶上绑扎，然后再落位，如图 4.62(a) 所示；②当梁的高度较大（≥1.0m）时，梁的钢筋宜在梁底模上绑扎，其两侧模或一侧模后装，如图 4.62(b) 所示。

(a) 当梁的高度较小时   (b) 当梁的高度较大(≥1.0m)时

图 4.62 梁钢筋的绑扎与模板安装之间的配合关系

6. 板钢筋绑扎

1）板钢筋绑扎施工工艺流程

板钢筋绑扎施工工艺流程如图 4.63 所示。

【板钢筋绑扎】

图 4.63 板钢筋绑扎施工工艺流程

2）施工要点

（1）现浇楼板钢筋的绑扎是在梁钢筋骨架放下之后进行的。在现浇楼板钢筋铺设时，对于单向受力板，应先铺设平行于短边方向的受力钢筋，后铺设平行于长边方向的分布钢筋；对于双向受力板，应先铺设平行于短边方向的受力钢筋，后铺设平行于长边方向的受力钢筋。且须特别注意，板上部的负筋、主筋与分布钢筋的相交点必须全部绑扎，并垫上保护层垫块。如楼板为双层钢筋时，两层钢筋之间应加撑铁，以确保两层钢筋之间的有效高度；管线应在负筋没有绑扎前预埋好，以免施工人员施工时过多地踩踏负筋。

（2）板、次梁与主梁交叉处，板的钢筋在上，次梁的钢筋居中，主梁的钢筋在下，如图 4.64(a) 所示；当有垫梁或圈梁时，主梁的钢筋在上，如图 4.64(b) 所示。

（3）板的钢筋网绑扎与基础相同，但应注意板上部的负筋，要防止被踩下；特别是雨篷、挑檐、阳台等悬臂板要严格控制负筋位置，以免拆模后断裂。

（4）梁板钢筋绑扎时应防止水电管线将钢筋抬起或压下。

7. 钢筋安装质量检验

钢筋安装完成之后，在浇筑混凝土之前，应进行钢筋隐蔽工程验收。其内容包括：纵向受力钢筋的品种、规格、数量、位置等，钢筋的连接方式、接头位置、接头数量、接头面积百分率等，箍筋、横向钢筋的品种、规格、数量、间距等，预埋件的规格、数量、位置等。

钢筋隐蔽工程验收前，应提供钢筋出厂合格证、检验报告及进场复验报告，钢筋焊接接头和机械连接接头力学性能试验报告。

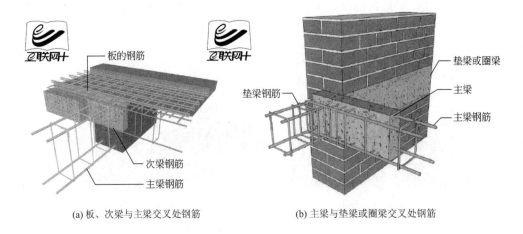

(a) 板、次梁与主梁交叉处钢筋　　　　　　(b) 主梁与垫梁或圈梁交叉处钢筋

图 4.64　梁板中钢筋的位置

任务 4.3　混凝土工程

4.3.1　混凝土浇筑

1. 混凝土振捣施工机械

混凝土振捣根据混凝土构件的不同类型，对梁、柱等竖向构件可采用内部振捣器（插入式振捣棒）；对板等水平构件可采用表面振动器（平板振捣器）；对墙可采用外部振动器（附着式振捣器），必要时还可采用人工辅助振捣；对预制构件多采用振动台。四种混凝土振捣施工机械如图 4.65 所示。

2. 基础混凝土浇筑

在浇筑混凝土前，对地基应事先按设计标高和轴线进行校正，并应清除淤泥和杂物，同时注意排除开挖出来的水和开挖地点的流动水，以防冲刷新浇筑的混凝土。

（1）台阶式柱基础施工时，可按台阶分层一次浇筑完毕（预制柱的高杯口基础的高台部分应另行分层），不允许留设施工缝，如图 4.66 所示。每层混凝土要一次浇筑足，顺序是先边角后中间，务必使砂浆充满模板。

（2）浇筑台阶式柱基时，为防止垂直交角处可能出现"吊脚"现象，可采取如下措施。

① 在第一级混凝土捣固下沉 2～3cm 后暂不填平，继续浇筑第二级，先用铁锹沿第二级模板底圈做成内外坡，然后再分层浇筑，外圈边坡的混凝土于第二级振捣过程中自动摊平，待第二级混凝土浇筑后，再将第一级混凝土齐模板顶边拍实抹平（图 4.66）。

(a) 插入式振捣棒

(b) 平板振捣器

(c) 附着式振捣器

(d) 振动台

图 4.65　四种混凝土振捣施工机械

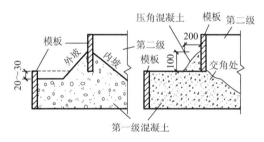

图 4.66　台阶式柱基础交角处混凝土浇筑方法示意（单位：mm）

②　捣完第一级后拍平表面，在第二级模板外先压以 20cm×10cm 的压角混凝土并加以捣实后，再继续浇筑第二级。待压角混凝土接近初凝时，将其铲平重新搅拌利用。

③　如条件许可，宜采用柱基流水作业方式，即按顺序先浇一排杯基第一级混凝土，再回转依次浇第二级。这样已浇好的第一级将有一个下沉的时间，但必须保证每个柱基混凝土在初凝之前连续施工。

④　为保证杯形基础杯口底标高的正确性，宜先将杯口底混凝土振实并稍停片刻，再浇筑振捣杯口模四周的混凝土，振动时间尽可能缩短。同时还应特别注意杯口模板的位置，应在两侧对称浇筑，以免杯口模挤向一侧或由于混凝土泛起而使芯模上升。

⑤　高杯口基础，由于这一级台阶较高且配置钢筋较多，可采用后安装杯口模的方法，即当混凝土浇捣到接近杯口底时，再安装杯口模板，然后继续浇捣。

⑥　锥式基础，应注意斜坡部位混凝土的捣固质量，在振捣器振捣完毕后，用人工将斜坡表面拍平，使其符合设计要求。

⑦　为提高杯口芯模的周转利用率，可在混凝土初凝后、终凝前将芯模拔出，并将杯壁划毛。

⑧ 现浇柱下基础时，要特别注意连接钢筋的位置，防止移位和倾斜，发现偏差应及时纠正。

3. 条形基础浇筑

(1) 浇筑前，应根据混凝土基础顶面的标高在两侧木模上弹出标高线；采用原槽土模时，应在基槽两侧的土壁上交错打入长 10cm 左右的标杆，并露出 2～3cm，标杆面与基础顶面标高平，标杆之间的距离约为 3m。

(2) 根据基础深度宜分段分层连续浇筑混凝土，一般不留施工缝。各段层间应相互衔接，每段间的浇筑长度控制在 2～3m 的距离，做到逐段逐层呈阶梯形向前推进。

4. 设备基础浇筑

(1) 一般应分层浇筑，并保证上下层之间不留施工缝，每层混凝土的厚度为 20～30cm。每层的浇筑顺序应从低处开始，沿长边方向自一端向另一端浇筑，也可采取自中间向两端或自两端向中间浇筑的顺序。

(2) 对一些特殊部位，如地脚螺栓、预留螺栓孔、预埋管道等，浇筑混凝土时要控制好混凝土的上升速度，使其均匀上升，同时防止碰撞，以免发生位移或歪斜。对于大直径的地脚螺栓，在混凝土浇筑过程中，应用经纬仪随时观测，发现偏差及时纠正。

5. 大体积基础浇筑

大体积混凝土基础的整体性要求高，一般要求混凝土连续浇筑，一气呵成。施工工艺上应做到分层浇筑、分层捣实，但又必须保证上下层混凝土在初凝之前结合好，不致形成施工缝。在特殊的情况下可以留有基础后浇带，即在大体积混凝土基础中预留有一条后浇的施工缝，将整块大体积混凝土分成两块或若干块浇筑，待所浇筑的混凝土经过一段时间的养护干缩后，再在预留的后浇带中浇筑补偿收缩混凝土，使分块的混凝土连成一个整体。

基础后浇带的浇筑，考虑到补偿收缩混凝土的膨胀效应，当后浇带的直线长度大于 50m 时，混凝土要分两次浇筑，时间间隔为 5～7d。要求混凝土振捣密实，防止漏振，也避免过振。混凝土浇筑后，在硬化前 1～2h 应抹压，以防沉降裂缝的产生。

浇筑方案应根据整体性要求、结构大小、钢筋疏密、混凝土供应等具体情况，选用如下三种方式。

(1) 全面分层 [图 4.67(a)]：在整个基础内全面分层浇筑混凝土，要做到第一层全面浇筑完毕回来浇筑第二层时，第一层浇筑的混凝土还未初凝，如此逐层进行，直至全部混凝土浇筑完毕。这种方案适用于结构的平面尺寸不太大，施工时从短边开始，沿长边进行较适宜。必要时也可分为两段，从中间向两端或从两端向中间同时进行。

(2) 分段分层 [图 4.67(b)]：适宜于厚度不太大而面积或长度较大的结构。混凝土从底层开始浇筑，进行一定距离后再回来浇筑第二层。如此依次向前浇筑以上各分层。

(3) 斜面分层 [图 4.67(c)]：适用于结构的长度超过厚度的 3 倍。振捣工作应从浇筑层的下端开始，逐渐上移，以保证混凝土施工质量。

浇筑混凝土所采用的方法，应使混凝土在浇筑时不发生离析现象。混凝土自高处自由倾落高度超过 2m 时，应沿串筒、溜槽、溜管等下落，以保证混凝土不致发生离析现象。串筒布置应适应浇筑面积、浇筑速度和摊平混凝土堆的能力，但其间距不得大于 3m，布置方式为交错式或行列式。

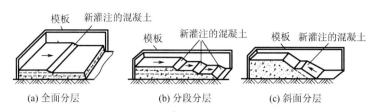

图 4.67 大体积混凝土浇筑方案

浇筑大体积基础混凝土时，由于凝结过程中水泥会释放出大量的水化热，使混凝土内外产生较大的温差，从而易使混凝土产生温度裂缝，因此，必须采取应对措施。

浇筑设备基础时，对一些特殊部分要引起注意，以确保工程质量。

（1）地脚螺栓。地脚螺栓一般利用木横梁固定在模板上口，浇筑时要注意控制混凝土的上升速度，使两边均匀上升，不使模板上口位移，以免造成螺栓位置偏差。地脚螺栓的丝扣部分应预先涂好黄油，用塑料布包好，防止在浇筑过程中沾上水泥浆或碰坏。

（2）预留栓孔。预留栓孔一般采用楔形木塞或模壳板留孔，由于一端固定、一端悬空，在浇筑时应注意保证其位置垂直正确。木塞宜涂以油脂以便易于脱模，浇筑后，应在混凝土初凝时及时将木塞取出，否则会造成难以拔出并可能损坏预留孔附近的混凝土。

（3）预埋管道。浇筑有预埋大型管道的混凝土时，常会出现蜂窝，为此，在浇筑混凝土时应注意粗骨料颗粒不宜太大，稠度应适宜，先振捣管道的底部和两侧，待有混凝土浆冒出时，再浇筑盖面混凝土。

6. 框架浇筑

（1）多层框架按分层分段施工，水平方向按结构平面的伸缩缝分段，垂直方向按结构的层次分层。在每层中应先浇筑柱，再浇筑梁、板。

浇筑一排柱的顺序应从两端同时开始，向中间推进，以免因浇筑混凝土后由于模板吸水膨胀、断面增大而产生横向推力，导致柱发生弯曲变形。

柱子浇筑宜在梁板模板安装后、钢筋未绑扎前进行，以便利用梁板模板稳定柱模和作为浇筑柱混凝土的操作平台之用。

（2）浇筑混凝土时应连续进行，如必须间歇时，应按规范规定执行。

（3）浇筑混凝土时，浇筑层的厚度不得超过规范规定的数值。

（4）混凝土浇筑过程中，要分批做坍落度试验，如坍落度与原规定不符时，应调整配合比。

（5）混凝土浇筑过程中，要保证混凝土保护层厚度及钢筋位置的正确性，不得踩踏钢筋，不得移动预埋件和预留孔洞的原来位置。如发现偏差和位移，应及时校正。特别要重视竖向结构的保护层和板、雨篷结构负弯矩部分钢筋的位置。

（6）在竖向结构中浇筑混凝土时，应遵守下列规定。

① 柱子应分段浇筑，边长大于 40cm 且无交叉箍筋时，每段的高度不应大于 3.5m。

② 墙与隔墙应分段浇筑，每段的高度不应大于 3m。

③ 采用竖向串筒导送混凝土时，竖向结构的浇筑高度可不加限制。凡柱断面在 40cm×40cm 以内并有交叉箍筋时，应在柱模侧面开不小于 30cm 高的门洞，装上斜溜槽分段浇筑，每段高度不得超过 2m。

④ 分层施工开始浇筑上一层柱时，底部应先填以 5～10cm 厚水泥砂浆一层，其成分与浇筑混凝土内砂浆成分相同，以免底部产生蜂窝现象。

⑤ 在浇筑剪力墙、薄墙、立柱等狭深结构时，为避免混凝土浇筑至一定高度后，由于积聚大量浆水而可能造成混凝土强度不匀的现象，宜在浇筑到适当的高度时，适量减少混凝土的配合比用水量。

（7）肋形楼板的梁、板应同时浇筑，浇筑方法为先将梁根据高度分层浇捣成阶梯形，当达到板底位置时即与板的混凝土一起浇捣，随着阶梯形的不断延长，可连续向前推进，如图 4.68 所示。倾倒混凝土的方向应与浇筑方向相反，如图 4.69 所示。当梁的高度大于 1m 时，允许单独浇筑，施工缝可留在距板底面以下 2～3cm 处。

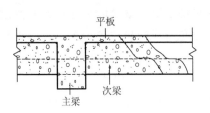

图 4.68　梁、板同时浇筑方法示意

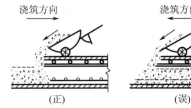

图 4.69　混凝土倾倒方向选择

（8）浇筑无梁楼盖时，应在离柱帽下 5cm 处暂停，然后分层浇筑柱帽，下料必须倒在柱帽中心，待混凝土接近楼板底面时，即可连同楼板一起浇筑。

（9）当浇筑柱梁及主次梁交叉处的混凝土时，一般该处钢筋较密集，特别是上部负钢筋又粗又多，因此，既要防止混凝土下料困难，又要注意砂浆挡住石子不下去，必要时，这一部分可改用细石混凝土进行浇筑。与此同时，振捣棒头可改用片式并辅以人工捣固配合。

（10）梁板施工缝可采用企口式接缝或垂直立缝的做法，不宜留坡槎。在预定留施工缝的地方，在板上按板厚放一木条，在梁上闸以木板，其中间要留切口以通过钢筋。

7. 剪力墙浇筑

剪力墙浇筑应采取长条流水作业，分段浇筑，均匀上升。墙体浇筑混凝土前或新浇混凝土与下层混凝土结合处，应在底面上均匀浇筑 5cm 厚与墙体混凝土成分相同的水泥砂浆或减石子混凝土。砂浆或混凝土应用铁锹入模，不应用料斗直接灌入模内，混凝土应分层浇筑振捣，每层浇筑厚度应控制在 60cm 左右。浇筑墙体混凝土应连续进行，如必须间歇，其间歇时间应尽量缩短，并应在前层混凝土初凝前将次层混凝土浇筑完毕。墙体混凝土的施工缝一般宜设在门窗洞口上，接槎处混凝土应加强振捣，保证接槎严密。

洞口浇筑混凝土时，应使洞口两侧混凝土高度大体一致。振捣时，振捣棒应距洞边 30cm 以上，并从两侧同时振捣，以防止洞口变形，大洞口下部模板应开口并补充振捣。构造柱混凝土应分层浇筑，内外墙交接处的构造柱和墙同时浇筑，振捣要密实。采用插入式振捣器捣实普通混凝土的移动间距不宜大于作用半径的 1.5 倍，振捣器距离模板不应大于振捣器作用半径的 1/2，且不得碰撞各种埋件。

混凝土墙体浇筑振捣完毕后，将上口甩出的钢筋加以整理，用木抹子按标高线将墙上表面混凝土找平。

混凝土浇捣过程中，不可随意挪动钢筋，要经常检查钢筋保护层厚度及所有预埋件的牢固程度和位置的准确性。

8. 喷射混凝土浇筑

喷射混凝土的特点是要用压缩空气进行喷射作业，将混凝土的运输和浇筑结合在同一个工序内完成。喷射混凝土有干法喷射和湿法喷射两种施工方法，一般大量用于大跨度空间结构（如网架、悬索等）屋面、地下工程的衬砌、坡面的护坡、大型构筑物的补强、矿山以及一些特殊工程。

（1）干法喷射就是砂石和水泥经过强制式搅拌机拌和后，用压缩空气将干性混合料送入管道，再送到喷嘴里，在喷嘴里引入高压水，与干料合成混凝土，最终喷射到建筑物或构筑物上。干法施工比较方便，使用较为普遍。但由于干料喷射速度快，在喷嘴中与水拌和的时间短，水泥的水化作用往往不够充分，另外由于机械和操作上的原因，材料的配合比和水灰比不易严格控制，因此混凝土的强度及匀质性不如湿法施工好。

（2）湿法喷射就是在搅拌机中按一定配合比搅拌成混凝土混合料后，再由喷射机通过胶管从喷嘴中喷出，在喷嘴处不再加水。湿法施工由于预先加水搅拌，水泥的水化作用比较充分，因此与干法施工相比，混凝土强度的增长速度可提高约 100%，粉尘浓度减少 50%～80%，材料回弹减少 50%，节约压缩空气 30%～60%。但湿法施工的设备比较复杂，水泥用量较大，也不宜用于基面渗水量大的地方。

4.3.2 混凝土施工缝

1. 施工缝设置

由于施工技术和施工组织上的原因，不能连续将结构整体浇筑完成，并且间歇的时间预计将超出规范规定的时间时，应预先选定适当的部位设置施工缝。设置施工缝应该严格按照规定，认真对待，如果位置不当或处理不好，将引起质量事故，轻则开裂渗漏，影响寿命，重则危及结构安全，影响使用。施工缝的位置应设置在结构受剪力较小且便于施工的部位，并符合下列规定。

（1）柱子留置在基础、楼板、梁的顶面，梁和吊车梁牛腿、无梁楼盖柱帽的下面，如图 4.70 所示。

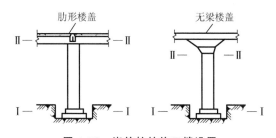

图 4.70　浇筑柱的施工缝设置

（Ⅰ—Ⅰ、Ⅱ—Ⅱ表示施工缝位置）

（2）和板连成整体的大断面梁，留置在板底面以下 20～30mm 处。当板下有梁托时，留在梁托下部。

（3）对单向板，留置在平行于板的短边的任何位置。

（4）有主次梁的楼板，宜顺着次梁方向浇筑，施工缝应留置在次梁跨度的中间1/3范围内，如图4.71所示。

（5）楼梯上的施工缝应留在踏步板长度的1/3处。图4.72所示为楼梯施工缝的位置实例。

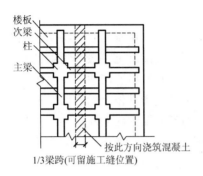

图4.71　浇筑有主次梁楼板的施工缝位置

图4.72　楼梯施工缝的位置实例

（6）墙、剪力墙水平施工缝可以留置在水平方向的板面，竖向施工缝留置在门洞口过梁跨中1/3范围内，也可留在纵横墙的交接处。

（7）双向受力楼板、大体积混凝土结构、拱、穹拱、薄壳、蓄水池、斗仓、多层刚架及其他结构复杂的工程，施工缝的位置应按设计要求留置。一般的设备地坑及水池，施工缝可留在坑壁土距坑（池）底混凝土面30~50cm的范围内。

（8）承受动力作用的设备基础不应留施工缝；如必须留施工缝时，应征得设计单位同意。

2. 施工缝的处理

在施工缝处继续浇筑混凝土时，已浇筑的混凝土抗压强度不应小于$1.2N/mm^2$。混凝土达到$1.2N/mm^2$的时间可通过试验决定，同时必须对施工缝进行必要的处理。

（1）在已硬化的混凝土表面上继续浇筑混凝土前，应清除垃圾、水泥薄膜、表面上松动的砂石和软弱混凝土层，同时还应加以凿毛，用水冲洗干净并充分湿润，一般不宜少于24h，残留在混凝土表面的积水应予清除。

（2）在施工缝位置附近回弯钢筋时，要做到钢筋周围的混凝土不受扰动和损坏。钢筋上的油污、水泥砂浆及浮锈等杂物也应清除。

（3）在浇筑前，水平施工缝宜先铺上一层10~15mm厚的水泥砂浆，其配合比与混凝土内的砂浆成分相同。

（4）从施工缝处开始继续浇筑时，要注意避免直接靠近缝边下料。机械振捣前，宜向施工缝处逐渐推进，并距80~100cm处停止振捣，同时应加强对施工缝接缝的捣实工作，使其紧密结合。

（5）承受动力作用的设备基础的施工缝处理，应遵守下列规定。

① 标高不同的两个水平施工缝，其高低结合处应留成台阶形，台阶的高宽比不得大于1。

② 在水平施工缝上继续浇筑混凝土前，应对地脚螺栓进行一次观测校正。

③ 垂直施工缝处应加插钢筋，其直径为12~16mm，长度为50~60cm，间距为50cm。在台阶式施工缝的垂直面上也应补插钢筋。

3. 后浇带的设置

（1）后浇带是在现浇钢筋混凝土结构施工过程中，为克服由于温度、收缩而可能产生有害裂缝而设置的临时施工缝。该缝需根据设计要求保留一段时间后再浇筑，将整个结构连成整体。

（2）后浇带的设置距离，应考虑在有效降低温差和收缩应力的条件下，通过计算来获得。在正常的施工条件下，如混凝土置于室内和土中，该距离为 30m；如在露天，则为 20m。

（3）后浇带的保留时间应根据设计确定，设计无要求时，一般至少保留 28d 以上。

（4）后浇带的宽度应考虑施工简便，避免应力集中，一般其宽度为 700～1000mm。后浇带内的钢筋应保存完好。后浇带的构造如图 4.73 所示。

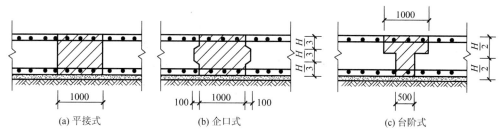

图 4.73 后浇带的构造（单位：mm）

（5）后浇带在浇筑混凝土前，必须将整个混凝土表面按照施工缝的要求进行处理。填充后浇带混凝土可采用微膨胀或无收缩水泥，也可采用普通水泥加入相应的外加剂拌制，但必须要求填筑混凝土的强度等级比原结构强度提高一级，并保持至少 15d 的湿润养护。

4.3.3　混凝土养护和拆模

为保证已浇筑好的混凝土在规定龄期内达到设计要求的强度和耐久性，并防止产生收缩和温度裂缝，必须认真做好养护工作。

1. 混凝土自然养护工艺

1）覆盖浇水养护

利用平均气温高于 5℃ 的自然条件，用适当的材料对混凝土表面加以覆盖并浇水，使混凝土在一定的时间内保持水泥水化作用所需要的适当温度和湿度条件。

覆盖浇水养护应符合下列规定。

（1）覆盖浇水养护应在混凝土浇筑完毕后的 12h 内进行。

（2）混凝土的浇水养护时间，对采用硅酸盐水泥、普通硅酸盐水泥或矿渣硅酸盐水泥拌制的混凝土不得少于 7d；对掺用缓凝型外加剂、矿物掺合料或有抗渗性要求的混凝土，不得少于 14d。当采用其他品种水泥时，混凝土的养护应根据所采用水泥的技术性能确定。

（3）浇水次数应根据能保持混凝土处于湿润的状态来决定。

（4）混凝土的养护用水宜与拌制水相同。

（5）当日平均气温低于 5℃ 时，不得浇水。

大面积结构如地坪、楼板、屋面等可采用蓄水养护，贮水池一类工程可于混凝土达到一定强度后注水养护。

2）薄膜布养护

在有条件的情况下，可采用不透水、气的薄膜布（如塑料薄膜布）养护。即用薄膜布将混凝土表面敞露的部分全部严密地覆盖起来，以保证混凝土在不失水的情况下得到充足的养护。这种养护方法的优点是不必浇水，操作方便，能重复使用，能提高混凝土的早期强度，加速模具的周转，但应该保持薄膜布内有凝结水。

3）薄膜养生液养护

混凝土的表面不便浇水或使用塑料薄膜布养护时，可采用涂刷薄膜养生液，防止混凝土内部水分蒸发的方法进行养护。

薄膜养生液养护是将可成膜的溶液喷洒在混凝土表面上，溶液挥发后在混凝土表面凝结成一层薄膜，使混凝土表面与空气隔绝，封闭混凝土中的水分不再被蒸发，从而完成水化作用。这种养护方法一般适用于表面积大的混凝土施工和缺水地区，但应注意薄膜的保护。

2. 加热养护

（1）蒸汽养护。蒸汽养护是缩短养护时间的方法之一，一般宜用 65℃ 左右的温度蒸养。混凝土在较高湿度和温度的条件下，可迅速达到要求的强度。施工现场由于条件限制，现浇预制构件一般可采用临时性地面或地下的养护坑，上盖养护罩或用简易的帆布、油布覆盖。

（2）其他热养护。

① 热模养护，即将蒸汽通在模板内进行养护。此法用汽少、加热均匀，既可用于预制构件，又可用于现浇墙体及现浇框架结构柱的养护。

② 棚罩式养护，即在混凝土构件上加盖养护棚罩，棚罩的材料有玻璃、透明玻璃钢、聚酯薄膜、聚乙烯薄膜等，其中以透明玻璃钢和透明塑料薄膜为佳。棚罩内的空腔不宜过大，一般略大于混凝土构件即可。棚罩内的温度夏季可达 60～75℃，春秋季可达 35～45℃，冬季约为 20℃。

3. 混凝土拆模

混凝土结构浇筑后，达到一定强度方可拆模。模板拆卸日期，应按结构特点和混凝土所达到的强度来确定。现浇混凝土结构的拆模期限如下。

（1）不承重的侧面模板，应在混凝土强度能保证其表面及棱角不因拆模板而受损坏时，方可拆除。

（2）承重的模板应在混凝土达到下列强度以后，始能拆除（按设计强度等级的百分率计）：跨度不超出 2m 的板及拱为 50%，跨度 2～8m 的板及拱为 75%；梁（跨度小于或等于 8m）为 75%；承重结构（跨度大于 8m）为 100%；悬臂梁和悬臂板为 100%。

（3）钢筋混凝土结构如在混凝土未达到上述规定的强度时进行拆模及承受部分荷载，则应经过计算，复核结构在实际荷载作用下的强度。

（4）已拆除模板及其支架的结构，应在混凝土达到设计强度后，才允许承受全部计算荷载。施工中不得超载使用，严禁堆放过量建筑材料。当承受的施工荷载大于计算荷载时，必须经过核算加设临时支撑。

4. 现浇混凝土结构分项工程质量检验

（1）现浇结构的外观质量缺陷，应由监理（建设）单位、施工单位等各方根据其对结构性能和使用功能影响的严重程度，按表 4-9 确定。

表 4-9 现浇结构的外观质量缺陷

名称	现 象	严 重 缺 陷	一 般 缺 陷
露筋	构件内钢筋未被混凝土包裹而外露	纵向受力钢筋有露筋	其他钢筋有少量露筋
蜂窝	混凝土表面缺少水泥砂浆而形成石子外露	构件主要受力部位有蜂窝	其他部位有少量蜂窝
孔洞	混凝土中孔穴深度和长度均超过保护层厚度	构件主要受力部位有孔洞	其他部位有少量孔洞
夹渣	混凝土中夹有杂物且深度超过保护层厚度	构件主要受力部位有夹渣	其他部位有少量夹渣
疏松	混凝土中局部不密实	构件主要受力部位有疏松	其他部位有少量疏松
裂缝	缝隙从混凝土表面延伸至混凝土内部	构件主要受力部位有影响结构性能或使用功能的裂缝	其他部位有少量不影响结构性能或使用功能的裂缝
连接部位缺陷	构件连接处混凝土缺陷及连接钢筋、连接件松动	连接部位有影响结构传力性能的缺陷	连接部位有基本不影响结构传力性能的缺陷
外形缺陷	缺棱掉角、棱角不直、翘曲不平、飞边凸肋等	清水混凝土构件有影响使用功能或装饰效果的外形缺陷	其他混凝土构件有不影响使用功能的外形缺陷
外表缺陷	构件表面麻面、掉皮、起砂、沾污等	具有重要装饰效果的清水混凝土表面有外表缺陷	其他混凝土构件有不影响使用功能的外表缺陷

（2）现浇结构拆模后，应由监理（建设）单位、施工单位对外观质量和尺寸偏差进行检查，做出记录，并应及时按施工技术方案对缺陷进行处理。

4.3.4 混凝土强度检测

1. 试件制作和强度检测

检查混凝土质量应做抗压强度试验，当有特殊要求时，还需做混凝土的抗冻性、抗渗性等试验，试件应用钢模制作。认真做好工地试件的管理工作，从试模选择、试件取样、成型、编号到养护等，要指定专人负责，以提高试件的代表性，正确反映混凝土结构和构件的强度。试件强度试验的方法应符合 GB/T 50081—2002《普通混凝土力学性能试验方法》的规定。

2. 混凝土结构同条件养护试件强度检验

（1）同条件养护试件的留置方式和取样数量，应符合下列要求。

① 同条件养护试件所对应的结构构件或结构部位，应由监理（建设）单位、施工单位等各方根据其重要性共同选定。

② 对混凝土结构工程中的各混凝土强度等级，均应留置同条件养护试件。

③ 同一强度等级的同条件养护试件，其留置的数量应根据混凝土工程量和重要性确定，不宜少于 10 组，且不应少于 3 组。

④ 同条件养护试件拆模后，应放置在靠近相应结构构件或结构部位的适当位置，并应采取相同的养护方法。

（2）同条件养护试件应在达到等效养护龄期时进行强度试验。等效养护龄期应按同条件养护试件强度与在标准养护条件下 28d 龄期试件强度相等的原则确定。

（3）同条件自然养护试件的等效养护龄期及相应的试件强度代表值，宜根据当地的气温和养护条件，按下列规定确定。

① 等效养护龄期可取按日平均温度逐日累计达到 600℃/d 时所对应的龄期，0℃ 及以下的龄期不计入；等效养护龄期不应小于 14d，也不宜大于 60d。

② 同条件养护试件的强度代表值应根据强度试验结果，按 GB/T 50107—2010《混凝土强度检验评定标准》的规定确定后，乘以折算系数取用。

（4）冬期施工、人工加热养护的结构构件，其同条件养护试件的等效养护龄期可按结构构件的实际养护条件，由监理（建设）单位、施工单位等各方按有关规定共同确定。

拓展讨论

党的二十大报告提出，推动绿色发展，促进人与自然和谐共生。讨论一下钢筋混凝土结构在施工中，可以采取哪些措施保护环境。

项目小结

项目	工作任务	能力目标	基本要求	主要知识点	任务成果
钢筋混凝土主体结构工程施工	模板施工	（1）可以组织模板工程施工；（2）可以对模板工程施工进行质量监督	掌握	（1）常见模板的构造；（2）模板安装与拆除的技术规定和安全要求；（3）基础模板、柱模板、梁模板、楼板模板的搭设程序和要求	（1）编制附图中配电房项目的模板施工方案；（2）编制附图中配电房项目的钢筋施工方案；（3）编制附图中配电房项目的混凝土施工方案
	钢筋工程施工	（1）可以组织钢筋工程施工；（2）可以对钢筋工程施工进行质量监督	掌握	（1）钢筋配料、加工、连接的工艺流程和质量检验标准；（2）基础、柱、墙、梁、楼板的钢筋现场安装绑扎的技术要求和质量检验标准	
	混凝土工程施工	（1）可以组织混凝土工程施工；（2）可以对混凝土施工进行质量监督	掌握	（1）基础、框架、剪力墙混凝土浇筑的技术要求；（2）混凝土施工缝的设置位置和施工缝的处理；（3）混凝土养护、拆模的技术要求和质量检验标准	

◀ 思考与训练 ▶

一、实训题

1. 根据附图的配电房图纸，分组完成其基础、梁、柱、板钢筋的配料。

2. 结合实训，完成基础、梁、柱、板钢筋的绑扎安装作业。

二、单选题

1. 电阻点焊适用于（   ）焊接。

A. 预应力钢筋　　　　　　　　　　B. 钢筋与钢板

C. 结构中的竖向构件　　　　　　　D. 交叉钢筋

2. 钢筋的连接方法有多种，在钢筋焊接中，对于现浇钢筋混凝土框架结构中竖向钢筋的连接，最宜采用（   ）。

A. 电渣压力焊　　B. 电弧焊　　　　C. 闪光对焊　　　　D. 电阻焊

3. 钢筋弯曲90°的量度差值为（   ）。

A. 增加 1.0d　　B. 减少 1.0d　　C. 增加 2.0d　　D. 减少 2.0d

4. 闪光对焊主要用于（   ）。

A. 钢筋网的连接　　　　　　　　　B. 钢筋搭接

C. 竖向钢筋的连接　　　　　　　　D. 水平钢筋的连接

5. 钢筋闪光对焊的机理是（   ）。

A. 熔化金属加焊条　　　　　　　　B. 轴向加压顶锻成型

C. 高电压的弱电流　　　　　　　　D. 高电压的高电流

三、多选题

1. 钢筋冷挤压连接方法的优点是（   ）。

A. 施工简便

B. 不受钢筋可焊性影响

C. 工效比一般焊接方法快

D. 不受风雨、寒冷气候影响

E. 接头强度高、质量稳定可靠

2. 钢筋冷拉的作用是（   ）。

A. 除锈　　　　　　　　　　　　　B. 节约钢材

C. 调直钢筋　　　　　　　　　　　D. 增加塑性

E. 提高屈服强度

3. 对于钢筋配料，下列说法正确的是（   ）。

A. 在钢筋加工时，按外包尺寸进行验收

B. 钢筋的下料长度就是钢筋的轴线长度

C. 钢筋的下料长度就是钢筋的内包尺寸

D. 进行钢筋下料时，对于量度差值，只能减少，不能增加

E. 对量度差取值如下：当弯45°时，取0.5d；当弯90°时，取1d

4. 钢筋的性能指标主要有（　　　）。

A. 屈服强度　　　　B. 冷拉率　　　　　C. 弹性回缩率

D. 抗拉强度　　　　E. 冷弯性能

5. 钢筋连接的主要方式有（　　　）。

A. 绑扎方法　　　　B. 机械方法　　　　C. 焊接方法

D. 冷压方法　　　　E. 热压方法

6. 钢筋锥螺纹连接的主要优点是（　　　）。

A. 受气候影响小　　B. 施工速度慢　　　C. 应用范围广

D. 受气候影响大　　E. 施工速度快

四、简答题

1. 某企业施工一食堂，底层为圆柱，施工后拆模，发现柱根漏浆严重，有个别柱中部外鼓。试分析质量缺陷产生的原因及如何预防。

2. 图 4.74 所示为一根梁的平法配筋图。共计 8 根梁，混凝土强度等级为 C25，柱截面为 500mm×500mm，三级抗震等级，次梁宽 200mm，混凝土保护层厚 25mm。

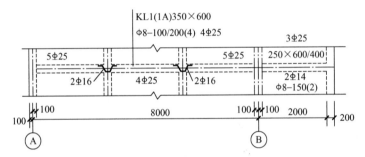

图 4.74　梁的平法配筋图（单位：mm）

（1）绘制钢筋翻样图。

（2）编制钢筋下料单。

（3）绘制箍筋弯曲成型的划线图。

3. 画出柱、梁、楼板、地下室侧墙施工缝的留设位置图，并写出施工缝留设及施工的技术要求。

项目 **5** 砌体工程施工

项目任务

通过学习砌体种类及其施工工艺、施工方法，掌握各种砌体的施工组织和管理方面的要领，了解各种砌体的组砌方式和构造措施，培养对各种砌体技术的实施应用能力。

项目导读

拟采用混凝土空心砖砌体砌筑高 3.6m、长 6m 的填充墙，请选择合适的砂浆并确定施工方案。

能力目标

（1）通过学习，了解砌体及砂浆的不同种类；

（2）掌握砌体的施工准备、施工步骤、施工工艺要求及质量要求。

任务 5.1 混凝土空心砖砌体

5.1.1 概述

混凝土空心砖是目前墙体等砌筑的主要用材，包括普通空心砖和轻集料空心砖。普通空心砖是以水泥、砂、掺合料等制成，如图 5.1 所示。

图 5.1 普通空心砖

图 5.2 所示为混凝土空心砖主规格块各部位的名称，尺寸为 390mm×190mm×190mm，砖的两端带有凹槽；顶面是坐浆面，砖的纵向称为壁，最小壁厚应小于 30mm，横向称为肋，最小肋厚不应小于 25mm；空心率为 25%～50%（一般为 48%左右）；底面是铺浆面，壁和肋的厚度均大于顶面。

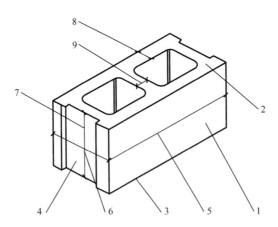

图 5.2 混凝土空心砖主规格块各部位的名称

1—条面；2—坐浆面（肋厚较小的面）；3—铺浆面（肋厚较大的面）；4—端面；
5—长度；6—宽度；7—高度；8—壁；9—肋

此外，混凝土空心砖还有以下辅助尺寸（单位：mm）：190×190×190（半砖）、140×190×390（150 墙）、90×190×390（100 墙）。

普通空心砖按其抗压强度，分为 MU3.5、MU5.0、MU7.5、MU10.0、MU15.0 和 MU20.0 六个等级。轻集料空心砖也分为 MU1.5、MU2.5、MU3.5、MU5.0、MU7.5、MU10.0 六个等级。普通空心砖的表观密度约为 $1200kg/m^3$，轻集料空心砖的表观密度可小于 $500kg/m^3$。

5.1.2 施工方法

1. 材料准备

（1）砖：砖的品种、强度等级必须符合设计要求，并应规格一致，有出厂合格证明及试验单。

（2）水泥：品种与标号应根据砌体部位及所处环境条件选择，一般宜采用 42.5 级普通硅酸盐水泥或矿渣硅酸盐水泥；应有出厂合格证明、准用证和试验报告方可使用，不同品种的水泥不得混合使用。

（3）砂：宜采用中砂。配制水泥砂浆或水泥混合砂浆的强度等级等于或大于 M7.5 时，砂的含泥量不应超过 5%；强度等级小于 M5 时，砂的含泥量不应超过 10%。

（4）水：应采用不含有害物质的洁净水。

（5）掺合料：①石灰膏，熟化时间不少于 7d，严禁使用脱水硬化的石灰膏；②其他掺合料，其中电石膏、粉煤灰等掺量应经实验室试验决定。

（6）其他材料：如拉结钢筋、预埋件、木砖、防水粉等，均应符合设计要求。

2. 混凝土空心砖砌筑工艺流程

混凝土空心砖砌筑工艺流程如图 5.3 所示。

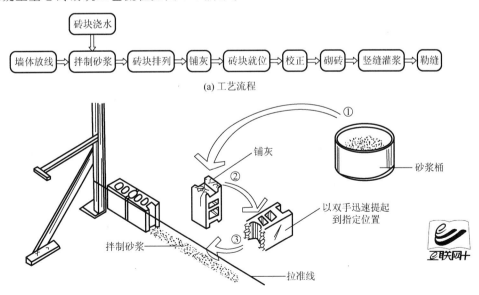

(a) 工艺流程

(b) 工艺流程示意

图 5.3 混凝土空心砖砌筑工艺流程

3. 施工要点

1）墙体放线

砌筑施工前，应将基础或楼层结构面按标高找平，依据砌筑图放出第一皮砌块的轴线、砌体边线和洞口线。

2）拌制砂浆

（1）砂浆采用机械拌和，手推车上料，磅秤计量。根据试验提供的砂浆配合比进行配料称量，水泥配料精确度控制在±2％以内，砂、石灰膏等配料精确度控制在±5％以内。投料顺序为先投砂、水泥、掺合料，后加水。时间自投料完毕算起，不得少于1.5min。

（2）材料运输主要采用井字架做垂直运输，人工手推车做水平运输。

（3）砂浆应随拌随用，水泥浆和水泥混合砂浆必须分别在拌成后3h和4h内使用完毕。

【砖块排列】

3）砖块排列

（1）砌筑前，应根据工程设计施工图，结合空心砖的品种、规格绘制砖块排列图，经审核无误后，按图排列砖块。

（2）排列时应尽可能采用主规格的砖块，主规格的砖块应占总量的75％～80％。

（3）砖块排列上下皮应错缝搭砌，搭砌长度一般为砌块的1/2，不得小于砖块高的1/3，也不应小于140mm。如果搭错缝长度满足不了规定的压搭要求，应采取压砌钢筋网片或拉结钢筋的措施。

（4）墙体转角及纵横墙交接处，应将砖块分皮咬槎，交错搭砌；如果不能咬槎，应按设计要求采取其他构造措施。砌体垂直缝与门窗洞口边线应避开同缝，且不得采用砖镶砌。

（5）砌体水平灰缝厚度一般为14mm。

（6）砖块排列尽量不镶砖或少镶砖，必须镶砖时，应用整砖平砌，且尽量分散。镶砌砖的强度不应小于砌块强度等级。

4）铺灰

将搅拌好的砂浆，通过吊斗、灰车运至砌筑地点，在砌块就位前，用大铲、灰勺进行分块铺灰，但铺灰长度不得超过1400mm。

【混凝土空心砖砌筑工艺】

5）砌砖

底部先用实心块砌筑，高度不低于200mm；空心砖的砌筑采用反砌，即将壁肋厚度大的面朝上，壁肋厚度小的面朝下，以便于铺灰，且能增大上下两皮砖的接触面积，提高砌体的抗剪强度；空心砖砌筑时应对孔错缝搭砌。

6）竖缝灌浆

每砌一皮砖，就位校正后，用砂浆灌垂直缝，随后进行灰缝的勒缝（原浆勾缝），深度一般为3～5mm。

【混凝土空心砖构造措施】

5.1.3 构造措施

（1）砌体转角、丁字接头处应同时砌筑，并使纵横墙互相咬合，对不能同时砌筑而又必须留置的临时间断处应砌成斜槎，如图5.4所示。不能留斜槎的，可留直槎，但要加设拉结筋，拉结筋的数量按每 12cm 墙厚放置一根直径 6mm 的钢筋，间距沿墙高不得超过 50cm，埋入长度从墙的留槎处算起，每边均不应小于 50cm，末端应有 90°弯钩，如图 5.5 所示。在抗震设防地区，建筑物的临时间断处不得留直槎。

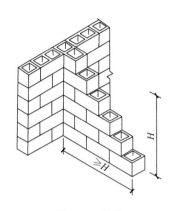

图 5.4　斜槎

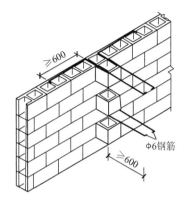

图 5.5　直槎（单位：mm）

（2）砌体与混凝土墙、柱连接处应沿墙、柱高设置 2φ6@600 通长拉结筋。

（3）墙体顶部与梁之间的缝隙采用混凝土配套实心砖（规格 220mm × 73mm × 100mm）斜砌顶紧，如图 5.6 所示。

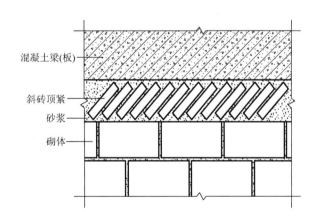

图 5.6　墙体顶部与梁之间的缝隙采用混凝土配套实心砖斜砌顶紧

（4）填充墙端部（含宽度大于 2m 的洞口两侧）、转角、T 形接头处及墙长大于 6m 时每隔 3m 处均设构造柱。构造柱后浇混凝土并预留马牙槎，纵筋上下锚入梁内 35d（d 为纵筋直径）。

（5）当填充墙净高大于 4m 时，在墙体半高（或门洞上皮）设置与柱连接且沿墙全长贯通的水平梁（圈梁），纵筋锚入柱内 35d。

（6）凡墙体内的预埋木砖均需做防腐处理，铁件做防锈处理以红丹打底，刷防锈漆两道。

（7）内墙表面进行管线开槽后修补时，要附加钢丝网修补。

（8）凡卧室或客厅等房间，墙上角应预埋 PVC 管作为空调预留孔洞，坡度为 3%。

（9）当洞口宽小于 800mm 时，门窗过梁用钢筋砖过梁；当洞口宽大于 800mm 时，门窗过梁用预制钢筋混凝土过梁，在砖墙上的支承长度不小于 240mm。

（10）门窗洞边 200mm 内的砌体应采用不低于 M5 的砌筑砂浆或 C15 细石混凝土填实砌块的孔洞。窗台处用盲孔砌块砌筑并加设钢筋混凝土窗台板，且设置 2φ6 钢筋。

任务 5.2　蒸压加气混凝土砌块砌体

5.2.1　概述

图 5.7　蒸压加气混凝土砌块

蒸压加气混凝土砌块（简称加气砖），是以粉煤灰、水泥、石灰、石膏等为原材料，以铝粉等为发气剂，经原材料处理、配料搅拌、浇筑发泡、静停切割、蒸压养护而制成的一种新型墙体材料，如图 5.7 所示。其特性为多孔轻质、保温隔热性能好、加工性能好，但干缩较大，若使用不当，墙体会产生裂纹。加气砖广泛用于一般建筑物墙体，也可用于多层建筑物的承重墙、非承重墙及隔墙；体积密度级别低的砌块用于屋面保温。

加气砖的规格尺寸见表 5-1。按尺寸偏差与外观质量、体积密度和抗压强度，加气砖分为优等品（A）、一等品（B）及合格品（C）三个等级。

表 5-1　加气砖的规格尺寸　　　　单位：mm

公称尺寸			制作尺寸		
长度 L	宽度 B	高度 H	长度 L_1	宽度 B_1	高度 H_1
600	100 125 150 200 250 300	200 250	$L-10$	B	$H-10$
	120 180 240	300			

加气砖的尺寸允许偏差和外观应符合表 5-2 的规定，抗压强度应符合表 5-3 的规定，强度级别应符合表 5-4 的规定，干体积密度应符合表 5-5 的规定。

表 5-2 加气砖的尺寸允许偏差和外观

项 目			指 标		
			优等品（A）	一等品（B）	合格品（C）
尺寸允许偏差	长度/mm	L_1	±3	±4	±5
	宽度/mm	B_1	±2	±3	+3 −4
	高度/mm	H_1	±2	±3	+3 −4
缺棱掉角	个数不多于/个		0	1	2
	最大尺寸不得大于/mm		0	70	70
	最小尺寸不得小于/mm		0	30	30
	平面弯曲不得大于/mm		0	3	5
裂纹	条数不多于/条		0	1	2
	任一面上的裂纹长度不得大于裂纹方向尺寸的		0	1/3	1/2
	贯穿一棱二面的裂纹长度不得大于裂纹所在面的裂纹方向尺寸总和的		0	1/3	1/3
	爆裂、粘模和损坏深度不得大于/mm		10	20	30
	表面疏松、层裂		不允许		
	表面油污		不允许		

表 5-3 加气砖的抗压强度 单位：MPa

强 度 级 别	立方体抗压强度	
	平均值不小于	单块最小值不小于
A1.0	1.0	0.8
A2.0	2.0	1.6
A2.5	2.5	2.0
A3.5	3.5	2.8
A5.0	5.0	4.0
A7.5	7.5	6.0
A10.0	10.0	8.0

表 5-4　加气砖的强度级别

体积密度级别		B03	B04	B05	B06	B07	B08
强度级别	优等品	A1.0	A2.0	A3.5	A5.0	A7.5	A10.0
	一等品			A3.5	A5.0	A7.5	A10.0
	合格品			A2.5	A3.5	A5.0	A7.50

表 5-5　加气砖的干体积密度　　　　　　　　　　　单位：kg/m³

体积密度级别		B03	B04	B05	B06	B07	B08
干体积密度	优等品(A)≤	300	400	530	600	700	800
	一等品(B)≤	330	430	530	630	730	830
	合格品(C)≤	350	450	550	650	750	850

　　加气砖的气孔率高达 70%～80%，因而具有"吸水导湿缓慢"的特性，这个特性的含义是：因其吸水少而慢，表面上看起来浇水不少，实则吸水不多，结果当砌块与砌块或饰面材料相遇时，这种材料内的水分便被加气砖表面强夺，易造成墙面抹灰开裂、饰面脱落等问题，施工中应注意这一特点。

5.2.2　施工方法

1. 砌筑形式

　　加气砖的立面砌筑形式只有全顺一种，砌筑时，上下皮竖缝应相互错开不小于砌块长度的 1/3，如不满足时，应在水平灰缝中设置 2φ6 的钢筋网片，加筋长度不小于 700mm，如图 5.8 所示。

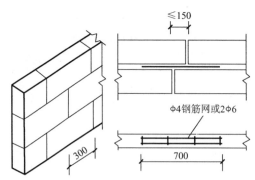

≤150

φ4钢筋网或2φ6

700

300

图 5.8　加气砖砌筑形式（单位：mm）

【砌块砌筑施工工艺】

2. 加气砖砌筑工艺流程

　　加气砖砌筑工艺流程如图 5.9 所示。

3. 施工要点

　　（1）基层处理。将砌筑加气砖墙体根部的混凝土梁、柱的表面清扫干净，用砂浆找平，拉线，用水平尺检查其平整度。

```
┌────────┐   ┌─────────┐   ┌────────┐   ┌──────────┐   ┌────────────┐   ┌────────┐   ┌──────────┐
│ 基层处理 │→ │ 测量墙中线 │→ │ 弹墙边线 │→ │ 砌底部实心砖 │→ │ 拉准线、铺灰、 │→ │ 埋墙拉筋 │→ │ 梁下、墙顶   │
│        │   │         │   │        │   │          │   │ 依准线砌筑   │   │        │   │ 斜砖砌筑   │
└────────┘   └─────────┘   └────────┘   └──────────┘   └────────────┘   └────────┘   └──────────┘
```

图 5.9 加气砖砌筑工艺流程

（2）砌底部实心砖。在墙体底部，在砌第一皮加气砖前应用实心砖砌筑，其高度不宜小于 200mm。

（3）拉准线、铺灰、依准线砌筑。为保证墙体的垂直度、水平度，应分段拉准线砌筑，铺浆要厚薄均匀，每一块砖全长上铺满砂浆，浆面要平整，以保证灰缝厚度，灰缝厚度宜为 15mm，灰缝要求横平竖直，水平灰缝应饱满，竖缝采用挤浆和加浆方法，不得出现透明缝，严禁用水冲洗灌浆。铺浆后应立即放置砌块，要求一次摆正找平。如铺浆后不立即放置砌块，砂浆便会凝固，重新砌筑时，须铲去砂浆。

（4）埋墙拉筋。与钢筋混凝土柱（墙）的连接，采取在混凝土柱（墙）上打入 2φ6@500 的膨胀螺栓，然后在膨胀螺栓上焊接 φ6 的钢筋，且应埋入加气砖墙体内 1000mm。

（5）梁下、墙顶斜砖砌筑。与梁的接触处，待加气砖砌完一星期后采用灰砂砖斜砌顶紧。图 5.10 所示为加气砖砌筑效果。

图 5.10 加气砖砌筑效果

4. 技术要求

（1）加气砖的生产龄期应超过 15d，砌筑前一天必须将第二天需用的加气砖洒水湿润，砌筑时应在砌筑面上适量洒水。

（2）砌块砌筑前均应进行砌块排列设计。

（3）砌筑过程中应做好预留、预埋工作，不得事后凿打。

（4）构造柱与墙连接处砌成马牙槎，先砌墙后浇柱，沿墙高每隔 500mm 设 2φ6 钢筋，埋入墙体内 1000mm。

（5）墙长大于 5m 时，顶部应有 φ6 膨胀螺栓焊 φ6 钢筋与墙体拉结；墙体净高大于 4m 时，中间设拉梁；墙长大于 4m 时，墙中间需设构造柱。

（6）砖墙的转角处和交接处应同时砌起，当不能同时砌起而必须留槎时，应砌成斜槎，斜槎长度不小于斜槎高度的 2/3。

（7）不同干密度和强度等级的加气混凝土不应混砌，但在墙底、墙顶局部采用小块实心砖和多孔砖砌筑时不视为混砌。

（8）每天砌筑高度不大于 1.8m；雨天不宜砌筑，并应对砌块和砌体采取遮盖措施。

（9）穿越墙体的水管要严防渗漏，穿墙、附墙或埋入墙内的铁件应做防腐处理。

（10）切锯砌块应使用专用工具，不得用斧或瓦刀任意砍劈。

任务 5.3　砖砌体

建筑用砖有烧结黏土砖、烧结多孔砖、蒸压灰砂砖、粉煤灰砖等。图 5.11 所示为黏土砖（红砖）的砌筑效果图。

图 5.11　黏土砖（红砖）的砌筑效果图

5.3.1　组砌方式

一块砖有三个两两相等的面，最大的面称为大面，长的一面称为条面，短的一面称为丁面。砖砌入墙体后，条面朝向操作者的称为顺砖，丁面朝向操作者的称为丁砖。

普通砖墙厚度有半砖、一砖、一砖半和二砖等规格。用普通砖砌筑的砖墙，依其墙面组砌形式不同，有一顺一丁砌法、三顺一丁砌法、梅花丁砌法等。

【一顺一丁砖墙】

（1）一顺一丁砌法。一顺一丁砌法是一皮中全部顺砖与一皮中全部丁砖相互间隔砌成，上下皮间的竖缝相互错开 1/4 砖长，如图 5.12(a) 所示。这种组砌形式效率较高，但当砖的规格不一致时，竖缝就难以整齐。

【三顺一丁砖墙】

（2）三顺一丁砌法。三顺一丁砌法是采用三皮顺砖间隔一皮丁砖的组砌方法，上下皮顺砖应错开 1/2 砖长，上下皮顺砖与丁砖间的竖缝相互错开 1/4 砖长，如图 5.12(b) 所示。这种组砌形式由于顺砖较多，砌筑效率较高，用于砌一砖和一砖以上的墙厚。

（3）梅花丁砌法。梅花丁砌法又称沙包式砌法、十字式砌法，是每皮中丁砖与顺砖相隔砌成，且上皮丁砖坐中于下皮顺砖，上下皮间竖缝相互错开 1/4 砖长，如图 5.12(c) 所示。这种组砌形式内外竖缝每皮都能错开，故整体性较好，灰缝整齐，比较美观，但砌筑效率较低。一般砌筑清水墙或当砖规格不一致时，采用这种组砌形式较好。

【梅花丁砖墙】

（4）其他砌法。

① 全顺砌法 ［图 5.12(d)］，即全部采用顺砖砌筑，每皮砖搭接 1/2 砖长，适用于半砖墙的砌筑。

② 全丁砌法 ［图 5.12(e)］，即全部采用丁砖砌筑，每皮砖上下搭接 1/4 砖长，适于圆形烟囱与窨井的砌筑。

③ 两平一侧砌法 ［图 5.12(f)］，当设计要求砌筑 180mm 或 300mm 厚砖墙时，可采用此砌法，即连砌两皮顺砖或丁砖，然后贴一层侧砖（条面朝下）；丁砖层上下皮搭接 1/4 砖长，顺砖层上下皮搭接 1/2 砖长；每砌两皮砖以后，将平砌砖和侧砌砖里外互换，即可组成两平一侧砌体。

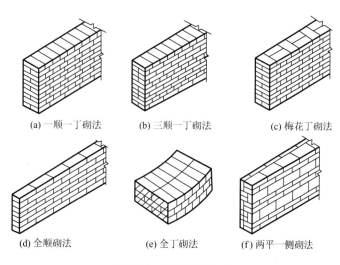

(a) 一顺一丁砌法　　　(b) 三顺一丁砌法　　　(c) 梅花丁砌法

(d) 全顺砌法　　　(e) 全丁砌法　　　(f) 两平一侧砌法

图 5.12　砖墙组砌方式

5.3.2　施工方法

砖砌体的砌筑方法有"三一"砌砖法、挤浆法、刮浆法和满口灰法四种，其中"三一"砌砖法最为常用。

"三一"砌砖法，即是一块砖、一铲灰、一揉压，并随手将挤出的砂浆刮去的砌筑方法。这种砌砖方法的优点是灰缝容易饱满、黏结力好、墙面整洁，所以砌筑实心砖砌体宜采用"三一"砌砖法。

【"三一"砌砖法】

1. 施工工艺

砖砌体的施工过程包括找平、放线、摆砖、立皮数杆、盘角、砌筑、清理、勾缝、楼层轴线引测和楼层标高控制等工序。

2. 施工要点

1）找平、放线

砌筑前，在基础防潮层或楼面上先用水泥砂浆或细石混凝土找平，然后在龙门板上以定位钉为标志，弹出墙的轴线、边线，定出门窗洞口位置。图 5.13 所示为墙身放线。

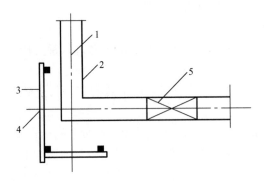

图 5.13　墙身放线

1—墙轴线；2—墙边线；3—龙门板；4—墙轴线标志；5—门洞位置标志

2）摆砖

摆砖是指在放线的基面上按选定的组砌形式用砖试摆。一般在房屋外纵墙方向摆顺砖，在山墙方向摆丁砖，摆砖由一个大角摆到另一个大角，砖与砖留 10mm 缝隙。摆砖的目的是校对放出的墨线在门窗洞口、附墙垛等处是否符合砖的模数，以尽可能减少砍砖，并使砌体灰缝均匀，组砌得当。

3）立皮数杆

皮数杆是指在其上画有每皮砖和灰缝厚度，以及门窗洞口、过梁、楼板、梁底、预埋件等标高位置的一种木制标杆，如图 5.14 所示。它在砌筑时控制每皮砖的竖向尺寸，并使铺灰、砌砖的厚度均匀，洞口及构件位置留设正确，同时还可以保证砌体的垂直度。

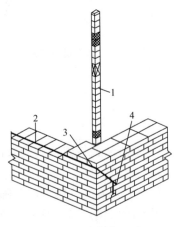

图 5.14　皮数杆示意

1—皮数杆；2—准线；3—竹片；4—圆铁钉

皮数杆一般立于房屋的四大角、内外墙交接处、楼梯间及洞口多的地方，一般可每隔 10～15m 立一根。皮数杆设立时，应有两个方向的斜撑或锚钉加以固定，以保证其固定和垂直。一般每次开始砌砖前要用水准仪校正标高，并检查一遍皮数杆的垂直度和牢固程度。

4）盘角、砌筑

砌筑时应先盘角，盘角是确定墙身两面横平竖直的主要依据。盘角时主要大角不宜超过5皮砖，且应随砌随盘，做到"三皮一吊、五皮一靠"，对照皮数杆检查无误后，才能挂线砌筑中间墙体。为了保证灰缝平直，要挂线砌筑。一般一砖墙单面挂线，一砖半以上砖墙则宜双面挂线。

5）清理、勾缝

当该层施工面墙体砌筑完成后，应及时对墙面和落地灰进行清理。勾缝是清水砖墙的最后一道工序，具有保护墙面和增加墙面美观的作用。墙面勾缝包括采用砌筑砂浆随砌随勾缝的原浆勾缝和加浆勾缝，加浆勾缝是指在砌筑几皮砖以后，先在灰缝处划出1cm深的灰槽，待砌完整个墙体以后，再用细砂拌制1:1.5水泥砂浆勾缝。勾缝完的墙面应及时清扫。

6）楼层轴线引测

为了保证各层墙身轴线的重合和施工方便，在弹墙身线时，应根据龙门板上标注的轴线位置将轴线引测到房屋的外墙基上，二层以上各层墙的轴线，可用经纬仪或锤球引测到楼层上去，同时还须根据图上轴线尺寸用钢尺进行校核。

7）楼层标高控制

各层标高除立皮数杆控制外，还可弹出室内水平线进行控制。底层砌到一定高度后，在各层的里墙角，用水准仪根据龙门板上的±0.000标高，引出统一标高的测量点（一般比室内地坪高出200~500mm），然后在墙角两点弹出水平线，依次控制底层过梁、圈梁和楼板底标高。当楼层墙身砌到一定高度后，应先从底层水平线用钢尺往上量各层水平控制线的第一个标志，然后以此标志为准，用水准仪引测再定出各层墙面的水平控制线，以此控制各层标高。

5.3.3 质量要求

砖砌体的质量要求为：横平竖直、砂浆饱满、组砌得当、接槎可靠。

1. 横平竖直

横平，即要求每一皮砖在同一水平面上，每块砖应摆平。为此，首先应将基础或楼面找平，砌筑时严格按皮数杆层层挂水平准线并拉紧，每块砖按水平准线砌平，不得出现螺丝墙。

竖直，即要求砌体表面轮廓垂直平整，且竖向灰缝垂直对齐。因而在砌筑过程中要随时用线锤和托线板进行检查，做到"三皮一吊、五皮一靠"，以保证砌筑质量，不得出现游丁走缝。

2. 砂浆饱满

砂浆的饱满程度对砌体强度影响较大。砂浆不饱满，一方面会造成砖块间黏结不紧密，使砌体整体性差；另一方面会使砖块不能均匀传力。水平灰缝不饱满会引起砖块局部受弯、受剪而致断裂，所以为保证砌体的抗压强度，要求水平灰缝的砂浆饱满度不得低于

80%。竖向灰缝的饱满度对一般以承压为主的砌体的强度影响不大，但对有抗剪要求的砌体有明显影响，因而对于受水平荷载或偏心荷载的砌体，饱满的竖向灰缝可提高砌体抗横向变形的能力，且竖缝砂浆饱满可避免砌体透风、漏水，保温性能好。施工时竖缝宜采用挤浆或加浆方法，不得出现透明缝，严禁用水冲浆灌缝。砖砌体水平灰缝厚度和竖向灰缝宽度宜为 10mm，不得小于 8mm，也不应大于 12mm。

3. 组砌得当

为保证砌体的强度和稳定性，各种砌体均应按一定的组砌形式砌筑。其基本原则是上下错缝、内外搭砌，错缝长度一般不应小于 60mm，并避免墙面和内墙中出现连续的竖向通缝，同时还应考虑砌筑方便和少砍砖。

4. 接槎可靠

接槎是指先砌筑的砌体与后砌筑的砌体之间的结合。接槎方式合理与否对砌筑的整体性影响很大，特别在地震区，接槎质量将直接影响房屋的抗震能力，故应予以足够的重视。

砌基础时，内外墙的砖基础应同时砌起。如因特殊情况不能同时砌起时，应留置斜槎，斜槎的长度不应小于斜槎的高度。

砖墙的转角处和交接处应同时砌起，严禁无可靠措施的内外墙分砌施工。对不能同时砌起而必须留置的临时间断处，应砌成斜槎，斜槎的长度不应小于斜槎高度的 2/3，如图 5.15(a) 所示。

非抗震设防及抗震设防烈度为 6 度、7 度地区的临时间断处，当不能留斜槎时，除转角处外，可留直槎，但直槎必须做成凸槎。留直槎处应加设拉结钢筋，拉结钢筋的数量为每 120mm 墙厚放置 1φ6 拉结钢筋（120mm 厚墙放置 2φ6 拉结钢筋），间距沿墙高不应超过 500mm；埋入长度从留槎处算起每边均不应小于 500mm，对抗震设防烈度为 6 度、7 度的地区不应小于 1000mm；末端应有 90°弯钩。直槎接槎方式如图 5.15(b) 所示。

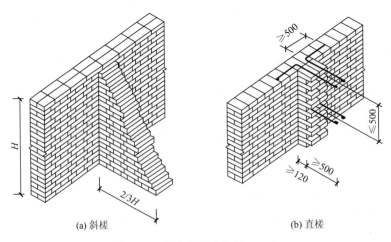

(a) 斜槎   (b) 直槎

图 5.15 接槎方式（单位：mm）

隔墙与承重墙不能同时砌筑而又不留成斜槎时，可从承重墙中引出凸槎。对抗震设防的工程，还应在承重墙的水平灰缝中预埋拉结钢筋，其构造与上述直槎相同，且每道墙不得少于 2 根。

砖砌体接槎时，必须将接槎处的表面清理干净，浇水湿润，并应填实砂浆，保持灰缝平直。

任务 5.4 毛石砌体

5.4.1 材料要求

砌筑用的毛石应质地坚硬，无风化剥落和裂纹，强度等级一般在 MU20 以上，尺寸为 200~400mm，中部厚度不宜小于 150mm。

砌筑砂浆的品种和强度等级应符合设计要求，砂浆稠度宜为 30~50mm。

图 5.16 所示为毛石砌筑效果图。

图 5.16 毛石砌筑效果图

5.4.2 毛石砌体施工

毛石砌体是用毛石和砂浆砌筑而成。毛石用乱毛石或平毛石，砂浆用水泥砂浆或水泥混合砂浆，一般用铺浆法砌筑，灰缝厚度应符合要求，且砂浆饱满。

毛石砌体宜分皮卧砌，且按内外搭接，上下错缝，拉结石、丁砌石交错设置的原则组砌，不得采用外面侧立石块、中间填心的砌筑方法。每日砌筑高度不宜超过 1.2m，在转角处及交接处应同时砌筑，如不能同时砌筑，应留斜槎。

毛石墙一般灰缝不规则，对外观要求整齐的墙面，其外皮石材可适当加工。毛石墙的第一皮及转角、交接处和洞口处，应用料石或较大的平毛石砌筑，每个楼层砌体最上一皮应选用较大的毛石砌筑。墙角部分纵横宽度至少为 0.8m。毛石墙在转角处应采用有直角边的石料砌在墙角一面，根据长短形状纵横搭接砌入墙内，如图 5.17（a）所示；丁字接头处，要选取较为平整的长方形石块，根据长纵横砌入墙内，使其在纵横墙中上下皮能相互搭接，如图 5.17（b）所示。毛石墙的第一皮石块及最上一皮石块应选用较大的平毛石砌筑，第一皮大面向下，以后各皮上下错缝、内外搭接，墙中不应放铲口石和全部对合石，如图 5.18 所示。毛石墙必须设置拉结石，拉结石应均匀分布，相互错开，一般每 0.7m² 墙面至少设置一块，且同皮内的中距不大于 2m。拉结石长度应按以下原则确定：如墙厚等于或小于 400mm，应等于墙厚；如墙厚大于 400mm，可用两块拉结石内外搭接，搭接长度不小于 150mm，且其中一块长度不小于墙厚的 2/3。

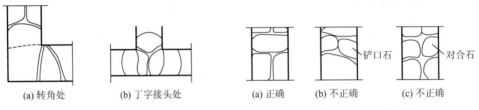

| (a) 转角处 | (b) 丁字接头处 | (a) 正确 | (b) 不正确 | (c) 不正确 |

图 5.17　转角处和丁字接头处　　　　图 5.18　毛石墙砌筑

毛石挡土墙一般按 3～4 皮为一个分层高度砌筑，每砌一个分层高度应找平一次；毛石挡土墙外露面灰缝厚度不得大于 40mm，两个分层高度间分层处的错缝不得小于 80mm；对于中间用毛石砌筑的料石挡土墙，丁砌料石深入中间毛石部分的长度不应小于 200mm；挡土墙的泄水孔应按设计施工，当设计无规定时，应按每米高度上间隔 2m 左右设置一个泄水孔。

◉ 项目小结 ◉

项目	工作任务	能力目标	基本要求	主要知识点	任务成果
砌体工程施工	混凝土空心砖砌体	（1）通过学习砌体种类、施工工艺、施工方法，掌握各种砌体的施工组织和管理方面的要领，了解各种砌体的组砌方式和构造措施；（2）培养对各种砌体技术的实施应用能力，可以进行各种砌体的施工组织和质量控制	熟悉	混凝土空心砖砌体的组砌方式、施工流程及质量控制措施	编制附图中配电房项目砌体工程的施工方案
	蒸压加气混凝土砌块砌体		熟悉	蒸压加气混凝土砌块砌体的施工流程及质量控制措施	
	砖砌体		熟悉	砖砌体的组砌方式、施工流程及质量控制措施	
	毛石砌体		了解	毛石砌体的施工流程	

思考与训练

一、填空题

1. 砌体砖块排列时，上下皮应错缝搭砌，搭砌长度一般为砌块的_____，不得小于砌块高的_____。

2. 普通黏土砖水平灰缝厚度一般为_____mm，空心砌体水平灰缝厚度一般为_____mm，毛石挡土墙外露面灰缝厚度不得大于_____mm。

3. 墙体拉结筋间距沿墙高不得超过_____cm，埋入长度从墙的留槎处算起，每边均不应小于_____cm。

4. 蒸压加气混凝土砌块的砌筑方式只有一种，即_____。

5. 门窗过梁用钢筋砖过梁，当洞口宽大于_____mm时，用预制钢筋混凝土过梁，在砖墙上的支承长度不小于_____mm。

6. 毛石砌体每日砌筑高度不宜超过_____m。

二、简答题

1. 试述混凝土空心砖砌筑的工艺流程。

2. 试述蒸压加气混凝土砌块砌体砌筑的工艺流程。

3. 试述黏土砖砌筑的工艺流程和质量要求。

项目 **6** 防水工程施工

项目任务

通过学习，了解屋面构造，掌握屋面防水施工工艺和方法，了解种植屋面和太阳能屋面的构造和施工要求；掌握地下建筑防水施工工艺和方法；了解厕浴间防水构造，掌握厕浴间防水施工工艺和方法；掌握外墙防水施工工艺和方法，掌握外墙裂缝、外墙渗漏产生的原因和防治措施。

项目导读

列举屋面防水工程（卷材防水屋面、涂膜防水屋面等）、地下建筑防水工程、卫生间防水工程（地面、墙面）、外墙防水工程的施工案例，并进行案例讨论。

能力目标

(1) 通过学习，获得组织屋面防水工程施工和地下建筑防水工程施工的能力；

(2) 具有组织厕浴间防水工程施工和外墙防水工程施工的能力；

(3) 具备现场施工员的施工工作能力；

(4) 具备旁站监理员的工作监管能力。

任务 6.1 屋面防水工程施工

6.1.1 屋面工程

1. 屋面防水构造

屋面工程设计应遵照"保证功能、构造合理、防排结合、优选用材、美观耐用"的原则,具有良好的排水功能和阻止水侵入建筑物内的作用。屋面的基本构造层次见表 6-1,可根据建筑物的性质、使用功能、气候条件等因素进行组合。

表 6-1 屋面的基本构造层次

屋面类型	基本构造层次(自上而下)
卷材、涂膜屋面	保护层、隔离层、防水层、找平层、保温层、找平层、找坡层、结构层
	保护层、保温层、防水层、找平层、找坡层、结构层
	种植隔热层、保护层、耐根穿刺防水层、防水层、找平层、保温层、找平层、找坡层、结构层
	架空隔热层、防水层、找平层、保温层、找平层、找坡层、结构层
	蓄水隔热层、隔离层、防水层、找平层、保温层、找平层、找坡层、结构层
瓦屋面	块瓦、挂瓦条、顺水条、持钉层、防水层或防水垫层、保温层、结构层
	沥青瓦、持钉层、防水层或防水垫层、保温层、结构层
金属板屋面	压型金属板、防水垫层、保温层、承托网、支承结构
	上层压型金属板、防水垫层、保温层、底层压型金属板、支承结构
	金属面绝热夹芯板、支承结构
玻璃采光顶屋面	玻璃面板、金属框架、支承结构
	玻璃面板、点支承装置、支承结构

注:1. 表中结构层包括混凝土基层和木基层,防水层包括卷材和涂膜防水层,保护层包括块体材料、水泥砂浆、细石混凝土保护层。

2. 有隔汽要求的屋面,应在保温层与结构层之间设隔汽层。

2. 屋面通用防水施工工艺流程

屋面通用防水施工工艺流程如图 6.1 所示。

图 6.1 屋面通用防水施工工艺流程

3. 屋面施工

（1）找平层施工。找平层的种类及施工要求见表 6 - 2。

表 6 - 2 找平层的种类及施工要求

找平层类别	工 作 要 点	施 工 注 意 事 项
水泥砂浆 找平层 【水泥砂浆找平层】	（1）砂浆配合比要称量准确，搅拌均匀。砂浆铺设应按由远到近、由高到低的顺序进行，在每一分格内最好一次连续抹成，并用 2m 左右的直尺找平，严格掌握坡度。 （2）待砂浆稍收水后，用抹子抹平、压实、压光。终凝前，轻轻取出嵌缝木条。 （3）铺设找平层 12h 后，需洒水养护或喷冷底子油养护。 （4）找平层硬化后，应用密封材料嵌填分格缝	（1）注意气候变化，如气温在 0℃ 以下，或终凝前可能下雨时，不宜施工。 （2）底层为塑料薄膜隔离防水层或不吸水保温层时，宜在砂浆中加减水剂，并严格控制稠度。 （3）铺设过程中注意找平，完工后表面应少踩踏。砂浆表面不允许撒干水泥或水泥浆压光。 （4）屋面结构为装配式钢筋混凝土屋面板时，应用细石混凝土嵌缝，嵌缝的细石混凝土宜掺微膨胀剂，强度等级不应小于 C20。当板缝宽度大于 40mm 或上窄下宽时，板缝内应设置构造钢筋。灌缝高度应与板平齐，板端应用密封材料嵌缝
沥青砂浆 找平层	（1）基层必须干燥，然后满涂冷底子油 1～2 道，涂刷要薄而均匀，不得有气泡和空白，涂刷后表面保持清洁。 （2）待冷底子油干燥后可铺设沥青砂浆，其虚铺厚度为压实后厚度的 1.30～1.40 倍。 （3）待砂浆刮平后，即用火滚进行滚压（夏天温度较高时，滚筒内可不生火），达到表面平整、密实、无蜂窝、看不出压痕为好。滚筒应保持清洁，表面可涂刷柴油。滚压不到之处，如边角处可用烙铁烫压平整，施工完毕后避免在上面踩踏。 （4）施工缝应留成斜槎，继续施工时接槎处应清理干净并刷热沥青一遍，然后铺沥青砂浆，用火滚或烙铁烫平	（1）检查屋面板等基层安装牢固程度，不得有松动之处。松散杂物清扫干净，凸出基层表面的灰渣等黏结杂物要铲平，不得影响找平层的有效厚度。屋面应平整、找好坡度。 （2）找平层与突出构造交接处和转角处，应做成圆弧形或钝角，且要求整齐平顺。 （3）雾、雨、雪天不得施工，一般不宜在气温 0℃ 以下施工。如在严寒地区必须在气温 0℃ 以下施工时，应采取相应的技术措施（如分层分段流水施工及采取保温措施等）

续表

找平层类别	工 作 要 点	施工注意事项
细石混凝土找平层	（1）细石混凝土宜采用机械搅拌和机械振捣。浇筑时混凝土的坍落度应控制在 10mm，须浇捣密实。灌缝高度应低于板面 10～20mm。表面不宜压光。 （2）浇筑完板缝混凝土后，应及时覆盖并浇水养护 7d，待混凝土强度等级达到 C15 时，方可继续施工	（1）施工前用细石混凝土对管壁四周稳固堵严并进行密封处理，施工时节点处应清洗干净并予以湿润，吊模后振捣密实。 （2）屋面细石混凝土浇筑应从高处向低处进行，在一个分格缝中的混凝土必须一次浇筑完毕，严禁留设施工缝。盖缝式分格缝上边的反口直立部分也应同时浇筑。 （3）沿管的周边划出 8～10mm 沟槽，采用防水类卷材、涂料或油膏裹住立管、套管和地漏的沟槽，以防止楼面的水有可能顺着管道接缝处渗漏

（2）防水层施工。防水层的种类及施工要求见表 6-3。

表 6-3　防水层的种类及施工要求

防水层类别	工 作 要 点	施工注意事项
卷材防水层施工	（1）防水卷材铺贴的一般要求。防水卷材主要包括沥青防水卷材、高聚物改性沥青防水卷材和合成高分子防水卷材三大系列。其中沥青防水卷材是传统的防水材料，其成本较低，但拉伸强度和延伸率低，使用年限较短；高聚物改性沥青防水卷材和合成高分子防水卷材是新型防水材料，各项性能较沥青防水卷材优异，能显著提高防水功能，延长使用寿命，工程应用非常广泛；屋面防水层多道设防时，可采用同种卷材叠合或不同卷材复合，也可采用卷材和涂膜复合及刚性防水和卷材复合等。找平层的排水坡度应符合设计要求。 （2）卷材铺贴方向。卷材铺设方向应根据屋面坡度和屋面是否受振动确定。屋面坡度小于 3% 时，卷材宜平行于屋脊铺贴；屋面坡度在 3%～15% 时，卷材可平行或垂直于屋脊铺贴；屋面坡度大于 15% 或屋面受振动时，考虑到坡度较陡，卷材防水层容易流淌，且平行于屋脊方向铺贴沥青防水卷材操作困难，沥青防水卷材应垂直于屋脊铺贴，高聚物改性沥青防水卷材和合成高分子防水卷材可平行或垂直于屋脊铺贴；坡度大于 25% 的屋面上采用卷材作防水层时，应采取固定措施，固定点应封闭严密。为防止卷材下滑，可采用满粘法及钉压法等方法固定。 （3）卷材热风焊接施工。卷材热风焊接是采用热空气焊枪进行防水卷材搭接黏合的施工方法，常用于热塑性卷材（如 DVC 卷材等）的搭接黏合	（1）基层（找平层）必须干净、干燥。检验干燥程度的简易方法是将 $1m^2$ 卷材平坦地干铺在找平层上，静置 3～4h 后掀开检查，找平层覆盖部位与卷材上未见水印即可铺设。 （2）采用多层卷材时，上下两层和相邻两幅卷材的接缝应错开 1/3 幅宽，且两层卷材不得相互垂直铺贴。 （3）卷材热风焊接前，卷材铺设应平整顺直，搭接尺寸准确，不得扭曲或有皱折。卷材的焊接面应清扫干净，无水滴、油污及附着物；焊接时应先焊长边搭接缝，后焊短边搭接缝；控制热风加热温度和时间，焊接处不得有漏焊、跳焊、焊焦或焊接不牢现象；焊接时不得损害非焊接部位的卷材；铺贴后的卷材应平整、顺直，搭接尺寸应正确，不得有扭曲 【卷材铺贴方向】　　【卷材热风焊接施工】

续表

防水层类别	工 作 要 点	施工注意事项
涂膜防水层施工	（1）涂刷基层处理剂。基层处理剂涂刷时应用刷子用力薄涂，使涂料尽量刷进基层表面的毛细孔，并将基层可能留下来的少量灰尘等无机杂质，像填充料一样混入基层处理剂中，使之与基层牢固结合。这样即使屋面上灰尘不能完全清扫干净，也不会影响涂层与基层的牢固黏结。特别在较为干燥的屋面上进行溶剂型防水涂料施工时，使用基层处理剂打底后再进行防水涂料涂刷，效果相当明显。 （2）涂布防水涂料。厚质涂料宜采用铁抹子或胶皮板刮涂施工；薄质涂料可采用棕刷、长柄刷、圆滚刷等进行人工涂布，也可采用机械喷涂。涂料涂布应分条或按顺序进行。分条进行时，每条宽度应与胎体增强材料宽度相一致，以避免操作人员踩踏刚涂好的涂层。流平性差的涂料，为便于抹压，加快施工进度，可以采用分条间隔施工的方法，条带宽 800～1000mm。 （3）铺设胎体增强材料。在涂刷第 2 遍涂料时或第 3 遍涂料涂刷前，即可加铺胎体增强材料。胎体增强材料可采用湿铺法或干铺法铺贴。 ① 湿铺法：是在第 2 遍涂料涂刷时，边倒料、边涂布、边铺贴的操作方法。 ② 干铺法：是在上道涂层干燥后，边干铺胎体增强材料，边在已展平的表面上用刮板均匀满刮一道涂料。也可将胎体增强材料按要求在已干燥的涂层上展平后，用涂料将边缘部位点粘固定，然后再在上面满刮一道涂料，使涂料浸入网眼渗透到已固化的涂膜上。 ③ 胎体增强材料可以是单一品种，也可以将玻璃纤维布和聚酯纤维布混合使用。混合使用时，一般下层采用聚酯纤维布，上层采用玻璃纤维布。	（1）防水涂料严禁在雨雪天和五级风及其以上时施工，以免影响涂料的成膜质量。溶剂型防水涂料施工时的环境气温宜为 $-5～35℃$，水乳型防水涂料施工时的环境气温宜为 $5～35℃$。 （2）在涂膜防水屋面上如使用两种或两种以上不同防水材料时，应考虑不同材料之间的相容性（即亲合性大小、是否会发生侵蚀），如相容则可使用。涂料和卷材同时使用时，卷材和涂膜的接缝应顺水流方向，搭接宽度不得小于 100mm。 （3）坡屋面防水涂料涂刷时，如不小心踩踏尚未固化的涂层，很容易滑倒，甚至引起坠落事故。因此，在坡屋面涂刷防水涂料时，必须采取安全措施，如系安全带等。 （4）每道涂膜防水层最小厚度：高聚物改性沥青防水涂膜在Ⅰ级防水屋面上使用时为 2.0mm，在Ⅱ级防水屋面使用时为 3.0mm；聚合物水泥防水涂膜在Ⅰ级防水屋面上使用时为 1.2mm，在Ⅱ级防水屋面上使用时为 2.0mm；合成高分子防水涂膜在Ⅰ级防水屋面上使用时为 1.5mm，在Ⅱ级防水屋面上使用时为 2.0mm。 （5）在涂膜防水层实干前，不得在其上进行其他施工作业。涂膜防水层上不得直接堆放物品。 （6）涂膜防水层的施工，也应按"先高后低，先远后近"的原则进行。遇高低跨屋面时，一般先涂布高跨屋面，后涂布低跨屋面；相同高度屋面，要合理安排施工段，先涂布距上料点远的部位，后涂布近处；同一屋面上，先涂布排水较集中的水落口、天沟、檐沟、檐口等节点部位，再进行大面积涂布。 （7）涂膜防水层施工前，应先对水落口、天沟、檐沟、泛水、伸出屋面管道根部等节点部位进行增强处理，一般涂刷加铺胎体增强材料的涂料进行增强处理。

防水层类别	工 作 要 点	施工注意事项
涂膜防水层施工	（4）收头处理。为了防止收头部位出现翘边现象，所有收头均应用密封材料压边，压边宽度不得小于 10mm，收头处的胎体增强材料应裁剪整齐，如有凹槽时应压入凹槽内，不得出现翘边、皱折、露白等现象，否则应进行处理后再涂密封材料	（8）需铺设胎体增强材料时，如坡度小于 15%，可平行于屋脊铺设；如坡度大于 15%，应垂直于屋脊铺设，并由屋面标高最低处开始向上铺设。胎体增强材料长边搭接宽度不得小于50mm，短边搭接宽度不得小于 70mm。采用双层胎体增强材料时，上下层不得互相垂直铺设，搭接缝应错开，其间距不应小于幅宽的 1/3。 （9）涂膜防水层应设置保护层。采用块材作保护层时，应在涂膜与保护层之间设隔离层；用细砂等作保护层时，应在最后一遍涂料涂刷后随即撒上。 （10）涂膜防水层与基层应黏结牢固，表面平整，涂刷均匀，无流淌、皱折、鼓泡、露胎体和翘边等缺陷
接缝密封防水施工	（1）改性沥青密封材料采用冷嵌法施工时，宜分次将密封材料嵌填在缝内；采用热灌法施工时，应由下向上进行，并宜减少接头；密封材料的熬制及浇灌温度，应按不同材料要求严格控制。 （2）合成高分子密封材料施工时，单组分密封材料可直接使用，多组分密封材料应根据规定的比例准确计量，并应拌和均匀，每次拌和量、拌和时间和拌和温度，应按所用密封材料的要求严格控制；采用挤出枪嵌填时，应根据接缝的宽度选用口径合适的挤出嘴，均匀挤出密封材料嵌填，并应由底部逐渐充满整个接缝；密封材料嵌填后，应在密封材料表干前用腻子刀嵌填修整。 （3）进场的密封材料和改性石油沥青密封材料应检验耐热性、低温柔性、拉伸黏结性、施工度，合成高分子密封材料应检验拉伸模量、断裂伸长率、定伸黏结性	（1）密封防水部位的基层应牢固，表面应平整、密实，不得有裂缝、蜂窝、麻面、起皮和起砂等现象；基层应清洁、干燥，应无油污、无灰尘；嵌入的背衬材料与接缝壁间不得留有空隙；密封防水部位的基层宜涂刷基层处理剂，涂刷应均匀，不得漏涂。 （2）密封材料嵌填应密实、连续、饱满，应与基层黏结牢固；表面应平滑，缝边应顺直，不得有气泡、孔洞、开裂、剥离等现象。 （3）密封材料运输时应防止日晒、雨淋、撞击、挤压；贮运、保管环境应通风、干燥，防止日光直接照射，并应远离火源、热源；乳胶型密封材料在冬季时应采取防冻措施。密封材料应按类别、规格分别存放

（3）保护层施工。保护层的种类及施工要求见表 6-4。

表 6-4　保护层的种类及施工要求

保护层类别	工 作 要 点	施工注意事项
细石混凝土保护层	适宜顶板和底板使用。先以氯丁系胶粘剂（如 404 胶等）花粘虚铺一层石油沥青纸胎油毡作保护隔离层，再在油毡隔离层上浇筑细石混凝土。用于顶板保护层时厚度不应小于 70mm，用于底板时厚度不应小于 50mm	浇筑混凝土时不得损坏油毡隔离层和卷材防水层，如有损坏应及时用卷材接缝胶粘剂补粘一块卷材修补牢固，再继续浇筑细石混凝土
水泥砂浆保护层	适宜立面使用。在三元乙丙等高分子卷材防水层表面涂刷胶粘剂，以胶粘剂撒粘一层细砂，并用压辊轻轻滚压使细砂粘牢在防水层表面，然后再抹水泥砂浆保护层，使之与防水层能黏结牢固，起到保护立面卷材防水层的作用	—
泡沫塑料保护层	适用于立面。在立面卷材防水层外侧用氯丁系胶粘剂直接粘贴 5～6mm 厚的聚乙烯泡沫塑料板做保护层，也可以用聚乙酸乙烯乳液粘贴 40mm 厚的聚苯泡沫塑料做保护层	这种保护层为轻质材料，故在施工及使用过程中不会损坏卷材防水层
砖墙保护层	适用于立面。在卷材防水层外侧砌筑永久保护墙，并在转角处及每隔 5～6m 处断开，断开的缝中填以卷材条或沥青麻丝；保护墙与卷材防水层之间的空隙应随时用砌筑砂浆填实	要注意在砌砖保护墙时，切勿损坏已完工的卷材防水层

4. 质量检查

质量检查要求见表 6-5。

表 6-5　质量检查要求

类　　别	主控项目	一般项目
找平层 【找平层检验方法】	（1）找平层的材料质量及配合比，必须符合设计要求。检验方法：检查出厂合格证、质量检验报告和计量措施。 （2）屋面（含天沟、檐沟）找平层的排水坡度，必须符合设计要求。检验方法：用水平仪（水平尺）、拉线和尺量检查	（1）基层与突出屋面结构的交接处和基层的转角处，均应做成圆弧形，且整齐平顺。检验方法：观察和尺量检查。 （2）水泥砂浆、细石混凝土找平层应平整、压光，不得有酥松、起砂、起皮现象；沥青砂浆找平层不得有拌和不匀、蜂窝现象。检验方法：观察检查。 （3）找平层分格缝的位置和间距应符合设计要求。检验方法：观察和尺量检查。 （4）找平层表面平整度的允许偏差为 5mm。检验方法：用 2m 靠尺和楔形塞尺检查

续表

类 别	主控项目	一般项目
卷材防水层	（1）卷材防水层所用卷材及其配套材料，必须符合设计要求。检验方法：检查出厂合格证、质量检验报告和现场抽样复验报告。 （2）卷材防水层不得有渗漏或积水现象。检验方法：雨后或淋水、蓄水试验。 （3）卷材防水层在天沟、檐沟、檐口、水落口、泛水、变形缝和伸出屋面管道的防水构造，必须符合设计要求。检验方法：观察和检查隐蔽工程验收记录	（1）卷材防水层的搭接缝应黏结（焊接）牢固，封闭严密，不得有皱折、翘边和鼓泡等缺陷；防水层的收头应与基层黏结并固定牢固，缝口封严，不得翘边。检验方法：观察检查。 （2）卷材防水层上的撒布材料和浅色涂料保护层应铺撒或涂刷均匀，黏结牢固。水泥砂浆、块材或细石混凝土保护层与卷材防水层间应设置隔离层，刚性保护层的分格缝留置应符合设计要求。检验方法：观察检查。 （3）排汽屋面的排汽道应纵横贯通，不得堵塞。排汽管应安装牢固，位置正确，封闭严密。检验方法：观察检查。 【卷材检验方法】 （4）卷材的铺贴方向应正确，卷材搭接宽度的允许偏差为－10mm。检验方法：观察和尺量检查
涂膜防水层	（1）防水涂料和胎体增强材料必须符合设计要求。检验方法：检查出厂合格证、质量检验报告和现场抽样复验报告。 （2）涂膜防水层不得有渗漏或积水现象。检验方法：雨后或淋水、蓄水试验。 （3）涂膜防水层在天沟、檐沟、檐口、水落口、泛水、变形缝和伸出屋面管道的防水构造，必须符合设计要求。检验方法：观察和检查隐蔽工程验收记录	（1）涂膜防水层的平均厚度应符合设计要求，最小厚度不应小于设计厚度的80%。检验方法：针测法或取样量测。 （2）涂膜防水层与基层应黏结牢固，表面平整，涂刷均匀，无流淌、皱折、鼓泡、露胎体和翘边等缺陷

注：防水层完工后，平屋面可采用蓄水试验。蓄水深度宜大于50mm，蓄水时间不宜少于24h。坡屋面可采用淋水试验，持续淋水时间不少于2h，以屋面无渗漏和积水、排水系统通畅为合格。

【蓄水试验】

5. 节点构造

（1）卷材防水层在天沟、檐沟、檐口、水落口、泛水、变形缝和伸出屋面管道的防水构造，必须符合设计要求。卷材防水屋面节点构造如图6.2～图6.9所示。

（2）涂膜防水层施工前，应先对天沟、檐沟、檐口、水落口、泛水、变形缝和伸出屋面管道根部等节点部位进行增强处理。涂膜防水屋面节点构造如图6.10所示。

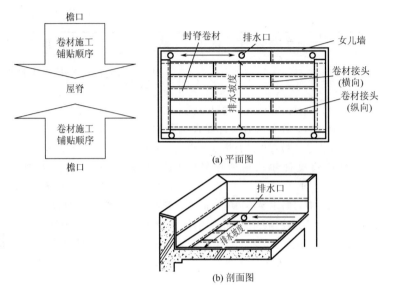

图6.2　屋面卷材防水层施工铺贴示意

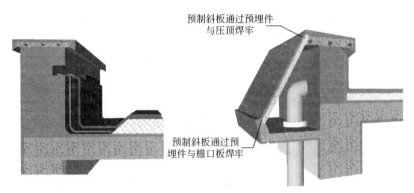

(a) 女儿墙内檐沟檐口构造　　(b) 女儿墙外檐沟檐口构造

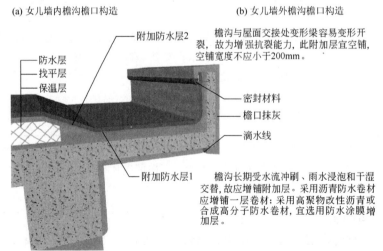

(c) 挑檐沟檐口构造

图6.3　屋面檐口构造

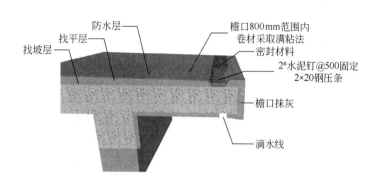

(d) 无组织排水檐口构造

图 6.3 屋面檐口构造（续）

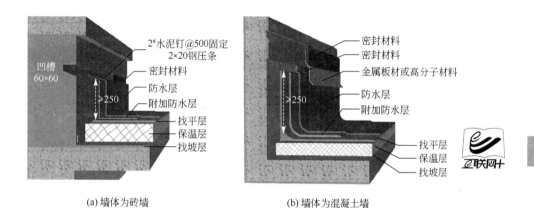

(a) 墙体为砖墙   (b) 墙体为混凝土墙

图 6.4 女儿墙泛水构造

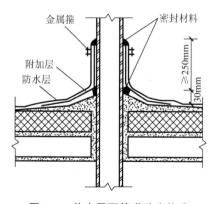

图 6.5 伸出屋面管道防水构造

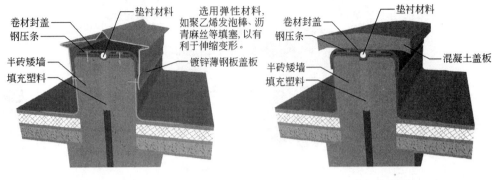

选用弹性材料，如聚乙烯发泡棒、沥青麻丝等填塞，以有利于伸缩变形。

镀锌薄钢板盖缝

混凝土压顶盖缝

(a) 不上人屋面变形缝

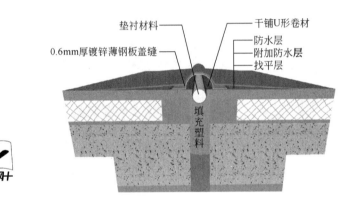

(b) 上人屋面变形缝

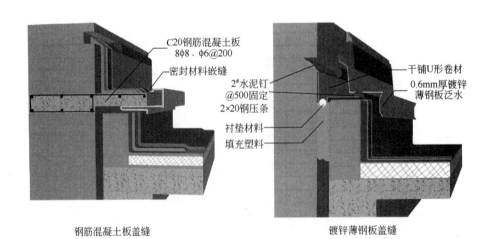

钢筋混凝土板盖缝

镀锌薄钢板盖缝

(c) 高低屋面变形缝

图 6.6　屋面变形缝防水构造

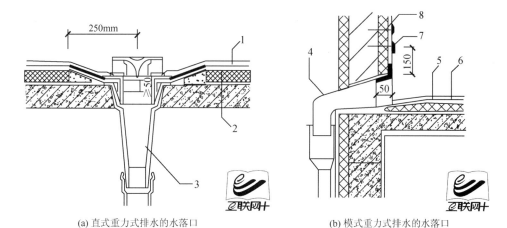

(a) 直式重力式排水的水落口　　　　　　(b) 模式重力式排水的水落口

图 6.7　屋面水落口防水构造

1—防水层；2—附加层；3—水落斗；4—水落斗；5—防水屋；6—附加层；7—密封材料；8—水泥钉

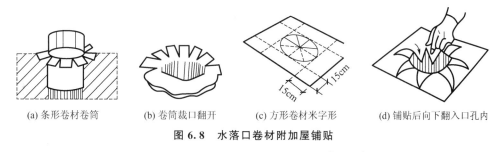

(a) 条形卷材卷筒　　(b) 卷筒裁口翻开　　(c) 方形卷材米字形　　(d) 铺贴后向下翻入口孔内

图 6.8　水落口卷材附加屋铺贴

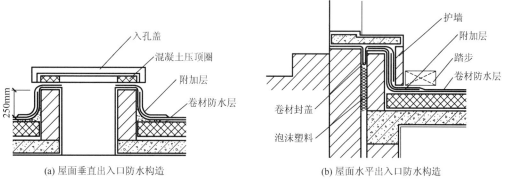

(a) 屋面垂直出入口防水构造　　　　　　(b) 屋面水平出入口防水构造

图 6.9　屋面出入口防水构造

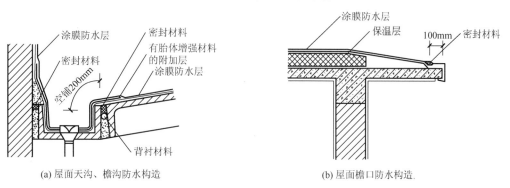

(a) 屋面天沟、檐沟防水构造　　　　　　(b) 屋面檐口防水构造

图 6.10　涂膜防水屋面节点构造

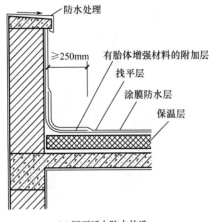

(c) 屋面泛水防水构造

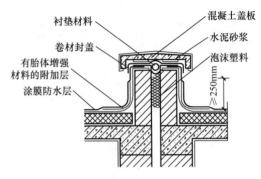

(d) 屋面变形缝防水构造

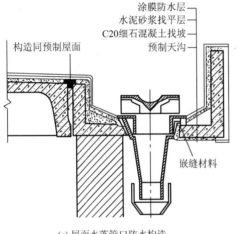

(e) 屋面水落管口防水构造

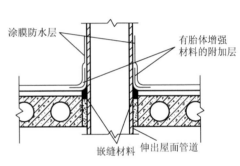

(f) 伸出屋面管道防水构造

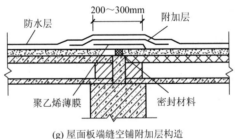

(g) 屋面板端缝空铺附加层构造

图 6.10　涂膜防水屋面节点构造（续）

6.1.2　种植屋面和太阳能屋面

1. 种植屋面施工

在建筑屋面和地下工程顶板的防水层上铺以种植土，并种植植物，使其起到防水、保温、隔热和生态环保作用的屋面称为种植屋面。覆土的种植屋面称为有土种植屋面，覆有多孔松散材料的种植屋面称为无土种植屋面。种植屋面不仅有效地保护了防水层和屋盖结构层，而且对建筑物有很好的保温、隔热效果，对城市环境起到绿化和美化作用，有益于人们的健康，管理得当的话，还能获得一定的经济效益。我国城镇建筑稠密，植被绿化不足，种植屋面具有良好的发展前景。

1）种植屋面的构造要求

（1）种植屋面的构造如图 6.11 所示。

（2）种植屋面的结构层宜采用现浇钢筋混凝土。新建种植屋面工程的结构承载力设计，必须包括种植荷载；既有建筑屋面改造成种植屋面时，荷载必须在屋面结构承载力允许的范围内。

（3）种植屋面的坡度宜为 3%，以利于多余水分的排除。

（4）种植屋面的防水层宜采用刚柔结合的防水方案。柔性防水层应采用耐腐蚀、耐霉烂、耐穿刺好的涂料或卷材，最佳方案应采用涂膜防水层和卷材防水层复合，柔性防水层上必须设置细石混凝土保

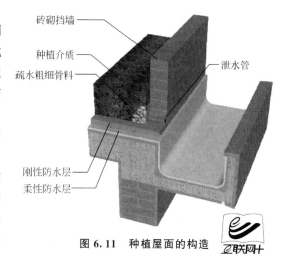

图 6.11　种植屋面的构造

护层或细石混凝土防水层，以抵抗种植根系的穿刺和种植工具对防水层的损坏。

（5）种植屋面四周应设挡墙，以阻止屋面上种植介质的流失。挡墙下部应留泄水孔，孔内侧放置疏水粗细骨料，或放置聚酯无纺布，以保证多余水分的流出而种植介质不会流失。

（6）根据种植要求应设置人行通道，也可以采用门形预制槽板，作为挡墙和分区走道板。

2）防水层及面层的施工要求

（1）采用柔性防水层复合时，应先施工柔性防水层，再做隔离层，然后浇筑细石混凝土防水层。柔性防水层施工完成后，应进行 24h 蓄水试验，经试验无渗漏后，才能继续下一道工序的施工。柔性防水层与刚性防水层或刚性保护层间应设置隔离层。

（2）屋面预埋管道及孔洞应在浇筑混凝土前预埋或预留好，不得事后打孔凿洞。

（3）细石混凝土原材料和配合比应符合刚性防水层的要求，宜掺加膨胀剂、减水剂和密实剂，以减少混凝土的收缩。屋面的分隔缝不能过多，一般要放宽间距，但分隔间距不能大于 10m。

（4）每分隔区内的混凝土应一次浇完，不得留设施工缝。

（5）防水混凝土必须机械搅拌、机械振捣，抹压时不得洒水、撒干水泥或加水泥浆。混凝土收水后应进行二次压光，及时养护。

（6）分隔缝嵌填密封材料后，上面应做砂浆保护层埋置保护。

（7）种植屋面应有 1%～3% 的排水坡度，在大雨时让多余雨水及时排走。为了使种植介质不被雨水冲走，屋面种植部位四周要砌矮墙，一定距离要留置泄水孔，泄水孔应有砂石或聚酯无纺布过滤层，以免种植介质流失。

（8）种植覆盖层的施工应避免损坏防水层；覆盖材料的表观密度、厚度应按设计要求选用。

（9）分格缝宜采用整体浇筑的细石混凝土，硬化后用切割机锯缝。缝深为 2/3 刚性防水层厚度，填密封材料后，加聚合物水泥砂浆嵌缝，以减少植物根系穿刺防水层。

3）质量验收

种植屋面在施工刚性保护层或刚性防水层前应对柔性防水层进行试水，雨后或淋水、蓄水试验合格后才可继续施工。填放种植介质前，应确认种植介质性能指标，尤其是表观密度要符合设计规定。种植屋面质量检验项目、要求和检验方法见表 6-6。

表 6-6 种植屋面质量检验项目、要求和检验方法

检 验 项 目	要　　　求	检 验 方 法
种植屋面挡墙泄水孔留设	符合设计要求，并不得堵塞	观察和尺量检查
种植屋面防水层施工	符合设计要求，不得有渗漏现象	蓄水至规定高度观察检查

4）使用要求

（1）屋面防水层完工后应及时养护，及时覆土或覆盖多孔松散种植介质。

（2）种植屋面应有专人管理，及时清除枯草藤蔓，翻松植土，并及时洒水。

（3）定期清理泄水孔和粗细骨料，检查排水是否顺畅。

2. 太阳能屋面施工

1）太阳能集热器设置在平屋面上的要求

（1）太阳能集热器支座与结构层相连时，防水层应上包到支座的上部，并在地脚螺栓周围做密封处理。

（2）在屋面防水层上放置集热器时，屋面防水层应包到基座上部，并在基座下部加设附加防水层。专业厂家应对相关尺寸及受力强度进行确认，诸如屋面留洞、相关防水做法、管线布置安装等见厂家施工图纸。

（3）需经常维护的集热器周围、检修通道及屋面出入口的集热器之间的人行道应敷设刚性保护层。

（4）太阳能集热器与贮水箱相连的管线需穿过屋面时，应预埋相应的穿线管，并在防水层施工前安设完毕，不应在已做好防水保温的屋面上凿孔打洞。

2）太阳能集热器设置在坡屋面上的要求

（1）建筑设计宜根据太阳能集热器接受阳光的最佳倾角 θ（等于当地纬度+10°）来确定坡屋面的坡度，也可根据太阳能集热器使用季节的不同适当调整。

（2）坡屋面上的集热器宜采用顺坡镶嵌设置或顺坡架空设置。

（3）设置在坡屋面的集热器，其支架应与设计在建筑结构屋面上的预埋件牢固地连接，在预埋件及连接部位按建筑规范做好防水处理。坡屋面上太阳能板基座做法如图 6.12 所示。

（4）太阳能集热器与坡屋面结合处雨水的排放应顺畅。

（5）顺坡镶嵌在坡屋面上的集热器与周围屋面材料连接部位应做好防水构造处理。

（6）太阳能集热器顺坡镶嵌在坡屋面上，不得降低屋面整体的保温、隔热、防水等功能。

（7）顺坡架空在坡屋面上的太阳能集热器与屋面间隙不宜大于 100mm。

（8）坡屋面上集热器与贮水箱相连的管线需穿过坡屋面时，应预埋相应的防水套管，并在屋面防水施工前安设完毕。

（9）为安装、维护方便，在坡屋面屋脊适当位置埋设金属挂钩用来钩系专业安装人员身上的安全带，在屋面适当部位设置上人孔，以方便维护人员检修。

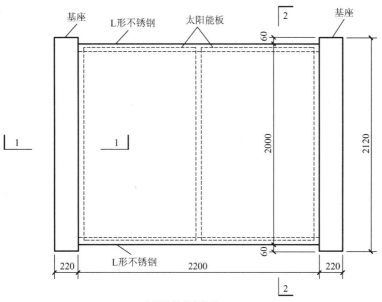

(a) 太阳能板基座做法(1:20)

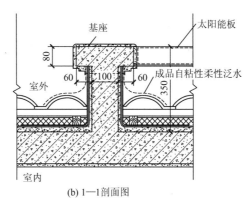

(b) 1—1剖面图

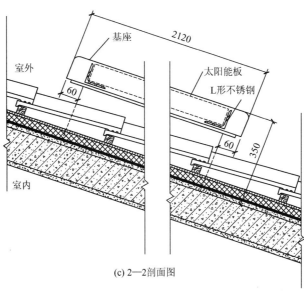

(c) 2—2剖面图

图 6.12　坡屋面上太阳能板基座做法（单位：mm）

任务 6.2 地下建筑防水施工

地下工程防水关键是混凝土结构自防水，要采用防水混凝土并加强施工过程中的管理和控制，以减少裂缝的形成，做好特殊部位（穿墙管、预埋件、施工缝、变形缝、止水带、后浇带）的构造处理，同时内外防水层的处理也很重要。

地下防水设置按位置分为外防和内防，防水层铺贴在室外的称为外防，防水层铺贴在室内的称为内防。外防法分为外贴法和内贴法两种，外贴法是在地下建筑外墙做好后直接将卷材防水层铺贴在外墙上，再做保护层；内贴法是先砌筑保护墙，然后将防水层铺贴在保护墙上，再施工地下建筑外墙的做法。

1. 外防外贴施工工艺流程

外防外贴施工工艺流程如图 6.13 所示。

图 6.13　外防外贴施工工艺流程

2. 外防内贴施工工艺流程

外防内贴施工工艺流程如图 6.14 所示。

图 6.14　外防内贴施工工艺流程

3. 防水混凝土施工要求

（1）防水混凝土的施工配合比应通过试验确定，抗渗等级不低于 S6。

（2）防水混凝土结构底板的混凝土垫层，强度等级不应小于 C15，厚度不应小于 100mm，在软弱土层中不应小于 150mm。

（3）结构厚度不应小于 250mm。

（4）裂缝宽度不得大于 0.2mm，并不得贯通。

（5）迎水面钢筋保护层厚度不应小于 50mm。

（6）防水混凝土应连续浇筑，宜少留施工缝。

（7）防水混凝土终凝后应立即进行养护，养护时间不得少于 14d。

4. 防水层施工

地下建筑防水层种类，包含卷材防水层、砂浆防水层等，其种类及施工要求见表 6-7。

砂浆防水一般称为抹面防水，是一种刚性防水层。防水层水泥砂浆包括普通水泥砂浆、聚合物水泥防水砂浆、掺外加剂或掺合料防水砂浆等，宜采用多层抹压法施工。

表 6-7 地下建筑防水层的种类及施工要求

防水层类别	适用范围及施工条件	施工做法	注意事项
卷材防水层	【卷材防水层注意事项】 【冷粘法施工】 【热熔法施工】 卷材防水层适用于受侵蚀性介质作用，或受振动作用的地下工程需防水的结构。卷材防水层应铺设在混凝土结构主体的迎水面上	（1）地下工程的卷材防水层应采用高聚物改性沥青防水卷材，或合成高分子防水卷材，并应选用与它们材性相容的基层处理剂、胶粘剂、密封材料等配套材料。卷材防水层为一或二层。 （2）铺设卷材防水层时，两幅卷材短边或长边的搭接宽度均不应小于100mm；铺设多层卷材时，上下两层和相邻两幅卷材的接缝应错开1/3～1/2幅宽，上下两层卷材不得相互垂直铺贴。 （3）阴阳角应做成圆弧或45°（135°）折角，并增铺1～2层相同品种的卷材，宽度不宜小于500mm	（1）施工期间必须采取有效措施，使基坑内地下水位稳定降低在底板垫层以下不少于500mm处，直至施工完毕。 （2）卷材防水层应铺在底板垫层上表面，以便形成结构底板、侧墙到墙体顶端以上外围的外包封闭防水层。 （3）铺贴卷材的基层应洁净、平整、坚实、牢固，阴阳角呈圆弧形。 （4）卷材防水层严禁在雨雪天，以及五级风及其以上的条件下施工。 （5）卷材防水层正常施工温度范围为5～35℃；冷粘法施工温度不宜低于5℃，热熔法施工温度不宜低于-10℃。 （6）卷材防水层所用基层处理剂、胶粘剂、密封材料等配套材料，均应与铺贴的卷材材性相容。 （7）卷材防水层所用原材料必须有出厂合格证，复验其主要物理性能必须符合规范规定。 （8）施工人员必须持有防水专业上岗证书
砂浆防水层	（1）小分子防水剂砂浆。该砂浆适用于结构稳定，埋置深度不大，不会因温度或湿度变化、振动等产生有害裂缝的地上及地下防水工程。 （2）掺塑化膨胀剂防水砂浆。该砂浆用途同小分子防水剂砂浆，分格面积可比小分子防水剂砂浆加大。	（1）水泥砂浆防水层应分层铺抹或喷射，铺抹时应压实、抹平，最后一层表面应提浆压光。 （2）聚合物水泥砂浆拌和后应在1h内用完，且施工中不得任意加水。	（1）当工程在地下水位以下施工时，施工前应将水位降到抹面层以下。地表积水应排除。 （2）旧工程维修防水层，应将渗漏水堵好或堵漏。抹面交叉施工，以保证防水层施工顺利进行。

续表

防水层类别	适用范围及施工条件	施工做法	注意事项
砂浆防水层	（3）专用胶乳改性水泥类聚合物水泥砂浆。用途同小分子防水剂砂浆，还可用于受冲击和有振动的防水工程。 （4）专用胶乳加改性水泥面胶粉改性水泥胶粘剂配制的聚合物水泥砂浆。用途同小分子防水剂砂浆，还可用于受冲击和有振动的防水工程及大面积的防水抹面工程	（3）水泥砂浆防水层各层应紧密贴合，每层宜连续施工；如必须留槎时，应采用阶梯坡形槎，但离阴阳角处不得小于200mm；接槎应依层次顺序操作，层层搭接紧密。 （4）水泥砂浆防水层不宜在雨天及五级以上大风中施工。冬季施工时，气温不应低于5℃，且基层表面温度应保持在0℃以上；夏季施工时，不应在35℃以上或烈日照射下施工。 （5）普通水泥砂浆防水层终凝后，应及时进行养护，养护温度不宜低于5℃，养护时间不得少于14d，养护期间应保持湿润。聚合物水泥砂浆防水层未达到硬化状态时，不得浇水养护或直接受雨水冲刷，硬化后应采用干湿交替的养护方法。在潮湿环境中，可在自然条件下养护。使用特种水泥、外加剂、掺合料的防水砂浆，养护应按产品有关规定执行	（3）基层处理十分重要，是保证防水层与基层表面结合牢固、不空鼓和密实不透水的关键。基层处理包括清理、浇水、刷洗、补平等工序，使基层表面保持潮湿、清洁、平整、坚实、粗糙。基层表面的孔洞、缝隙，应用与防水层相同的砂浆堵塞抹平。施工前应将预埋件、穿墙管预留在凹槽内，等嵌填密封材料后再施工防水砂浆层
柔性涂膜防水层	涂料防水层包括无机防水涂料和有机防水涂料，无机防水涂料可选用水泥基防水涂料、水泥基渗透结晶型防水涂料，有机涂料可选用反应型、水乳型、聚合物水泥防水涂料。无机防水涂料宜用于结构主体的背水面，有机防水涂料宜用于结构主体的迎水面。用于背水面的有机防水涂料应具有较高的抗渗性，且与基层有较强的黏结性	（1）涂膜防水层的施工顺序应遵循"先远后近、先高后低、先细部后大面、先立面后平面"的原则，以利于涂膜质量及涂膜的保护。 （2）水乳型涂料和水化反应型涂料的成膜温度不能低于5℃，霜、雪天气不宜进行涂膜施工，露、雨天气不宜进行涂膜施工，因大气层湿度较大，会影响成膜速度。露天作业时，涂层直接遭受露、雨淋冲，会使涂膜受损，甚至会被溶稀冲毁。如若施工时突遇雷阵雨袭来，应立即采取遮盖措施，将已施工的涂层遮盖好。对已被冲蚀的涂层，应在天气好转以后进行重涂，予以补救。大风（五级及以上）天气不宜进行涂膜施工，因气候条件恶劣会影响施工操作质量，尤其是大风易将尘土、灰沙或污染物刮落到涂层上，影响涂膜施工及涂膜质量。已施工的涂层若遇大风，应及时采取遮盖防护措施	（1）基层应坚实，具有一定的强度，清洁干净，表面无浮土、砂粒等污物。 （2）基层表面应平整、光滑、无松动，对于残留的砂浆块或突起物应用铲刀削平，不允许有凹凸不平及起砂现象。 （3）阴阳角处基层应抹成圆弧形；管道、地漏等细部基层也应抹平压光，但要注意管道应高出基层至少20mm，而排水口或地漏应低于防水基层。 （4）基层应干燥，含水率以小于9%为宜。可用厚为1.5~2.0mm的1m²橡胶板材覆盖基层表面，放置2~3h，若覆盖的基层表面无水印，且紧贴基层的橡胶板一侧也无凝结水痕，则基层的含水率即不大于9%；也可用高频水分测定仪测定。

续表

防水层类别	适用范围及施工条件	施 工 做 法	注 意 事 项
柔性涂膜防水层			（5）对于不同种基层衔接部位、施工缝处，以及基层因变形可能开裂或已开裂的部位，均应嵌补缝隙。可铺贴绝缘胶条补强或用伸缩性很强的硫化橡胶条进行补强，若再增加涂膜的涂布遍数，则补强更佳
涂料防水层	防水涂料可采用外防外涂、外防内涂两种做法。水乳型氯丁橡胶沥青防水涂料又名氯丁胶乳沥青防水涂料，其成本低，且具有无毒、无燃爆和施工时无环境污染等特点。其适用范围如下：①地下混凝土工程防潮、抗渗，沼气池防漏气；②厕所、厨房及室内地面防水；③防腐蚀地坪的防水隔离层	阳离子水乳型氯丁橡胶沥青防水涂层，以二布六涂涂层为主。 （1）底涂层施工。将稀释防水涂料均匀涂布于基层找平层上，涂刷时最好选择在无阳光的早晚时间进行，以使涂料有充分的时间向基层毛细孔内渗透，增强涂层对底层的黏结力。干后再涂刷防水涂料 2～3 遍，涂刷涂料时应做到厚度适宜、涂布均匀，不得有流淌、堆积现象，以利于水分蒸发，避免起泡。以下各涂层均按此要求进行施工。 （2）中涂层施工。中涂层为加筋涂层，要铺贴玻璃纤维网格布。施工时可采用干铺法或湿铺法。 （3）面层保护层施工。平面部位可做细石混凝土和水泥砂浆，立面可采用砌砖或粘贴 4～5mm 厚泡沫片材。 （4）施工中，严禁踩踏未干防水层，不准穿带钉鞋操作	（1）涂料的配制及施工，必须严格按涂料的技术要求进行。 （2）涂料防水层的总厚度应符合设计要求，涂刷或喷涂应待前一道涂层实干后进行；涂层必须均匀，不得漏刷漏涂。施工缝接缝宽度不应小于 100mm。 （3）铺贴胎体增强材料时，应使胎体层充分浸透防水涂料，不得有白槎或褶皱。 （4）有机防水涂料施工完后，应及时做好保护层
塑料防水板防水层	塑料防水板可选用乙烯-乙酸乙烯共聚物、乙烯共聚物改性沥青、聚氯乙烯、高密度聚乙烯、低密度聚乙烯类或其他性能相近的材料	（1）铺设防水板前应先铺缓冲层，缓冲层应用暗钉圈固定在基层上。 （2）铺设防水板时，边铺边将其与暗钉圈焊接牢固。两幅防水板的搭接宽度应为 100mm，搭接缝应为双焊缝，单条焊缝的有效焊接宽度不应小于 10mm，焊接严密，不得有焦焊穿。环向铺设时，先拱后墙，下部防水板应压住上部防水板。 （3）防水板的铺设应超前内衬混凝土的施工，其距离宜为 5～20m，并设临时挡板，防止机械损伤和电火花灼伤防水板。 （4）内衬混凝土施工时，振捣棒不得直接接触防水板	（1）塑料防水板应符合下列规定：幅宽宜为 2～4m，厚度宜为 1～2mm，耐刺穿性好，耐久性、耐水性、耐腐蚀性、耐菌性好。 （2）防水板应在初期支护基本稳定并经验收合格后进行铺设。 （3）铺设防水板的基层宜平整、无尖锐物，基层平整度应符合 $D/L = 1/10 \sim 1/6$ 的要求，其中 D 为初期支护基层相邻两凸面凹进去的深度，L 为初期支护基层相邻两凸面间的距离

续表

防水层类别	适用范围及施工条件	施工做法	注意事项
金属防水层	结构内外层均可设置金属板防水层	（1）结构施工前在其内侧设置金属防水层时，金属防水层应与围护结构内的钢筋焊牢，或在金属防水层上焊接一定数量的锚固件。 （2）在结构外设置金属防水层时，金属板应焊在混凝土或砌体的预埋件上。金属防水层经焊缝检查合格后，应将其与结构间的空隙用水泥砂浆灌实。 （3）金属板防水层如先焊成箱体，再整体吊装就位，应在其内部加设临时支撑，防止箱体变形	（1）金属防水层所用的金属板和焊条的规格及材料性能，应符合设计要求。金属板的拼接应采用焊接，拼接焊缝应严密。竖向金属板的垂直接缝应相互错开。 （2）金属板防水层应用临时支撑加固。金属板防水层底板上应预留浇捣孔，并应保证混凝土浇筑密实，待底板混凝土浇筑完后再补焊严密。 （3）金属板防水层应采取防锈措施

水泥砂浆抹面属刚性防水层，刚性防水层质脆、韧性差，在湿度和温度变化的情况下易产生空鼓、开裂现象。为了克服这一缺陷，往往在水泥砂浆中引入聚合物材料进行改性，改性后的砂浆大大提高了水密性，并提高了抗拉、抗折和黏结强度，降低了干缩率，增强了抗裂性能。

5. 保护层施工

地下室防水的保护层，有细石混凝土保护层、水泥砂浆保护层、泡沫塑料保护层和砖墙保护层。

（1）细石混凝土保护层适用于顶板和底板。先以氯丁系胶粘剂（如 404 胶等）花粘虚铺一层石油沥青纸胎油毡作保护隔离层，再在油毡隔离层上浇筑细石混凝土，用于顶板保护层时厚度不应小于 70mm，用于底板保护层时厚度不应小于 50mm。浇筑混凝土时不得损坏油毡隔离层和卷材防水层，如有损坏，应及时用卷材接缝胶粘剂补粘一块卷材将其修补牢固，再继续浇筑细石混凝土。

（2）水泥砂浆保护层适用于立面。在三元乙丙等高分子卷材防水层表面涂刷胶粘剂，以胶粘剂撒粘一层细砂，并用压辊轻轻滚压使细砂粘牢在防水层表面，然后再抹水泥砂浆保护层，使之与防水层能黏结牢固，起到保护立面卷材防水层的作用。

（3）泡沫塑料保护层适用于立面。在立面卷材防水层外侧用氯丁系胶粘剂直接粘贴 5～6mm 厚的聚乙烯泡沫塑料板做保护层，也可以用聚乙酸乙烯乳液粘贴 40mm 厚的聚苯泡沫塑料做保护层。由于这种保护层为轻质材料，故在施工及使用过程中不会损坏卷材防水层。

（4）砖墙保护层适用于立面。在卷材防水层外侧砌筑永久保护墙，并在转角处及每隔

5～6m 处断开，断开的缝中填以卷材条或沥青麻丝；保护墙与卷材防水层之间的空隙应随时以砌筑砂浆填实。要注意在砌砖保护墙时，切勿损坏已完工的卷材防水层。

6. 地下室防水构造大样

地下室防水施工节点主要包括地下室防潮构造处理，地下室防水处理，对施工缝、散水交接点的防水处理。地下室防水构造如图 6.15 所示。

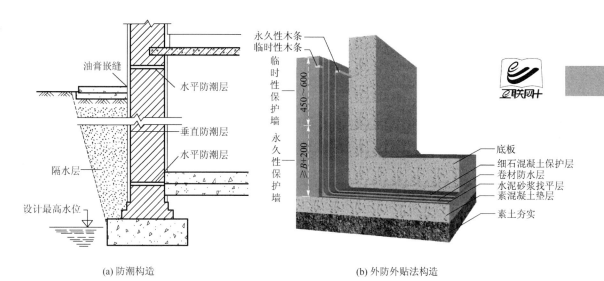

(a) 防潮构造   (b) 外防外贴法构造

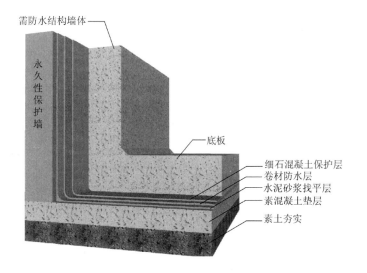

(c) 外防内贴法构造

图 6.15 地下室防水构造

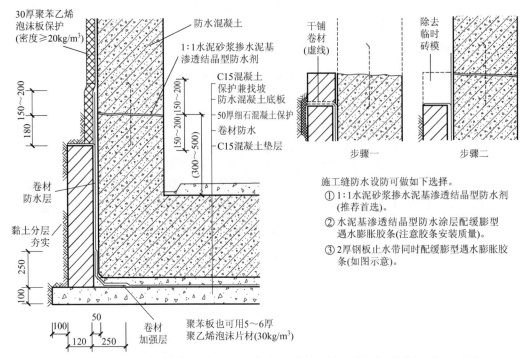

本节点适用于薄质胶粘剂粘贴的卷材，如三元乙丙橡胶防水卷材。建议砖模高度与设计施工缝高度相同。

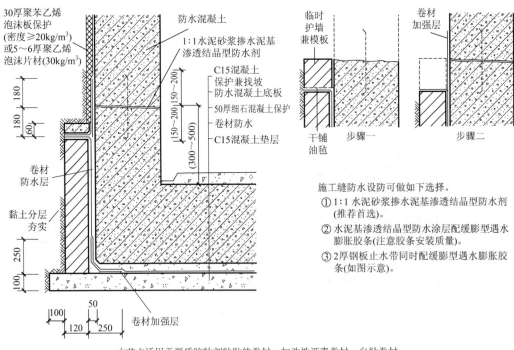

本节点适用于厚质胶粘剂粘贴的卷材，如改性沥青卷材、自粘卷材。

(d) 施工缝处理(单位：mm)

图 6.15　地下室防水构造（续）

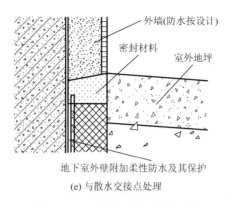

图 6.15　地下室防水构造（续）

任务 6.3　厕浴间防水施工

厕浴间用水频繁，防水处理不好就会出现渗、漏水现象，影响建筑质量及其使用，所以厕浴间和有防水要求的建筑地面必须设置防水隔离层。防水隔离层施工应符合现行国家标准 GB 50209—2010《建筑地面工程施工质量验收规范》、GB 50207—2012《屋面工程质量验收规范》的规定，以及其他相关的国家、行业、地方标准与规范的规定。

1. 厕浴间防水施工工艺流程

厕浴间防水施工工艺流程如图 6.16 所示。

图 6.16　厕浴间防水施工工艺流程

2. 厕浴间防水的一般要求

（1）厕浴间地面防水可采用在水泥类找平层上铺设沥青类防水卷材、防水涂料或水泥类材料防水层，以涂膜防水最佳。

（2）水泥类找平层表面应坚固、洁净、干燥。铺设防水卷材或涂刷涂料前应涂刷基层处理剂，基层处理剂应采用与卷材性能配套（相容）的材料，或采用同类涂料的底子油。

【厕浴间防水的一般要求】

（3）当采用掺有防水剂的水泥类找平层作为防水隔离层时，防水剂的掺入量和水泥强度等级（或配合比）应符合设计要求。

（4）地面防水层应做在面层以下，四周卷起，高出地面不小于 100mm。

（5）地面向地漏处的排水坡度一般为 2%～3%，地漏周围 50mm 范围内的排水坡度为 3%～5%。地漏标高应根据门口至地漏的坡度确定，地漏上口标高应低于周围 20mm 以上，以利排水畅通。地面排水坡度和坡向应正确，不可出现倒坡和低洼现象。

（6）所有穿过防水层的预埋件、紧固件注意联结可靠（空心砌体必要时应将局部用 C10 混凝土填实），其周围均应采用高性能密封材料密封。洁具和配件等设备沿墙周边及地漏口周围、穿墙和地管道周围均应嵌填密封材料，地漏离墙面净距离宜大于或等于 80mm。

（7）轻质隔墙离地 100～150mm 以下应做成 C15 混凝土；混凝土空心砌块砌筑的隔墙，最下一层空心砌块应用 C10 混凝土填实，卫生间防水层宜从地面向上一直做到楼板底，公共浴室还应在平顶粉刷中加做聚合物水泥基防水涂膜，厚度不小于 0.5mm。

3．找平层施工

（1）铺设厕浴间找平层前，必须对立管、套管、地漏及卫生器具的排水与楼板节点之间进行密封处理。

（2）向地漏处找坡的坡度和坡向应正确，不得出现向墙角、墙边及门口等处的倒泛水，也不得出现积水现象。

（3）当找平层厚度小于 30mm 时，应用 1：（2.5～3）（水泥跟砂的体积比）的水泥砂浆做找平层，水泥强度等级不低于 32.5MPa；当找平层厚度大于 30mm 时，应采用细石混凝土做找平层，混凝土强度等级不低于 C20。

（4）找平层与立墙转角均应做成半径为 10mm 的均匀一致的平滑小圆角。

（5）找平层表面应坚固、平整、压光，不得有酥松、起砂和起皮现象。

4．防水层施工

厕浴间地面卷材防水应采用沥青防水卷材或高聚物改性沥青防水卷材，所选用的基层处理剂、胶粘剂应与卷材配套，也可以采用涂料防水。厕浴间防水层种类及施工要求见表 6-8。

表 6-8　厕浴间防水层的种类及施工要求

防水层类别	工 作 要 点	施 工 注 意 事 项
卷材防水	（1）基层（找平层）应符合设计要求，水泥类找平层表面应坚固、洁净、干燥，并应验收合格，办理完工序交接。 （2）与地面找平层相连接的管道、地漏和排水口等安装完毕，并做好密封处理后进行防水层施工。 （3）铺贴卷材采用搭接接头，搭接宜顺排水方向。搭接宽度：沥青防水卷材短边搭接为 100mm，长边搭接为 70mm；高聚物改性沥青防水卷材搭接为 80mm。上下层卷材铺贴方向应一致，不得相互垂直，上下层及相邻两幅卷材的搭接缝应错开。 （4）厕浴间地面铺贴卷材采用满粘法，即卷材与基层（找平层）全部黏结的施工方法。沥青防水卷材可采用热沥青胶粘贴，也可采用冷沥青胶粘贴；高聚物改性沥青防水卷材常采用冷粘法	（1）卷材铺贴前应认真清理基层，使其干净、干燥，并将地漏、排水口临时封堵严密，以免玛碲脂及杂物等落入而堵塞排水管道。 （2）卷材铺贴前应在基层上涂刷沥青冷底子油，涂刷要均匀，不得有空白、麻点和气泡。在四周墙面涂刷的冷底子油应高出地面 100mm；在管根、地漏口、排水口等部位涂刷冷底子油时应仔细，不得漏刷。基层冷底子油干燥后方可铺贴卷材。 （3）因为厕浴间面积小，设备和管道多，排水坡向地漏，所以卷材铺贴前应做好铺贴规划，铺贴时应认真仔细。在管根、地漏口、排水口等处，卷材要套裁整齐，粘贴紧密、封严。 （4）卷材铺贴应黏结牢固、紧密，铺贴平整、顺直，不得有皱折、翘边和鼓泡现象。地面与墙面交接的阴角处应黏结牢固，不得有空鼓。墙面卷材收头应粘贴紧密，封闭严密，与墙面防水层的搭接要封严。

续表

防水层类别	工作要点	施工注意事项
卷材防水		（5）热沥青胶粘贴沥青防水卷材时，热沥青胶的温度不应低于 190℃，面层涂刷热沥青胶的温度不应低于 160℃；绿豆砂在铺撒前应炒干并预热至 50～60℃
涂料防水	（1）基层（找平层）应符合设计要求。水泥类找平层表面应坚固、洁净、干燥（干燥程度视涂料特性确定），并验收合格，办理完交接手续。 （2）与找平层相连接的管道、地漏、排水口等安装完毕，并已做好密封处理后，才能进行防水层施工。 （3）涂膜应根据防水涂料的品种分层分遍涂布，不得一次涂成；每遍涂布应均匀，不得有露底、漏涂和堆积现象。多遍涂布时，应待先涂的涂层干固后再涂布后一遍涂料；两涂层施工的间隔时间不宜过长，以免形成分层。 （4）胎体增强材料铺设采用搭接接头，搭接长度不小于 50mm，搭接宜顺排水方向；两层胎体铺设方向应一致，不得相互垂直铺设，且上下层搭接缝应错开	（1）防水涂料和胎体增强材料等的品种、批号和配合比必须符合设计要求，每批产品进场要有产品合格证，使用前要复验，检验合格后才能使用。 （2）涂膜防水层的平均厚度应符合设计要求，最小厚度不应小于设计厚度的 80%，且不少于 1.5mm。 （3）涂膜防水层与基层应黏结牢固，表面平整，涂刷均匀，无流淌、皱折、鼓泡、露胎体和翘边等缺陷。 （4）涂膜防水层与管件、洁具地脚螺栓、地漏、排水口接缝严密，收头圆滑，不得有渗漏现象。加强层及立面收头要符合工艺要求。 【涂料防水】 （5）防水层应符合排水要求，无明显积水现象。 （6）要做蓄水试验，灌水高度应超过找平层最高点 20mm 以上，蓄水时间不少于 24h，试验结果应无渗漏现象
防水砂浆防水	（1）根据排水坡度要求确定防水砂浆层铺设厚度（最厚厚度），用墨斗在四周墙面标出铺设位置标准线。 （2）在干净湿润的基层上，均匀刷抹一道稀糊状的水泥防水剂素浆作结合层，以提高防水砂浆与基层的黏结力，厚度宜为 2mm。要求用力刷涂 3～4 次，以达到均匀压实填孔的目的。 （3）在结合层未干之前，及时铺抹第一层防水砂浆（找平层），铺抹厚度应保证第二层防水砂浆厚度为 10mm。铺抹方法是：用铁铲将砂浆铺在基层上，初步整平拍实，全部地面一次铺完不留施工缝，然后用刮尺拢平。用塑料抹子压实抹平，搓出毛面。 （4）在第一层防水砂浆初凝前，均匀刷抹一道水泥防水剂素浆结合层，厚 2mm，随后铺抹第二层防水砂浆，厚 8mm。要求压实、抹平、搓毛，以利于地面面层的铺设。	（1）防水砂浆所用材料必须符合设计要求和国家产品标准的规定。 （2）防水砂浆的防水性能和强度等级（或配合比）必须符合设计要求。 （3）防水层厚度应符合设计要求，坡向坡度正确，不得有倒泛水和积水，严禁渗漏。 （4）防水层与底层应黏结牢固，不得有空鼓；表面平整，不得有裂纹、脱皮和起砂等缺陷。

续表

防水层类别	工 作 要 点	施工注意事项
防水砂浆防水	（5）保湿养护，并不得随意上人踩踏。厕浴间地面防水砂浆层的铺设还可以先铺抹 1∶3 水泥砂浆找平层，在其上做厚 2mm 的结合层，水泥防水砂浆层厚为 8mm	（5）防水层表面平整度允许偏差为 3mm

防水卷材及配套材料应有产品合格证书和性能检测报告，材料的品种、规格、性能等应符合现行国家产品标准和设计要求。

厕浴间地面涂料防水应采用高聚物改性沥青防水涂料和合成高分子防水涂料，胎体增强材料常采用玻纤布或无纺布，基层处理剂采用同类涂料稀释的底子油。防水涂料、胎体增强材料及辅助材料，应有产品合格证和性能检测报告，材料的品种、规格、性能等应符合现行国家产品标准和设计要求。

厕浴间地面防水砂浆的防水剂掺入量和强度等级（配合比）应符合设计要求。地面防水层厚度一般为 10mm，分两遍做成；找平层最小厚度一般为 10mm。防水砂浆宜采用机械搅拌，搅拌时间不少于 2min，拌制量以工程需用量和防水砂浆凝结时间确定，防水砂浆使用时间应不超过 60min。

5. 蓄水试验

蓄水高度应超过找平层最高点 20mm 以上，蓄水时间不少于 24h，试验结果应无渗漏现象。

6. 厕浴间防水节点大样

厕浴间平面布置如图 6.17 所示。墙面防水高度、现浇楼板翻边做法应符合设计要求，应对排水沟、立管根周围、立管位置在转角墙处、钢管套、地漏及蹲式大便器、小便槽等节点部位进行防水处理，防水节点大样如图 6.18～图 6.25 所示。

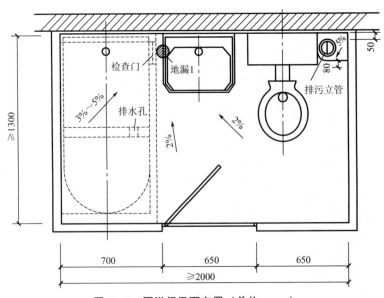

图 6.17　厕浴间平面布置（单位：mm）

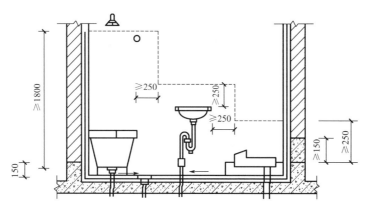

图 6.18 厕浴间墙面防水高度（单位：mm）

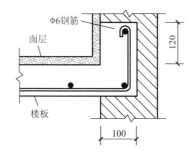

图 6.19 厕浴间现浇楼板翻边做法（单位：mm）

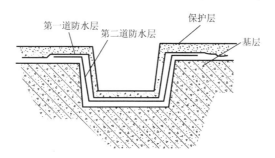

图 6.20 排水沟防水做法

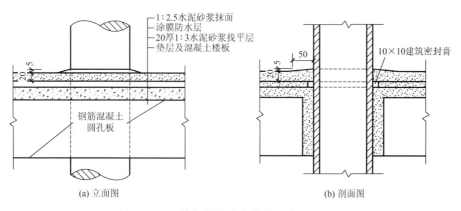

(a) 立面图　　　　　　　　　　(b) 剖面图

图 6.21 立管根周围防水做法（单位：mm）

221

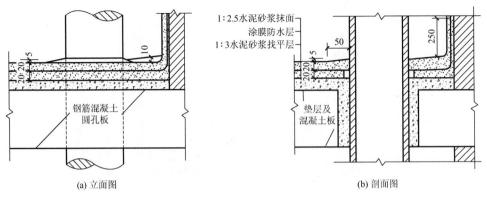

图 6.22 立管位置在转角墙处防水做法（单位：mm）

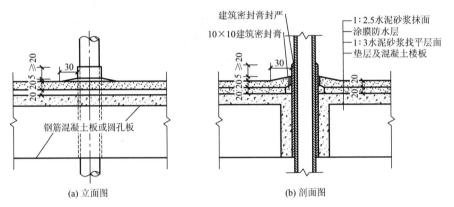

图 6.23 钢套管防水做法（单位：mm）

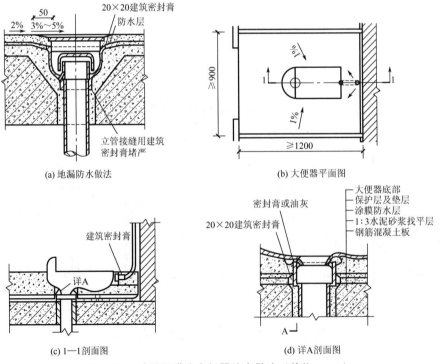

图 6.24 地漏及蹲式大便器防水做法（单位：mm）

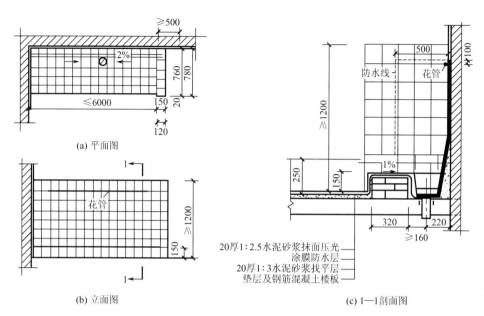

(a) 平面图

(b) 立面图

(c) 1—1剖面图

图 6.25 小便槽防水做法（单位：mm）

任务 6.4 外墙防水施工

1. 外墙防水施工工艺流程

外墙防水施工工艺流程如图 6.26 所示。

图 6.26 外墙防水施工工艺流程

2. 施工要点

（1）外墙发生严重渗漏，与砌体质量密切有关。框架填充外墙，特别是混凝土空心砌块外墙，应采用合格的机制砌块，严格按有关规程要求砌筑。

（2）加气混凝土外墙，应采用配套的砌筑砂浆，严格按有关规程砌筑。外饰面不应采用块材贴面，而应按不同配合比采用薄层过渡，总厚度控制在 15mm，推荐采用涂料饰面，墙面设大分格缝，缝可采用半缝，缝内嵌密封材料。

（3）安装在外墙上的构配件（空调机座、排油烟孔）、管道、螺栓均应预埋，特别是用于混凝土空心砌块墙体时，须在预埋件所在砌块处，用 C15 混凝土预先填实，并在预埋件四周嵌以聚合物水泥砂浆。

（4）外墙门窗洞口四周均应做成实心混凝土或钢筋混凝土。铝合金窗的安装应采用不锈钢或镀锌卡铁联结件，联结件宜用射钉固定于窗洞口内侧；窗樘外侧与外墙饰面连接

处，留 7mm×5mm（宽×深）的凹槽，并嵌填高弹性密封材料。窗樘与墙体之间的空隙，在充分考虑了风压影响（如增强固定点）的前提下，可用发泡聚氨酯封填，注意掌握好填充量。

（5）外墙窗立樘，越靠近外墙皮，窗四周渗漏率越高；窗下口安装空隙要根据室外窗台饰面厚度预留充分，以确保窗下樘雨水能顺畅排出。

（6）外墙变形缝必须做防水处理，包括缝两侧为双道实墙者。

（7）外墙防水层主要采用聚合物水泥砂浆和聚合物水泥基防水涂膜。外墙饰面砖应用聚合物水泥砂浆或聚合物水泥浆作薄层粘贴，并满浆勾缝封严。采用憎水性材料的防水层，不宜再粘贴其他饰面材料。

（8）外墙面防水设防标准见表 6-9。

表 6-9　外墙面防水设防标准　　　　　　　　　　　单位：mm

项　　目	设 防 标 准	
	做法一	做法二
适用范围	重要的建筑、高层建筑，采用面砖、高级涂料等饰面，对防水有较高要求	较重要的公共建筑或住宅，采用面砖、马赛克、涂料等饰面
设防要求最小厚度	防水砂浆 20mm 厚、聚合物水泥砂浆 7.0mm 厚或聚合物水泥基防水涂料 1.0mm 厚	防水砂浆 15mm 厚、聚合物水泥砂浆 5.0mm 厚或聚合物水泥基防水涂料 0.8mm 厚

3. 质量检查

（1）裂缝产生的原因及防治措施见表 6-10。

表 6-10　裂缝产生的原因及防治措施

裂缝产生的部位	裂缝产生的原因	裂缝防治的措施
墙柱交界处纵向裂缝	（1）墙柱间隙过大； （2）砌块与柱间灰缝不饱满； （3）砌块收缩（含水率大、未到28d龄期）； （4）砂浆干缩； （5）未按规定设置拉结钢筋； （6）抹灰层干缩	① 砌块靠紧柱壁，减少灰缝厚度； ② 改善砂浆和易性，砌筑时灰缝饱满密实； ③ 控制砌块含水率、龄期； ④ 控制抹灰层厚度、配合比、操作严格； ⑤ 砌墙时按规定锚入拉结筋； ⑥ 沿墙柱交界处挂钢丝网或纤维布防裂
墙梁交界处水平裂缝	（7）最上皮砌块未顶紧梁； （8）砌体沉缩过大； （9）墙梁交界处灰缝不饱满； （10）墙梁交界处灰缝过厚	同②、③、④； ⑦ 采用实心辅助砌块斜砌，砌块顶端满铺砂浆顶紧梁底； ⑧ 控制日砌高度及顶层填砌时间； ⑨ 沿墙梁交界处挂钢丝网或纤维布防裂

续表

裂缝产生的部位	裂缝产生的原因	裂缝防治的措施
墙中部砌块周围裂缝、台阶形裂缝、纵横向裂缝	(11) 砌体收缩不匀（砌块、灰缝、抹灰层干缩变形不一）； (12) 采用不同材料砌筑； (13) 砌体沉降不均匀	同②、③、④、⑧； ⑩ 控制墙体长度，或加构造柱； ⑪ 加钢丝网或纤维布防裂； ⑫ 用相同材料砌筑、填塞
表面不规则小裂缝	(14) 抹灰过厚过早，未分层操作； (15) 灰浆配比不当，用灰量过大	同④
抹灰层与基层剥离	(16) 抹灰层与基层干湿变形、温度变形不一致； (17) 基层与抹灰黏结力低或未粘牢	同④、⑪； ⑬ 清理砌体表面浮灰和污物，进行基层打底处理； ⑭ 控制基层含水率，适量洒水或干燥数日再抹灰； ⑮ 抹灰层与基层材质相适应
墙与地面交界处水平裂缝	(18) 第一皮砌块下未铺砂浆或砂浆不饱满	⑯ 满铺砂浆，砌块坐浆饱满
埋设暗管、暗线处裂缝	同 (6)、(14)、(15)； (19) 砂浆填塞不紧固	⑰ 填塞砂浆固化后再抹灰，并沿线管位置加防裂网
女儿墙与屋面交界处裂缝	(20) 构造不合理、施工不当； (21) 墙体与屋面不同材料的干湿、温差引起的变形不同	同⑪； ⑱ 做好屋面隔热层和女儿墙交接处的留缝和防水处理，严格按构造措施做好交接处的砌筑，减少温度应力，在现浇屋面时反高 300mm 或采用钢筋混凝土女儿墙
门窗洞边角处裂缝	同 (3)、(4)、(12)、(19)、(20)	同②、⑪； ⑲ 窗台板或过梁应坐浆饱满、垫平； ⑳ 加筋、加边框

（2）渗漏产生的原因及防治措施见表 6-11。

表 6-11　渗漏产生的原因及防治措施

渗漏产生的部位	渗漏产生的原因	渗漏防治措施
外墙砌体与梁、板、柱的连接处	(1) 见表 6-10 所列墙体裂缝所形成的流水通道	① 见表 6-10 所列裂缝防止的措施①~⑨、⑯； ② 用防水砂浆填充、堵塞墙体交接处的缝隙和孔洞，用防水砂浆抹灰或用密封胶嵌塞； ③ 封口采用压力喷浆法施工

续表

渗漏产生的部位	渗漏产生的原因	渗漏防治措施
外墙与门、窗框四周连接处	(2) 门窗框与墙体有缝隙; (3) 窗台有裂纹或与窗框之间有缝隙; (4) 构造不合理出现倒泛水; (5) 铝合金门窗与外墙接缝处未填密封胶	④ 门窗框周边与墙体间采用1:2水泥砂浆或防水砂浆填密实; ⑤ 窗台必须铺设钢筋并用水泥砂浆抹平; ⑥ 门窗顶、天篷、窗楣、窗台抹灰坡度合理,做好滴水; ⑦ 铝框四周与墙体之间用玻璃防水胶密封,铝框安装必须符合有关要求
外墙面	(6) 砌体有裂缝、孔隙; (7) 抹灰层有裂缝、空鼓; (8) 装饰贴面内部有孔隙; (9) 灰缝不饱满	⑧ 见表6-10所列裂缝防止的措施①~⑯; ⑨ 采用防水砂浆抹灰、进行基层刮浆处理等; ⑩ 外墙粘贴瓷片,胶料必须饱满,不得留有孔隙; ⑪ 瓷片间缝隙必须用压缝工具压实
外墙阳台处	(10) 构造不合理水倒灌; (11) 无挡水措施; (12) 施工处理不当、密封不严	⑫ 阳台地面应比室内地面低,铝门框内外注密封胶; ⑬ 室内铺木地板,应在阳台门口设石质挡水条或拦水基; ⑭ 阳台落水坡度明显,排水要通畅; ⑮ 阳台底做好滴水
女儿墙与屋面结合处	(13) 构造不合理; (14) 施工处理不当; (15) 表6-10裂缝产生的原因(20)、(21),形成贯穿墙体的漏水通道	⑯ 女儿墙与屋面阴角处做好圆角泛水; ⑰ 女儿墙做好钢筋混凝土压顶,并做好抹灰坡度(应向内坡)和滴水; ⑱ 见表6-10所列裂缝防止的措施⑪、⑱
卫生间、厨厕墙体、竖井、管道	(16) 管道、水池渗漏; (17) 积水、排水不畅	⑲ 地面做防水处理,防水层翻上墙面200mm,坡向地漏消除积水; ⑳ 墙面抹防水砂浆、贴瓷片等; ㉑ 密封管道接头,消除漏水

项目小结

项目	工作任务	能力目标	基本要求	主要知识点	任务成果
防水工程施工	屋面防水工程施工	（1）了解屋面构造层次； （2）掌握屋面防水施工工艺和方法； （3）了解种植屋面和太阳能屋面的构造和施工要求	掌握	（1）屋面找平层、防水层、保护层种类及施工要求； （2）卷材防水屋面、涂膜防水屋面节点构造大样	（1）掌握卷材防水屋面节点构造大样； （2）绘制地下室防潮构造、防水构造详图
	地下建筑防水施工	（1）掌握地下建筑防水施工工艺和方法； （2）了解地下室防水、防潮的构造措施	掌握	（1）地下工程防水施工防水层种类及施工要求； （2）地下室防水构造大样	
	厕浴间防水施工	（1）掌握厕浴间防水施工工艺和方法； （2）了解厕浴间防水的构造措施和节点处理	掌握	（1）厕浴间找平层、防水层施工要求； （2）厕浴间防水节点大样	
	外墙防水施工	（1）掌握外墙防水施工工艺和方法； （2）掌握外墙裂缝、渗漏产生的原因和处理措施	熟悉	（1）外墙防水施工构造要点； （2）外墙防裂、防渗漏措施	

思考与训练

一、单选题

1. 种植屋面的防水层，宜采用（ ）的防水方案。

A. 柔性防水层   B. 涂膜防水层

C. 刚柔结合   D. 细石混凝土防水层

2. 防水层完工后，平屋面可采用蓄水试验，蓄水深度宜大于50mm，蓄水时间不宜少于（ ）。

A. 18h   B. 24h   C. 36h   D. 48h

3. 卷材铺设方向应根据屋面坡度和屋面是否受振动确定，屋面坡度小于3%时，卷材宜（ ）铺贴。

A. 平行于屋脊   B. 平行或垂直于屋脊

C. 垂直于屋脊   D. 固定满粘于屋脊

4. 厕浴间地面防水可采用在水泥类找平层上铺设沥青类防水卷材、防水涂料或水泥类材料防水等方法,其中以(   )最佳。

A. 细石混凝土防水   B. 沥青类防水卷材

C. 涂膜防水   D. 刚性防水

5. 卷材防水层上的撒布材料和浅色涂料保护层应铺撒或涂刷均匀,黏结牢固,水泥砂浆、块材或细石混凝土保护层与卷材防水层间应设置(   )。

A. 结合层   B. 找平层   C. 保护层   D. 隔离层

二、判断题

1. 细石混凝土保护层适宜顶板和底板使用。   (   )

2. 找平层基层与突出屋面结构的交接处和基层的转角处,均应做成圆弧形,且整齐平顺。   (   )

3. 采用多层卷材时,上下两层和相邻两幅卷材的接缝应错开1/3幅宽,且两层卷材不得相互垂直铺贴。   (   )

4. 防水卷材主要包括沥青防水卷材、高聚物改性沥青防水卷材和高聚物防水卷材三大系列,其中沥青防水卷材是传统的防水材料,成本较低,且使用年限较长。   (   )

5. 卷材防水层应铺设在混凝土结构主体的背水面上。   (   )

6. 外墙饰面砖应用聚合物水泥砂浆或聚合物水泥浆作薄层粘贴,并满浆勾缝封严。采用憎水性材料的防水层,不宜再粘贴其他饰面材料。   (   )

三、简答题

1. 请画出种植屋面的防水构造大样,并写出这种屋面施工时的注意事项。

2. 请画出地下室防潮构造、防水构造的详图。两种构造的区别是什么?

项目 **7** 装饰装修工程施工

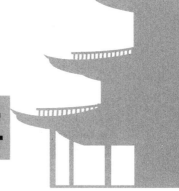

项目任务

通过学习，初步了解并掌握装饰装修工程中通常采用的抹灰工程、饰面板（砖）工程、楼地面工程、门窗工程、吊顶工程、轻质隔墙工程、涂饰工程、幕墙工程的施工过程，了解不同装饰装修工程的特点。

项目导读

某 10 层写字楼现进行装修项目施工，作为现场施工员，请合理安排施工顺序，并针对不同装修部位制定施工方案。

能力目标

（1）通过学习，熟悉一般建筑装饰装修工程的施工过程，并能组织一般的具体实施活动；

（2）具有一般建筑装饰装修工程现场施工员和监理员的工作能力。

任务 7.1 抹灰工程施工

7.1.1 一般抹灰施工

一般抹灰是指采用石灰砂浆、混合砂浆、聚合物水泥砂浆、麻刀灰、纸筋灰等进行建筑物的面层抹灰和石膏浆罩面，并压实赶光的做法。一般抹灰按等级，可分为高级抹灰、中级抹灰、普通抹灰。当工程设计无要求时，按普通抹灰验收。一般抹灰常用的工具如图 7.1 所示。

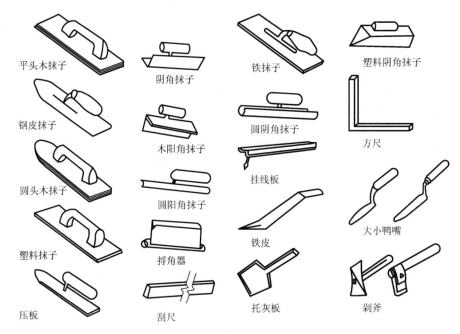

平头木抹子 阴角抹子 铁抹子 塑料阴角抹子
钢皮抹子 木阳角抹子 圆阴角抹子 方尺
圆头木抹子 圆阳角抹子 挂线板
塑料抹子 捋角器 铁皮 大小鸭嘴
压板 刮尺 托灰板 剁斧

图 7.1 一般抹灰常用的工具

1. 一般抹灰施工工艺流程

一般抹灰施工工艺流程如图 7.2 所示。

基层处理 → 找规矩、做灰饼、标筋 → 阳角做护角 → 抹底灰、中灰、面灰

图 7.2 一般抹灰施工工艺流程

2. 施工要点

一般抹灰施工的施工顺序应遵循"先室外后室内、先上后下、先顶棚后墙地"的原则，重点做好以下方面。

1）基层处理

对于抹灰工程的基层处理，应注意以下方面。

（1）抹灰前基层表面的灰尘、污垢和油渍等应清除干净，并洒水湿润。针对不同的墙体材料，应注意选择不同的湿润措施。

（2）对表面光滑的基层应进行"毛化处理"，常规做法为：在浇水湿润后，用 1∶1 水泥细砂浆（内掺 20％107 胶）喷洒或用扫帚将砂浆甩到墙面上，甩点要均匀，终凝后洒水养护，直到水泥砂浆疙瘩全部粘满光滑表面，并有较高强度，用手掰不动为宜。

2）找规矩、做灰饼、标筋

对内墙找规矩，即在室内抹灰前，为了控制房间的方正，先在地面弹出十字线，再由十字线向四周放出地面"20 线"，然后依据墙面的实际平整度和垂直度及抹灰总厚度规定，与找方线进行比较，以决定抹灰的厚度，从而找到一个抹灰的假想平面。将此平面与相邻墙面的交线弹于相邻的墙面上，以此作为墙面抹灰的基准线，并以此为标志作为标筋的厚度标准。图 7.3 所示为灰饼和标筋。

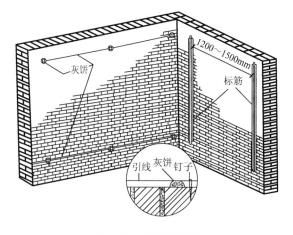

图 7.3　灰饼和标筋

【抹灰】

外墙抹灰找规矩的方法与内墙的基本相同，但要在相邻两个抹灰面相交处挂垂线。由于一般外墙抹灰面积大，另外还有门窗、阳台、明柱等，因此外墙抹灰找规矩比内墙更重要，要在四角先挂好自上而下的垂直线（多层及高层楼房应用钢丝线垂下），然后根据抹灰的厚度弹上控制线，再拉水平通线，并弹出水平线做标志块，然后做标筋。

做灰饼，即做抹灰标志块。在距顶棚、墙阴角约 20cm 处，用水泥砂浆或混合砂浆各做一个标志块，厚度为抹灰层厚度，大小为 5cm² 见方。以这两个标志块为标准，再用托线板靠、吊垂直确定墙下部对应的两个标志块的厚度，其位置在踢脚板上口，使上下两个标志块在一条垂直线上。标准标志块做好后，再在标志块的附近墙面钉上钉子，拉上水平通线，然后按间距 1.2～1.5m 做若干标志块。

做标筋，即在上下两个标志块之间先抹出一长条梯形灰埂，其宽度为 10cm 左右，厚度与标志块相同，作为墙面抹灰填平的标准。

3）抹底灰、中灰、面灰

抹灰工程应分层进行，一般抹灰通常分为三层，如图 7.4 所示。待标筋达到一定强度后（刮尺操作不致损坏或七八成干）即可抹底层灰。抹底层灰可用托灰板盛砂浆，用力将砂浆推抹到墙面上，一般应从上而下进行。

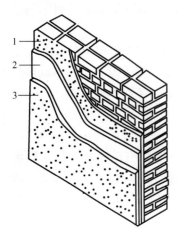

图 7.4　抹灰的组成

1—底层；2—中层；3—面层

底层灰六七成干（用手指按压有指印但不软）时即可抹中层灰。操作时一般按自上而下、从左向右的顺序进行。

在中层灰六七成干后即可抹罩面灰。先在中层灰上洒水，然后将面层砂浆分遍均匀抹涂上去，一般也应按从上而下、从左向右的顺序。抹满后，用铁抹子分遍压实压光。外墙抹灰分格缝的设置应符合设计要求，宽度和深度应均匀，表面应光滑，棱角应整齐。

各抹灰层之间必须黏结牢固，抹灰层应无脱层、空鼓，面层应无爆灰和裂缝。护角、孔洞、槽、盒周围的抹灰表面应整齐、光滑；管道后面的抹灰表面应平整。

在此过程中应注意配合，用阴阳角方尺检查阴阳角的直角度，并检查垂直度，然后确定抹灰厚度，浇水湿润。用木制阴角器和阳角器分别进行阴阳角处抹灰，先抹底层灰，使其基本达到直角，再抹中层灰，使阴阳角方正。

当抹灰总厚度大于或等于 35mm 时，应采取加强措施。不同材料基体交接处表面的抹灰应采取防止开裂的加强措施，当采用加强网时，加强网与各基体的搭接宽度不应小于 100mm。

7.1.2　装饰抹灰施工

装饰抹灰是指利用材料特点和工艺处理，使抹灰面具有特定的质感、纹理及色泽效果的抹灰类型和施工方式。装饰抹灰的底层和中层与一般抹灰相同，但面层材料有区别，装饰抹灰的面层材料主要有水泥石子浆、水泥色浆等。常见的装饰抹灰类型有水刷石、斩假石、干粘石、假面砖等装饰抹灰工程。

1. 水刷石

水刷石饰面是用水泥和石子等加水搅拌，抹在建筑物表面上，半凝固后，用喷枪、水壶喷水，或者用硬毛刷蘸水，刷去表面的水泥浆，使石子半露的一种装饰方法。其朴实淡雅、经久耐用、装饰效果好，如图 7.5 所示。但水刷石浪费水资源，并对环境有污染，应尽量减少使用。

图 7.5　水刷石饰面效果

（1）水刷石施工工艺流程如图7.6所示。

| 基层处理 | → | 抹底层灰、中层灰 | → | 按标筋标准抹中层找平砂浆 | → | 弹线、粘贴分格条 | → | 抹面层石粒浆 | → | 刷洗面层 | → | 养护 |

图 7.6　水刷石施工工艺流程

（2）施工要点。

① 基层处理。水刷石装饰抹灰其基层处理方法与一般抹灰基层处理方法相同。但因水刷石装饰抹灰底、中层及面层总的平均厚度较一般抹灰为厚，且比较重，所以要认真将基层表面酥松部分去掉后再洒水润墙。

② 抹底层灰、中层灰。抹底层灰前为增加黏结强度，先在基层上刷一遍1∶2水泥砂浆，稍收水后将其表面刮毛，再找规矩，先做上排的灰饼，再吊垂直线和横向拉通线，补做中间和下排的灰饼和标筋。

③ 按标筋标准抹中层找平砂浆。砂浆的配合比通常为1∶（2.5～3）。找平层必须刮平搓毛，并用托线板检查平整度，因为找平层的平整度直接影响饰面层的质量。

④ 弹线、粘贴分格条（图7.7）。水刷石的分格是避免施工接槎的一种措施，同时便于面层分块分段进行操作。粘贴用素水泥浆，水泥浆不宜超过分格条，超出的部分要刮掉。

⑤ 抹面层石粒浆。先刷素水泥浆一道，随即抹面层石粒浆，石粒浆稠度以5～7cm为宜。石粒应颗粒均匀、坚硬，色泽一致、洁净。抹面层时，应一次成活，随抹随用铁抹子压紧、揉实。每一块方格内应自下而上进行涂抹，抹完一块后，用直尺检查其平整度，不平处应及时修补并压实平整。同一平面的面层要求一次完成，不宜留施工缝。

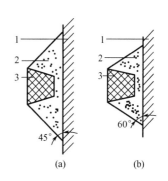

图 7.7　粘贴分格条
1—基体；2—水泥浆；3—分格条

⑥ 刷洗面层。刷洗分两遍进行：第一遍先用软毛刷蘸水刷掉面层水泥浆露出石渣；第二遍紧跟着用手压喷浆机或喷雾器将四周相邻部位喷湿，然后按从上往下的顺序喷水，使石渣清晰可见、分布均匀即可。

2. 斩假石

斩假石又称人造假石、剁斧石，是在水泥砂浆基层上涂抹水泥石子浆，待其凝结硬化具有一定强度后，用斧子及各种凿子等工具，在面层上剁斩出类似石材雕琢效果的一种人造石料装饰方法，如图7.8所示。它既具有貌似真石的质感，又具有精工细作的特征，适用于外墙面、勒脚、室外台阶和地坪等建筑装饰工艺。斩假石饰面质朴素雅、美观大方，但因是手工操作，所以工效较低。

斩假石施工工艺流程如图7.9所示。

除了抹面水泥石粒浆和斩剁面层外，其余工艺均同水刷石施工。

图 7.8　斩假石实例

图 7.9　斩假石施工工艺流程

任务 7.2　饰面板（砖）工程施工

【面砖种类】

　　饰面板（砖）工程是指将大小不同的板（砖）材料采取镶贴或挂贴安装的方法固定到建筑结构的表面，达到美化环境、保护结构和满足使用功能等作用。一般而言，饰面材料按用材可分为两类：一是板材类，如天然大理石、花岗岩、人造石及金属饰面板材等；二是砖材类，如瓷砖、陶瓷玻璃锦砖等。

7.2.1　直接镶贴饰面砖施工

　　直接镶贴饰面砖施工除一般抹灰常用的手工工具外，根据饰面的不同，还需要一些专用的手工工具，如开刀、合成錾子、扁錾、方头錾、硬木拍板、橡胶锤、木锤、手锤、胡桃钳、铁铲、手动切割器等，如图 7.10 所示。

　　1. 直接镶贴饰面砖施工工艺流程

　　直接镶贴饰面砖施工工艺流程如图 7.11 所示。

　　2. 施工要点

　　（1）基层处理、吊垂线、套方、找规矩、贴灰饼及抹底灰。按一般抹灰的方法进行，抹灰面积较大时，不易压光罩面层的抹纹，所以一般用木抹子搓成毛面。

　　（2）弹线分格。按图纸要求及饰面砖规格，在找平层上用墨线弹出饰面砖分格线。弹线前应根据镶贴墙面长、宽尺寸（找平后的精确尺寸），将纵、横面砖的皮数划出皮数杆，定出水平标准。最好从墙面一侧端部开始，以便将不足模数的面砖贴于阴角或阳角处。弹线分格如图 7.12 所示。

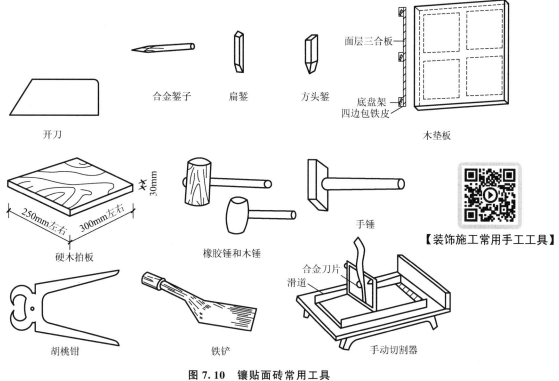

开刀　　合金錾子　　扁錾　　方头錾　　面层三合板　　底盘架　　四边包铁皮　　木垫板

硬木拍板　　橡胶锤和木锤　　手锤　　【装饰施工常用手工工具】

胡桃钳　　铁铲　　合金刀片　　滑道　　手动切割器

图 7.10　镶贴面砖常用工具

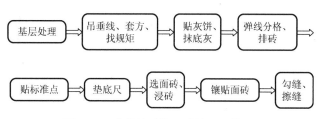

基层处理 → 吊垂线、套方、找规矩 → 贴灰饼、抹底灰 → 弹线分格、排砖 →

贴标准点 → 垫底尺 → 选面砖、浸砖 → 镶贴面砖 → 勾缝、擦缝

【墙面板(砖)施工工艺】

图 7.11　直接镶贴饰面砖施工工艺流程

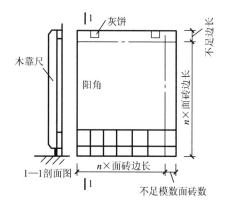

图 7.12　弹线分格

（3）贴标准点。用废面砖贴标准点，在墙面上下左右合适位置做标志，并以砖棱角作为基准线，上下靠尺吊垂直，横向用靠尺或细线拉平，用于控制饰面砖的表面平整度。阳角处除正面做标志物外，靠阳角的侧面也要挂直，即所谓的双面挂直，如图 7.13 所示。

（4）选面砖、浸砖。在镶贴面砖前，应按设计要求挑选颜色、规格一致的砖；由于内墙饰面砖大多数为釉面砖，吸水率较高，浸泡时，应将面砖清洁干净，放入净水中浸泡 2h 以上，取出待表面晾干或擦干净后方可使用。

（5）镶贴面砖。面砖镶贴的方式有离缝式和无缝式两种。内墙面砖镶贴排列方法，主要有直缝镶贴和错缝镶贴两种，如图 7.14 所示。

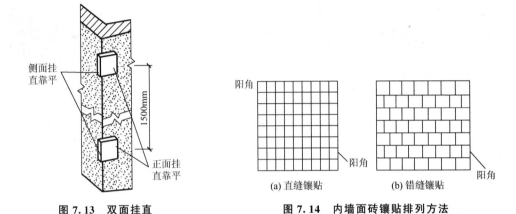

图 7.13　双面挂直　　　　　　图 7.14　内墙面砖镶贴排列方法

镶贴面砖应自下而上进行铺贴。抹水泥结合层要刮平，亏灰时应取下重贴。在镶贴施工的过程中，应随粘贴、随敲击、随用靠尺检查表面平整度和垂直度，并注意保证缝隙宽度的一致性。如果遇到面砖几何尺寸差异较大，应注意在铺贴中随时调整。最佳的调整方法是将相近尺寸的饰面砖贴在一排上，但镶最上面一排时，应保证面砖上口平直，以便最后贴压条砖。无压条砖时，最好在上口贴圆角面砖（图 7.15），或将面砖贴至吊顶面以上。卫生间设备处面砖镶贴示意如图 7.16 所示。

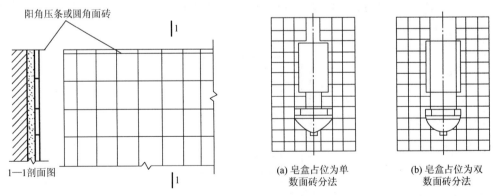

图 7.15　圆角面砖铺贴　　　　　　图 7.16　卫生间设备处面砖镶贴示意

（6）勾缝、擦缝。面砖镶贴完毕后，应立即对砖面进行清洁，并经自检无空鼓、不平顺后，用勾缝胶、白水泥或拍干水泥勾缝或擦缝，并将完成的面砖再次清理干净。釉面内墙砖镶贴装饰的基本构造做法如图 7.17 所示。

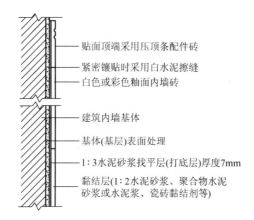

图 7.17　釉面内墙砖镶贴装饰的基本构造做法

上述方法主要适用于内墙饰面砖的施工，外墙饰面砖的施工方法大致与之相同，但一般而言，外墙饰面砖的吸水率较内墙饰面砖小，故在粘贴前做一般的浸泡即可，其他工序与内墙饰面砖相同。

7.2.2　陶瓷锦砖施工

1. 陶瓷锦砖施工工艺流程

陶瓷锦砖又称陶瓷马赛克，其施工工艺流程如图 7.18 所示。

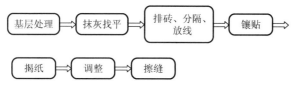

图 7.18　陶瓷锦砖施工工艺流程

2. 施工要点

（1）排砖、分格和放线。陶瓷锦砖的施工排砖、分格，是按照设计要求，根据门窗洞口横竖装饰线条的布置，首先明确墙角、墙垛、出檐、线条、分格、窗台、窗套等节点的细部处理，按整砖模数排砖确定分格线。

（2）镶贴施工。镶贴陶瓷锦砖饰面时，一般由下而上进行，按已弹好的水平线安放八字靠尺或直靠尺，并用水平尺校正垫平。上述工作完成后，即可在黏结层上铺贴陶瓷锦砖。图 7.19 所示为缝中灌砂做法。

（3）揭纸。揭纸后要检查缝的大小，不合要求的缝必须拨正，调整砖缝的工作，要在黏结层砂浆初凝前进行。

（4）擦缝。待黏结水泥浆凝固后，用

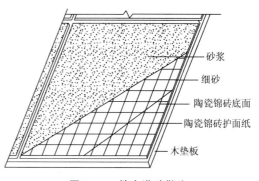

图 7.19　缝中灌砂做法

素水泥浆找补擦缝。其方法是先用橡胶刮板将水泥浆在陶瓷锦砖表面刮一遍，嵌实缝隙，接着加些干水泥，进一步找补擦缝，全面清理擦干净后，次日喷水养护。浅色陶瓷锦砖擦缝用水泥应为白水泥。

7.2.3 石材饰面板施工

石材饰面板的施工，主要包括天然石材和人造石材的施工。主要的施工方法有传统的湿作业灌浆法和干挂法。

1. 湿作业灌浆法

湿作业灌浆法分为两种：绑扎固定灌浆法和金属件锚固灌浆法。

1）绑扎固定灌浆法

（1）绑扎固定灌浆法施工工艺流程。

绑扎固定灌浆法施工工艺流程如图 7.20 所示。

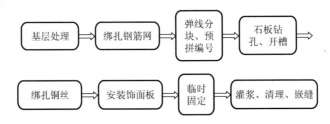

图 7.20 绑扎固定灌浆法施工工艺流程

（2）施工要点。

① 基层处理、绑扎钢筋网。按施工大样图要求的横竖距离焊接或绑扎安装用的钢筋骨架，如图 7.21 所示。

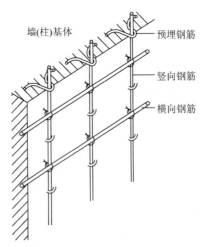

图 7.21 绑扎钢筋骨架构造

② 弹线分块、预拼编号、石板钻孔、开槽、绑扎铜丝。在板材截面上钻孔打眼，孔径 5mm 左右，孔深 15～20mm，孔位一般距板材两端 $L/3～L/4$，其中 L 为边长。钻孔后，用合金钢錾子在板材背面与直孔正面轻轻打凿，剔出深 4mm 的小槽，以便挂丝时绑扎丝

不露出，以免造成拼缝间隙。近年来，也有在装饰板材厚度面上与背面的边长 $L/3\sim L/4$ 处锯三角形锯口，在锯口内挂丝。饰面石板的钻孔和开槽示意如图 7.22 所示。挂丝宜用铜丝，因铁丝易腐蚀锈断，镀锌铝丝在拧紧时镀层易损坏，在灌浆不密实、勾缝不严的情况下也会很快锈断。

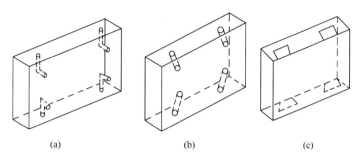

(a)　　　　　　(b)　　　　　　(c)

图 7.22　饰面石板的钻孔和开槽示意

③ 安装饰面板。安装饰面板时首先应确定下部第一层板的安装位置。图 7.23 所示为钢筋网片绑扎固定法。

④ 临时固定。板材自上而下安装完毕后，为防止水泥砂浆灌缝时板材游走、错位，必须采取临时固定措施。例如，柱面固定可用方木或小角钢，依柱饰面截面尺寸略大 30～50mm 夹牢，然后用木楔塞紧，如图 7.24 所示。

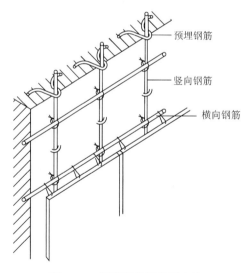

图 7.23　钢筋网片绑扎固定法

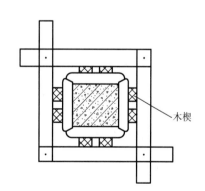

图 7.24　柱饰面临时固定夹具

⑤ 灌浆。板材经过校正垂直、平整和方正，并临时固定完毕后，即可进行灌浆。灌浆一般采用 1:3 的水泥砂浆，其稠度为 5～15cm，将砂浆向板材背面与基体间的缝隙中徐徐注入。

⑥ 清理。第三次灌浆完毕，待砂浆初凝后，即可清理板材上口的余浆，并用棉丝擦拭干净，隔天再清理板材上口木楔和有碍安装上层板材的石膏。

⑦ 嵌缝。全部板材安装完毕后，应将表面清理干净，并按板材颜色调制水泥色浆进行嵌缝，边嵌缝边擦干净，使缝隙密实干净、颜色一致。安装固定后的板材，如面层光泽

受到影响，要重新打蜡上光，并采取临时措施保护其棱角，直至交付使用。

2）金属件锚固灌浆法

这种施工方法与钢筋网片锚固法大体相同，是对传统安装方法的改进，其不同之处在于它是将饰面板以不锈钢钩直接楔固于墙体之上。

（1）金属件锚固灌浆法施工工艺流程。

金属件锚固灌浆法的施工工艺流程如图 7.25 所示。

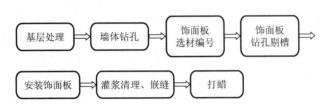

图 7.25　金属件锚固灌浆法施工工艺流程

（2）施工要点。

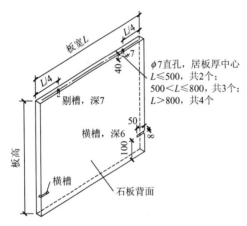

图 7.26　饰面板钻孔剔槽（单位：mm）

① 饰面板钻孔剔槽（图 7.26）。先在板厚度中心打深为 7mm 的直孔。板长 $L \leqslant 500$mm 的钻 2 个孔，500mm$< L \leqslant 800$mm 的钻 3 个孔，$L > 800$mm 的钻 4 个孔。钻孔后，再在饰面板两个侧边下部开直径 8mm 的横槽各一个。

② 安装饰面板。饰面板须由下向上进行安装，方法有以下两种。

第一种方法是先将饰面板安放就位，将直径 6mm 的不锈钢斜脚直角钩（图 7.27）刷胶，把 45°斜角一端插入墙体斜洞内，直角钩一端插入石板顶边的直孔内，同时将不锈钢斜角 T 形钉

（图 7.28）刷胶，斜脚放入墙体内，T 形一端扣入石板直径 8mm 的横槽内，最后用大头硬木楔楔入石板与墙体之间，将石板固定牢靠，石板固定后将木楔取出。

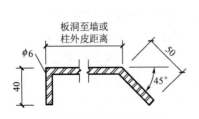

图 7.27　不锈钢斜角直角钩（单位：mm）

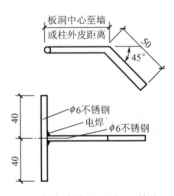

图 7.28　不锈钢斜角 T 形钉（单位：mm）

第二种方法是将不锈钢斜脚直角钩改为不锈钢直角钩，不锈钢斜角 T 形钉改为不锈钢 T 形钉，一端放入石板内，一端与预埋在墙内的膨胀螺栓焊接；其他工艺同第一种方法。

2. 干挂法

干挂法是利用高强度螺栓和耐腐蚀、强度高的金属挂件（扣件、连接件）或利用金属龙骨，将饰面石板固定于建筑物的外表面的做法，石材饰面与结构之间留有 40～50mm 的空腔。此法免除了灌浆湿作业，可缩短施工周期，减轻建筑物自重，提高抗震性能，增强石材饰面安装的灵活性和装饰质量。

干挂法施工工艺流程如图 7.29 所示。

图 7.29 干挂法施工工艺流程

干挂法安装石板的方法有数种，主要区别在于所用连接件的形式不同，常用的有直接干挂法和间接干挂法。

（1）直接干挂法：是通过不锈钢膨胀螺栓、不锈钢挂件、不锈钢连接件、不锈钢钢针等，将外墙饰面板连接在外墙墙面上，见表 7-1。

表 7-1 直接干挂法   单位：mm

形式	销 针 式	板 销 式
做法	在板材上下端面打孔，插入 $\phi5$ 或 $\phi6$（长度宜为 20～30）的不锈钢销，同时连接不锈钢舌板连接件，并与建筑结构基体固定	将销针式勾挂石板的不锈钢销改为大于或等于 3 厚（由设计经计算确定）的不锈钢板条式挂件（扣件），施工时插入石板的预开槽内，用不锈钢连接件（或本身即呈 L 形的成品不锈钢挂件）与建筑结构体固定
示意图		

（2）间接干挂法：是通过固定在墙、柱、梁上的龙骨和各种挂件固定外墙饰面板，如图 7.30 所示。这种方法是采用焊钢骨架，将不锈钢干挂件固定于钢骨架上。

为了尽可能地保证使用空间，在现浇混凝土墙面需干挂石材的部位，宜采用直接干挂法，即将不锈钢干挂件直接锚固于墙体中；对非承重的空心砖墙体，则宜采用间接干挂法。

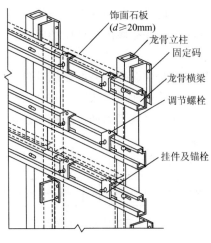

图 7.30　间接干挂法

任务 7.3　楼地面工程施工

楼地面装饰包括楼面装饰和地面装饰两部分，两者的主要区别是其饰面承托层不同。楼面装饰面层的承托层是架空的楼面结构层，地面装饰面层的承托层是室内回填土。楼面饰面要注意防渗漏问题，地面饰面要注意防潮问题。

常见的整体楼地面的形式主要有水泥砂浆楼地面、现浇水磨石楼地面、陶瓷地砖楼地面、石材楼地面及木地板楼地面等。

7.3.1　水泥砂浆楼地面施工

水泥砂浆楼地面是最简单、常见的楼地面做法，也是涂饰地面的基础。它是以水泥作为胶凝材料、砂作为骨料，按配合比配制抹压而成，其构造如图 7.31 所示。水泥砂浆楼地面的优点是造价较低、施工简便、使用耐久，但容易出现起灰、起砂、裂缝、空鼓等质量问题。

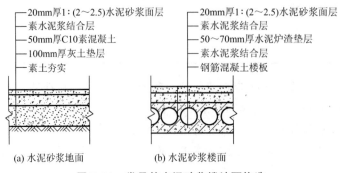

(a) 水泥砂浆地面　　　(b) 水泥砂浆楼面

图 7.31　常见的水泥砂浆楼地面构造

1. 水泥砂浆楼地面施工工艺流程

水泥砂浆楼地面施工工艺流程如图 7.32 所示。

基层处理 → 弹线、找规矩 → 做灰饼、标筋 → 铺设水泥砂浆面层 → 养护

图 7.32 水泥砂浆楼地面施工工艺流程

2. 施工要点

（1）基层处理。水泥砂浆面层多铺抹在楼地面混凝土垫层上，基层处理是防止水泥砂浆面层空鼓、裂纹、起砂等质量通病的关键工序。表面比较光滑的基层，应进行凿毛，并用清水冲洗干净。冲洗后的基层，最好不要上人。在现浇混凝土或水泥砂浆垫层、找平层上做水泥砂浆楼地面面层时，其抗压强度达到 1.2MPa 才能铺设面层，这样不至于破坏其内部结构。

（2）弹线、找规矩。楼地面抹灰前，应先在四周墙上弹出一道水平基准线，作为确定水泥砂浆面层标高的依据。做法是以设计楼地面标高为依据，在四周墙上弹出 500mm 或 1000mm 线作为水平基准线，如图 7.33 和图 7.34 所示。

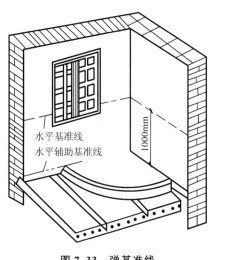

图 7.33 弹基准线

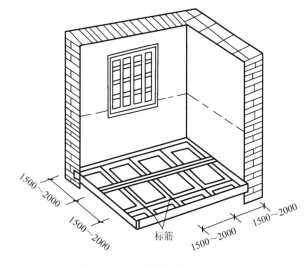

图 7.34 做标筋（单位：mm）

（3）做灰饼、标筋。根据水平线在楼地面四周做灰饼，用类似于墙面抹灰的方法拉线打中间灰饼，并做好楼地面标筋（纵横标筋间距为 1500~2000mm），如图 7.34 所示。在有坡度要求的楼地面，要找好坡度；在有地漏的房间，要在地漏四周做出坡度不小于 5‰的泛水。对于面积比较大的楼地面，应用水准仪测出面层的平均厚度，然后边测标高边做灰饼。

（4）铺设水泥砂浆面层。水泥砂浆要求拌和均匀，颜色一致。铺抹前，先将基层浇水湿润，刷一道素水泥浆结合层，并随刷随抹。操作时，先在标筋之间均匀铺上砂浆，比标筋面略高，然后用刮尺以标筋为准刮平、拍实。待表面水分稍干后，用木抹子打磨，将砂眼、凹坑、脚印等打磨掉，在操作半径打磨完后，用纯水泥浆均匀涂抹在面上，再用铁抹子抹光。在砂浆终凝前，人踩上去有细微脚印时，把抹纹、细孔等压平、压实。面层与基层应结合牢固，表面不得有倒泛水和积水现象。

（5）养护。水泥砂浆面层施工完毕后，要及时进行浇水养护，必要时可蓄水养护，养护时间不少于 7d，强度等级应不小于 15MPa。

7.3.2 现浇水磨石楼地面施工

现浇水磨石楼地面也是常见的楼地面做法之一，它是在水泥砂浆垫层已完成的基层上，根据设计要求弹线分格，镶贴分格条，然后抹水泥石子浆，待水泥石子浆硬化后研磨露出石渣，并经补浆、细磨、打蜡而制成。一般现浇水磨石楼地面的构造如图 7.35 所示。

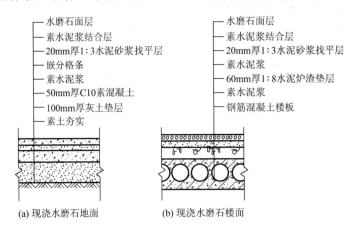

(a) 现浇水磨石地面   (b) 现浇水磨石楼面

图 7.35　一般现浇水磨石楼地面的构造

该地面做法的优点是美观大方、平整光滑、坚固耐久、易于保洁、整体性好；缺点是施工工序多、施工周期长、噪声大、现场湿作业易形成污染。

一般使用材料：石粒应洁净无杂物，一般粒径为 6～15mm；水泥采用硅酸盐水泥和普通硅酸盐水泥；耐碱、耐光、耐潮湿的矿物颜料；分格嵌条一般选用黄铜条、铝条、玻璃条和不锈钢条等；抛光材料一般为草酸（无色透明晶体，分块状和粉末状）、氧化铝（白色粉末状）、地板蜡等。

1. 现浇水磨石楼地面施工工艺流程

现浇水磨石楼地面施工工艺流程如图 7.36 所示。

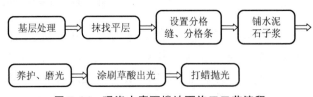

图 7.36　现浇水磨石楼地面施工工艺流程

2. 施工要点

（1）基层处理、抹找平层。可参照水泥砂浆楼地面的做法。找平层要表面平整、密实，并保持粗糙。找平层完成后，第二天应浇水养护至少 1d。

（2）设置分格缝、分格条。先在找平层上按设计要求弹上纵横垂直的水平线或图案分格墨线，然后按墨线固定铜条或玻璃嵌条，用纯水泥浆在分格条下部，抹成八字通长座嵌牢固（与找平层约成 45°角），粘嵌高度略大于分格条高度的 1/2，纯水泥浆的涂抹高度比分格条低 4～6mm。分格条应镶嵌牢固、接头严密、顶面平整一致，如图 7.37 及图 7.38 所示。分格条镶嵌完成后要进行养护，时间不少于 2d。

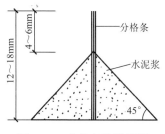

图 7.37 分格条粘贴剖面

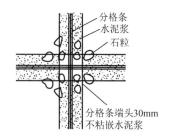

图 7.38 分格条十字交叉处平面做法

（3）铺水泥石子浆。铺水泥石子浆前一天洒水将基层充分湿润。在涂刷素水泥浆结合层前，应将分格条内的积水和浮砂清除干净，接着刷水泥浆一遍，水泥品种与石子浆的品种一致。随即将水泥石子浆先铺在分格条旁边，将分格条边约 100mm 内在水泥石子浆轻轻抹平压实，以保护分格条。然后再整格铺抹，用木抹子（灰板）或铁抹子（灰匙）抹平压实，不应用靠尺刮。面层应比分格条高 5mm，如局部石子浆过厚，应用铁抹子（灰匙）挖去，再将周围石子浆刮平压实，以达到表观平整、石子（石米）分布均匀。

石子浆面至少要经两次用毛刷（横扫）粘拉开面浆（开面），检查石粒均匀（若过于稀疏应及时补上石子）后，再用铁抹子（灰匙）抹平压实，至泛浆为止，要求将波纹压平，分格条顶面上的石子应清除掉。在同一平面上有几种颜色图案时，应先做深色，后做浅色，待前一种色浆凝固后，再抹后一种色浆。两种颜色的色浆不应同时铺抹，以免串色或界线不清。间隔时间不宜过长，一般可隔日铺抹。

（4）磨光。大面积施工宜用机械磨石机研磨，小面积、边角处可用小型手提式磨石机研磨。对于局部无法使用机械研磨时，可用手工研磨。磨光应采用"两浆三磨"法进行，即整个磨光过程分为磨光三次、补浆两次。

（5）涂刷草酸出光。对研磨完成的水磨石面层，经检查达到平整度、光滑度的要求后，即可涂刷草酸打磨出光。操作时可涂刷草酸溶液，或直接在水磨石面层上浇适量水及撒草酸粉，随后用 280～320 号细油石细磨，磨至出白浆、表面光滑为止。然后用布擦去白浆，再用清水冲洗干净并晾干。

（6）打蜡抛光。按蜡：煤油＝1：4 的比例加热熔化，掺入松香水适量，调成稀糊状，用布将蜡薄薄地、均匀地涂刷在水磨石上。待蜡干后，用包有麻布的木块代替油石装在磨石机的磨盘上进行磨光，直到水磨石表面光滑洁亮为止。

7.3.3 陶瓷地砖楼地面施工

1. 陶瓷地砖楼地面施工工艺流程

陶瓷地砖楼地面施工工艺流程如图 7.39 所示。

2. 施工要点

基层处理要点同水泥砂浆楼地面的做法。

【陶瓷地砖楼地面施工工艺】

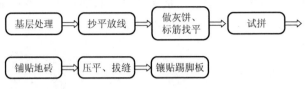

图 7.39　陶瓷地砖楼地面施工工艺流程

（1）做灰饼、标筋找平。根据中心点在地面四周每隔 1500mm 左右拉相互垂直的纵横十字线数条，并用半硬性水泥砂浆按间距 1500mm 左右做一个灰饼，灰饼高度必须与找平层在同一水平面，纵横灰饼相连成标筋，作为铺贴地砖的依据。

（2）试拼。铺贴前根据分格线确定地砖的铺贴顺序和标准块的位置，并进行试拼，检查图案、颜色、纹理的方向及效果。试拼后按顺序排列、编号、浸水备用。地砖铺贴形式如图 7.40 所示。

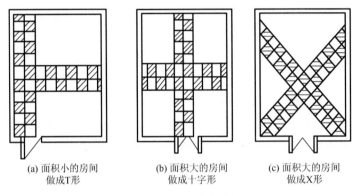

图 7.40　地砖铺贴形式

（3）铺贴地砖。根据其尺寸大小，分为湿贴法和干贴法两种。

① 湿贴法。此方法主要适用于小尺寸地砖（400mm×400mm 以下）的铺贴。用 1∶2 水泥砂浆摊在地砖背面，将其镶贴在找平层上，同时用橡胶锤轻轻敲击砖表面，使其与地面粘贴牢固，防止出现空鼓与裂缝。铺贴时，如室内地面的整体水平标高相差超过 40mm，需用 1∶2 的半硬性水泥砂浆铺找平层，边铺边用木方刮平、拍实，以保证地面的平整度。然后按地面纵横十字标筋在找平层上通贴一行地砖作为基准板，再沿基准板的两侧进行大面积铺贴。

② 干贴法。此方法主要适用于大尺寸地砖（500mm×500mm 以上）的铺贴。首先在地面上用 1∶3 的干硬性水泥砂浆铺一层厚度为 20～50mm 的垫层。干硬性水泥砂浆密度大，干缩性小，以手捏成团、松手即散为好。找平层的砂浆应采用虚铺方式，即把干硬性水泥砂浆均匀铺在地面上，不可压实。然后将纯水泥浆刮在地砖背面，按地面纵横十字筋通铺一行地砖于干硬性水泥砂浆上作为基准板，再沿基准板的两侧进行大面积铺贴。

（4）压平、拔缝。镶贴时，应边铺贴边用水平尺检查地砖平整度，同时拉线检查缝的平直度，如超出规定应立即修整，将缝拔直，并用橡胶锤敲实，使纵横线之间的宽窄一致、笔直通顺，板面也应平整一致。

（5）镶贴踢脚板。待地砖完全凝固硬化后，可在墙面与地砖交接处安装踢脚板。踢脚板一般采用与地面块材同品种、同颜色的材料。踢脚板的立缝应与地面缝对齐，厚度和高度应符合设计要求。铺完砖 24h 后洒水养护，时间不少于 7d。

7.3.4 石材楼地面施工

石材楼地面是指采用天然大理石、花岗岩、预制水磨石板块、碎拼大理石板块及新型人造石板块等装饰材料作饰面层的楼地面。

天然大理石组织细密、坚实，色泽鲜艳、光亮，庄重大方，高贵豪华。天然花岗岩质地坚硬、耐磨，不易风化变质，自然庄重，典雅气派。这些材料常用于高级装饰工程，如宾馆、饭店、酒楼、写字楼的大厅地面、楼厅走廊、踢脚线等部位。

1. 石材楼地面施工工艺流程

石材楼地面施工工艺流程如图 7.41 所示。

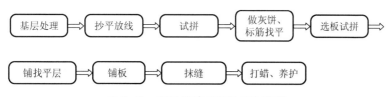

图 7.41 石材楼地面施工工艺流程

2. 施工要点

（1）基层处理、抄平放线、做灰饼、标筋找平。做法与陶瓷地砖楼地面铺贴方法相同。

（2）选板试拼。天然石材的颜色、纹理、厚薄不完全一致，因此在铺装前，应根据施工大样图进行选板、试拼、编号，以保证板与板之间的色彩、纹理协调自然。按编号顺序在石材的正面、背面及四条侧边同时涂刷防护剂（保新剂），这样可使石材在铺装时和以后的使用过程中，防止污渍、油污浸入石材内部，而使石材保持持久的光洁。

（3）铺找平层。根据楼地面标筋铺找平层，找平层起到控制标高和黏结面层的作用。按设计要求用（1∶1）～（1∶3）的干硬性水泥砂浆在楼地面均匀铺一层，厚度为 20～50mm。因石材的厚度不均匀，在处理找平层时可把干硬性水泥砂浆的厚度适当增加，但不可压实。

（4）铺板。在找平层上接通线，随线铺设一行基准板，再从基准板的两侧进行大面积铺贴。铺贴方法是将素水泥浆均匀地刮在选好的石材背面，随即将石材镶铺在找平层上，边铺贴边用水平尺检查石材表面的平整度，同时调整石材之间的缝隙，并用橡胶锤敲击石材表面，使其与结合层黏结牢固。

（5）抹缝。铺装完毕后，用棉纱将板面上的灰浆擦拭干净，并养护 1～2d，进行踢脚板的安装，然后用与石材颜色相同的勾缝剂进行抹缝处理。

（6）打蜡、养护。最后用草酸清洗板面，再打蜡、抛光。

7.3.5 木地板楼地面施工

木地板的施工方法可分为实铺式、空铺式和浮铺式（也称悬浮式）三种。

（1）实铺式：是指木地板通过木搁栅与基层相连或用胶粘剂直接粘贴于基层上，一般用于2层以上的干燥楼面。

（2）空铺式（图7.42）：是指木地板通过地垄墙或砖墩等架空后再安装，一般用于平房、底层房屋或较潮湿地面，以及地面敷设管道需要将木地板架空等情况。

（3）浮铺式：是新型木地板的铺设方式，由于产品本身具有较精密的槽样企口边及配套的黏结胶、卡子和缓冲底垫等，铺设时仅在板块企口咬接处施以胶粘或采用配件卡接即可连接牢固，整体地铺覆于建筑楼地面基层。

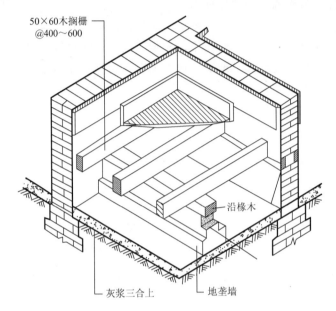

图 7.42 空铺式木地面

1. 实铺式与空铺式木地板施工

【复合木地板安装工艺】

1）施工工艺流程

（1）实铺式。

① 搁栅式木地板施工工艺流程如图7.43所示。

② 粘贴式木地板施工工艺流程如图7.44所示。

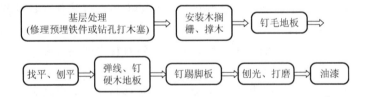

图 7.43 搁栅式木地板施工工艺流程

【实木地板安装工艺】

（2）空铺式。

空铺式木地板施工工艺流程如图7.45所示。

2）施工要点

（1）按要求把基层处理好。

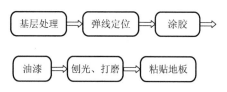

图 7.44 粘贴式木地板施工工艺流程

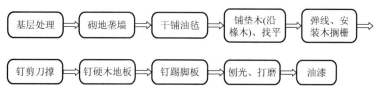

图 7.45 空铺式木地板施工工艺流程

（2）铺设面板常用的方法如下。

① 钉结法。其面板的铺设如图 7.46 所示，拼花木地板的拼花平面图案形式如图 7.47 所示。

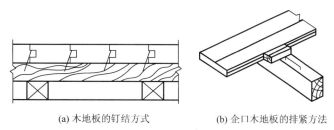

(a) 木地板的钉结方式　　　　(b) 企口木地板的排紧方法

图 7.46 面板的铺设

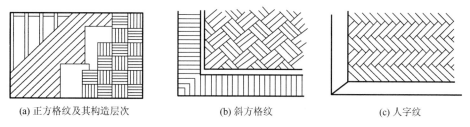

(a) 正方格纹及其构造层次　　　　(b) 斜方格纹　　　　(c) 人字纹

图 7.47 拼花木地板的拼花平面图案形式

② 黏结法。采用沥青胶结料粘贴硬木拼花地板如图 7.48 所示，采用胶粘剂铺贴硬木拼花地板如图 7.49 所示。

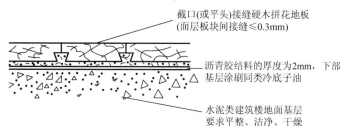

图 7.48 采用沥青胶结料粘贴硬木拼花地板

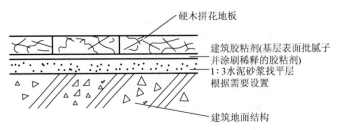

图 7.49　采用胶粘剂铺贴硬木拼花地板

（3）按规定做好踢脚板的安装，如图 7.50 所示。

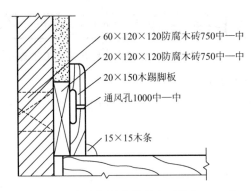

图 7.50　木踢脚板安装示意（单位：mm）

2. 浮铺式木地板施工

目前流行的各种"强化地板""超耐磨地板"主要有两类：一类是由三层实木板胶合而成的新型复合实木地板；另一类是用木质纤维材料或粒料加工制造的木质中密度板作基材，并覆以高耐磨度面层和防潮底层的新型人造复合木地板。

（1）浮铺式木地板施工工艺流程如图 7.51 所示。

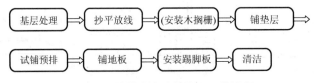

图 7.51　浮铺式木地板施工工艺流程

施工主要具体做法如图 7.52～图 7.55 所示。

（2）施工要点。

① 新型木地板浮铺施工时，施工环境的最佳相对湿度为 40%～60%。

② 在地板块企口施胶逐块铺设过程中，为使槽榫精确吻合并黏结严密，可以采用锤击的方法，但不得直接打击地板，可用木方垫块顶住地板边再用锤轻轻敲击。

③ 地板的施工过程及成品保护必须按产品使用说明的要求，注意其专用胶的凝结固化时间，铲除溢出板缝外的胶条、拔除墙边木塞，以及最后做表面清洁等工作均应待胶粘剂完全固化后方可进行，此前不得碰动已铺装好的木地板。

④ 浮铺式木地板与四周墙必须留缝，以备地板伸缩变形，地板面积超过 $30m^2$ 时中间要留缝。

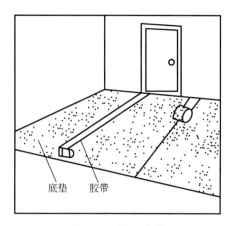

图 7.52　铺设底垫

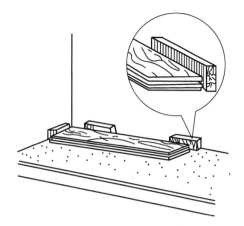

图 7.53　第一块板铺贴方法（预排复合木地板）

(a) 板槽拼缝挤紧　　　　　　　(b) 靠墙处挤紧

图 7.54　铺贴挤紧木地板的方法

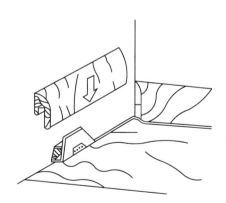

图 7.55　踢脚板安装示意

⑤ 如果地板底面基层有微小不平整，可用橡胶垫垫平。

⑥ 预排时应计算最后一排板的宽度，如小于 50mm，应削减第一排板块的宽度，以使二者均等。

⑦ 铺装前将需用木地板混放在一起，搭配出最有整体感的色彩变化。

⑧ 铺装时用 3m 直尺随时找平找直，发现问题及时修正。

⑨ 多数浮铺式木地板产品的表面均已做好表面处理，铺设完毕后可采用吸尘器吸尘、湿布擦拭或采用中性清洁剂清除个别污渍，但不得使用强力清洁剂、钢丝球或刷具进行清洗；表面不得再磨光及涂刷油漆；有的产品不得再在使用中进行打蜡。

⑩ 此类浮铺式施工的地板工程，不得在地板上加钉固定，以确保整体地板面层在使用中的稳定伸缩。

任务 7.4 门窗工程施工

【门窗种类】

建筑装饰工程中所用的门窗种类很多，一般由窗（门）框、窗（门）扇、玻璃、五金配件等部件组合而成。门窗的分类方法很多：按材质，可分为木门窗、钢制门窗、铝合金门窗、塑料门窗等；按结构形式，可分为平开门窗、推拉门窗、自动门窗等；按功能，可分为普通门窗、保温门窗、隔声门窗、防火门窗、防爆门窗等。本节主要介绍木门窗的安装工艺。

1. 木门窗施工工艺流程

木门窗施工工艺流程如图 7.56 所示。

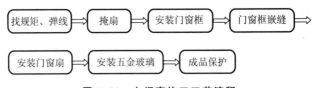

图 7.56 木门窗施工工艺流程

常见木门的构造如图 7.57 所示，常见木窗的构造如图 7.58 所示。

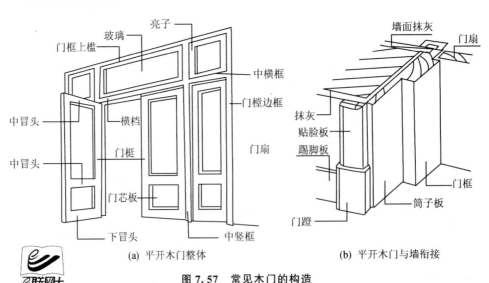

(a) 平开木门整体　　　　(b) 平开木门与墙衔接

图 7.57 常见木门的构造

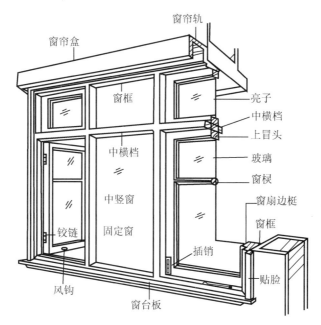

图 7.58　常见木窗的构造

2. 施工要点

【门窗安装】

（1）找规矩、弹线。

① 弹放垂直控制线。按设计要求，从顶层至首层用大线坠或经纬仪吊垂直，检查外立面门、窗洞口位置的准确度，并在墙上弹出垂直线，出现偏差超标时，应先对其进行处理。室内用线坠吊或垂直弹线。

② 弹放水平控制线。门窗的标高，应根据设计标高结合室内标高控制线进行放线。在同一场所的门窗，当设计标高一致时，要拉通线或用水准仪进行检测，使门窗安装标高一致。

③ 弹墙厚度方向的位置线。应考虑墙面抹灰的厚度，根据设计的门窗位置、尺寸及开启方向，在墙上弹出安装位置线。在放线时，有贴脸的门窗还应考虑门窗套压门窗框的尺寸。有窗台板的窗，要考虑窗台板的安装尺寸，以确定位置线，窗下框应压住窗台板 5mm 为宜。若外墙为清水墙勾缝时，可里外稍做调整，以盖上墙砖缝为宜。

（2）掩扇。将门窗扇根据图纸要求安装到框上，称为掩扇。大面积安装前，对有代表性的门窗进行掩扇称为做样板，做掩扇样板的目的是对掩扇质量进行控制，主要对缝隙大小、各部尺寸、五金位置及安装方式等进行试装、调整、检查，符合质量验收标准后，确定掩扇工艺及各部尺寸、五金位置等，然后再进行大面积安装施工。

（3）安装门窗框。门窗框安装应在地面和墙面抹灰施工前完成。根据门窗的规格，按规范要求确定固定点数量。门窗框安装时，以弹好的控制线为准，先用木楔将框临时固定于门窗洞内，用水平尺、线坠、方尺调平、找垂直、找方正，在保证门窗框的水平度、垂直度和开启方向无误后，再将门窗框与墙体固定。

① 门窗框固定。用木砖固定框时，在每块木砖处应用 2 颗砸扁钉帽的 100mm 长的钉子钉进木砖内；使用膨胀螺栓时，螺杆直径不得小于 6mm；用射钉射入混凝土内不少于

40mm，达不到时，必须使用固定条固定。除混凝土墙外，禁止使用射钉固定门窗框。

② 门窗洞口为混凝土结构又无木砖时，宜采用 30mm 宽、80mm 长、1.5～2mm 厚的直铁脚做固定条，一端用不少于 2 颗木螺钉固定在框上，另一端用射钉固定在结构上。

（4）门窗框嵌缝。内门窗通常在墙面抹灰前，用与墙面抹灰相同的砂浆将门窗与洞口的缝隙塞实；外门窗一般采用保湿砂浆或发泡胶将门窗框与洞口的缝隙塞实。

（5）安装门窗扇。

① 按设计确定门窗扇的开启方向、五金配件型号和安装位置。

② 检查门窗框与扇的尺寸是否符合，框口边角是否方正，有无窜角。框口高度尺寸应量测框口两侧，宽度尺寸应量测框口上、中、下三点，并在扇的相应部分定点画线。如果门扇尺寸大于框口，则应拆除扇收边实木条，刨去多余部分，再将实木条用胶和气钉安装回扇上。当门窗尺寸小于门框时，装饰门不得使用，普通门可用胶和气钉帮木条，并固定牢固。

③ 第一次修刨后的门窗扇，以刚刚能塞入框口内为宜，塞入后用木楔临时固定。按扇与框口边缝配合尺寸、框与扇表面的平整度画出第二次的修刨线，并标出合页槽的位置。合页槽一般距扇上下端距离为扇高的 1/10，且注意避开上下冒头。

④ 经过第二次修刨后，使框与扇表面平整、缝隙尺寸符合后，再开合页槽。先画出合页位置线，再用线勒子勒出合页的宽度线，剔凿合页槽，注意不要剔大、剔深。

⑤ 安装对开扇时，应保证两扇的宽度尺寸、对口缝的裁口深度一致。采用企口时，对口缝的裁口深度及裁口方向应满足装锁或其他五金件的要求。

（6）安装五金玻璃。安装合页时，应将三齿片固定在框上，标牌统一向上。安装时应先拧一颗螺钉，检查框与扇表面平整、缝隙尺寸符合后，将螺钉全部拧上并拧紧。木螺钉应钉入 1/3，拧入 2/3，木螺钉冒头应与合页面平，十字上下垂直。如果门窗框为硬木时，为防止框扇劈裂或将木螺钉拧断，可先打孔，孔径为木螺钉直径的 0.9 倍，孔深为木螺钉长度的 2/3，然后拧入木螺钉。

一般门锁、碰珠、拉手等距地高为 950～1000mm，插销应在拉手下面，有特殊要求的门锁由专业厂家安装。安装门窗扇时，应注意玻璃裁口方向。一般厨房裁口在外，厕所裁口在内，其他房间按设计要求确定。门开启容易碰墙时，应安装定位器。对有特殊要求的扇，应按设计要求安装配件，并参照产品安装说明书安装。

（7）成品保护。

① 木门窗安装后应采用铁皮或细木工板做护套进行保护，其高度应大于 1m。如果安装门窗框与结构施工同时进行，应采取加固措施，防止门窗框碰撞变形。

② 门窗框扇修刨时，应采用木卡具将其垫起卡牢，以免损坏门窗边。

③ 门窗框扇安装时应轻拿轻放，整修时严禁生搬硬撬，防止损坏成品，破坏框扇面及五金件。

④ 门窗框扇安装时应采取保护墙面、地面及其他成品的措施，以免碰坏或划伤墙面与地面及其他成品。

⑤ 门窗安装后，应派专人负责管理成品，防止刮大风时损坏已完成的门窗与玻璃。严禁把门窗作为脚手架的支点，防止损坏门窗扇。

⑥ 五金件安装完成后，应有保护措施以防污染。

⑦ 在安装过程中，需采取防水防潮措施。

⑧ 冬季安装木门窗时，应及时刷底油并保持室内通风，防止冬季室内供暖后比较干燥，门窗扇出现变形。

任务 7.5 吊顶工程施工

本节所指的吊顶工程是悬吊式吊顶，是指在建筑物结构层下部悬吊由骨架及饰面板组成的装饰构造层。吊顶按结构形式，分为活动式装配吊顶、隐蔽式装配吊顶、金属装饰板吊顶、开敞式吊顶和整体式吊顶；按使用材料，分为轻钢龙骨吊顶、铝合金龙骨吊顶、木龙骨吊顶、石膏板吊顶、金属装饰板吊顶、装饰板吊顶和采光板吊顶；按龙骨的明暗，分为暗龙骨吊顶、明龙骨吊顶。

吊顶顶棚主要由悬吊件、龙骨、面层及其相配套的连接件和配件组成，吊顶装配示意如图 7.59 所示。

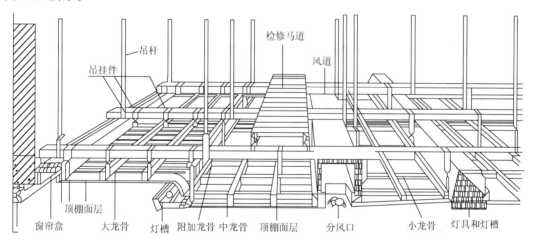

图 7.59 吊顶装配示意

7.5.1 木龙骨吊顶施工

木龙骨吊顶是以木质龙骨为基本骨架，配以胶合板、纤维板或其他人造板作为罩面板材组合而成的吊顶体系，其加工方便，造型能力强，但不适用于大面积吊顶。木龙骨组装示意如图 7.60 所示。

【吊顶作用及种类介绍】

1. 材料与机具

施工材料：木料；罩面板材，包括胶合板、纤维板、纸面石膏板等，按设计选用；固结材料，包括圆钉、射钉、膨胀螺栓、胶粘剂；吊挂连接材料，包括直径 6～8mm 的钢筋、角钢、钢板、8 号镀锌铅丝；木材防腐剂、防火剂。

【吊顶施工材料】

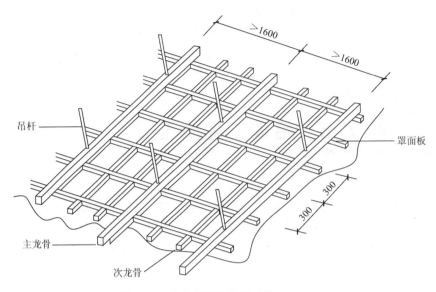

图 7.60 木龙骨组装示意（单位：mm）

【吊顶工具】

常用机具：包括电动冲击钻、手电钻、电动修边机、电动或气动钉枪、木刨、槽刨、锯、锤、斧、螺丝刀、卷尺、水平尺、墨线斗等。

2. 木龙骨吊顶施工工艺流程

木龙骨吊顶施工工艺流程如图 7.61 所示。

【木龙骨吊顶安装工艺】

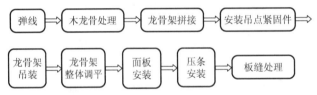

图 7.61 木龙骨吊顶施工工艺流程

3. 施工要点

（1）弹线。弹线包括弹吊顶标高线、吊顶造型位置线、吊挂点定位线、大中型灯具吊点定位线。

（2）木龙骨处理。建筑装饰工程中所用木质龙骨材料，应按规定选材并进行构造上的防潮处理，同时也应涂刷防虫药剂。此外，还要进行防火处理，一般是将防火涂料涂刷或喷于木材表面，也可把木材置于防火涂料槽内浸渍。

（3）龙骨架拼接。确定吊顶骨架需要分片或可以分片安装的位置和尺寸，根据分片的平面尺寸选取龙骨尺寸；先拼接组合大片的龙骨骨架，再拼接小片的局部骨架。骨架的拼接按凹槽对凹槽的方法咬口拼接，拼口处应涂胶并用圆钉固定，如图 7.62 所示。

（4）安装吊点紧固件。吊顶吊点的紧固方式较多，图 7.63 所示为木质装饰吊顶的吊点紧固安装。

（5）龙骨架吊装。

① 分片吊装。将拼接组合好的木龙骨架托起至吊顶标高位置。先做临时固定，然后

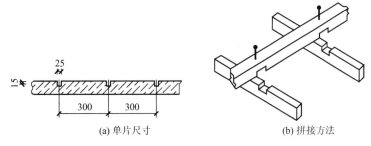

图 7.62 木龙骨的咬口拼接（单位：mm）

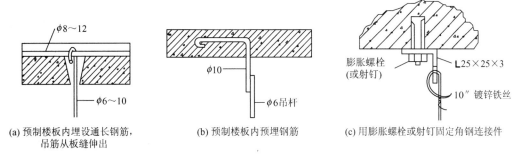

(a) 预制楼板内埋设通长钢筋，　　　　(b) 预制楼板内预埋钢筋　　　　(c) 用膨胀螺栓或射钉固定角钢连接件
　　　吊筋从板缝伸出

图 7.63 木质装饰吊顶的吊点紧固安装（单位：mm）

根据吊顶标高线拉出纵横水平基准线，进行整片龙骨架调平，然后即将其靠墙部分与沿墙边龙骨钉接。

② 龙骨架与吊点固定。木骨架吊顶的吊杆，常采用的有木吊杆、扁铁吊杆和角钢吊杆，如图 7.64 所示。

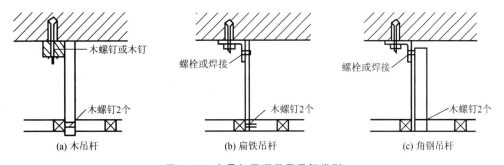

图 7.64 木骨架吊顶常用吊杆类型

③ 龙骨架分片间的连接。分片龙骨架在同一平面对接时，将其端头对正，然后用短木方钉于对接处的侧面或顶面进行固定，如图 7.65 所示。

④ 叠级吊顶上下层龙骨架的连接。叠级吊顶也称高差吊顶、变高吊顶，如图 7.66 所示。对于叠级吊顶，一般是自上而下开始吊装，吊装与调平的方法与上述相同。

（6）龙骨架整体调平。在各分片吊顶龙骨架安装就位之后，对于吊顶面需要设置的送风口、检修孔、内嵌式吸顶灯盘及窗帘盒等装置，在其预留位置处要加设骨架，进行必要的加固处理或增设吊杆等。木吊顶面板安装一般选用加厚三夹板或五夹板，板材要经过切割、修边倒角、防火等处理后方可使用。

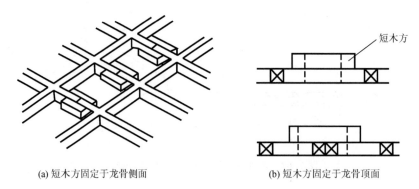

(a) 短木方固定于龙骨侧面　　　　　　　(b) 短木方固定于龙骨顶面

图 7.65　木龙骨架对接固定

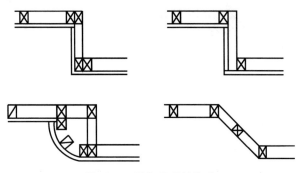

图 7.66　叠级吊顶的构造

（7）有关节点构造处理。木吊顶与暗装窗帘盒的连接节点构造，一种是木吊顶与方木薄板窗帘盒连接，另一种是木吊顶与厚夹板窗帘盒连接，如图 7.67 所示。

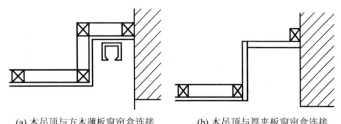

(a) 木吊顶与方木薄板窗帘盒连接　　　　(b) 木吊顶与厚夹板窗帘盒连接

图 7.67　木吊顶与暗装窗帘盒的连接节点构造

木吊顶与暗装灯盘的连接节点构造，一种是木吊顶与灯盘固定连接，另一种是灯盘自行悬吊于顶棚，如图 7.68 所示。

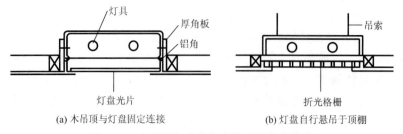

(a) 木吊顶与灯盘固定连接　　　　　　(b) 灯盘自行悬吊于顶棚

图 7.68　木吊顶与暗装灯盘的连接节点构造

木吊顶与灯槽的连接节点构造如图 7.69 所示。

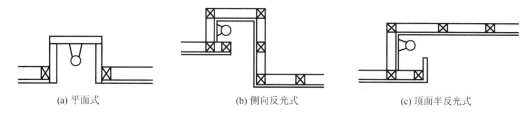

(a) 平面式   (b) 侧向反光式   (c) 顶面半反光式

图 7.69 木吊顶与灯槽的连接节点构造

7.5.2 轻钢龙骨吊顶施工

轻钢龙骨吊顶是以轻钢龙骨为吊顶的基本骨架，配以轻型装饰罩面板材组合而成的新型顶棚体系，如图 7.70 所示。轻钢龙骨吊顶设置灵活，装拆方便，具有质量轻、强度高、防火等多种优点，广泛用于公共建筑及商业建筑。

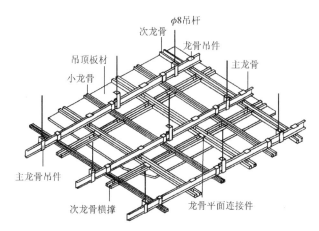

图 7.70 轻钢龙骨吊顶

常用施工材料：U形、T形轻钢龙骨及配件；罩面板，包括纸面石膏板、石棉水泥板、矿棉吸声板、浮雕板、钙塑凹凸板及铝压缝条或塑料压缝条等；吊杆（φ6、φ8 钢筋）；固结材料，包括花篮螺栓、射钉、自攻螺钉、膨胀螺栓等。

常用机具：包括电动冲击钻、无齿锯、射钉枪、手锯、手刨、螺丝刀及电动或气动螺丝刀、扳手、方尺、钢尺、钢水平尺等。

1. 轻钢龙骨吊顶施工工艺流程

轻钢龙骨吊顶施工工艺流程如图 7.71 所示。

【金属吊顶
施工工艺】

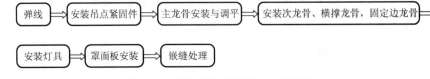

弹线 → 安装吊点紧固件 → 主龙骨安装与调平 → 安装次龙骨、横撑龙骨，固定边龙骨 →

安装灯具 → 罩面板安装 → 嵌缝处理

图 7.71　轻钢龙骨吊顶施工工艺流程

2. 施工要点

（1）安装吊点紧固件。可根据吊顶是否上人（或是否承受附加荷载），分别采用如图 7.72 所示方法进行吊点紧固件的安装。

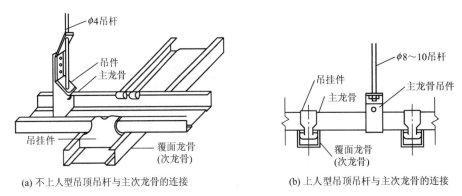

(a) 不上人型吊顶吊杆与主次龙骨的连接　　　(b) 上人型吊顶吊杆与主次龙骨的连接

图 7.72　吊顶吊杆与主次龙骨的连接

（2）主龙骨安装与调平。

① 安装：将吊顶吊杆与主龙骨通过垂直吊挂件连接，如图 7.72 所示。

② 调平：在主龙骨与吊件及吊杆安装就位之后，以一个房间为单位进行调平调直，如图 7.73 所示。

（3）安装次龙骨、横撑龙骨，固定边龙骨。

① 安装次龙骨：在次龙骨与主龙骨的交叉布置点，使用其配套的龙骨挂件将二者连接固定，如图 7.72 所示。

② 安装横撑龙骨：横撑龙骨由中、小龙骨截取，其方向与次龙骨垂直，装在罩面板的拼接处，底面与次龙骨平齐。

③ 固定边龙骨：边龙骨沿墙面或柱面标高线钉牢。

（4）罩面板安装。罩面板常有明装、暗装、半隐装三种安装方式。明装是指罩面板直接搁置在 T 形龙骨两翼上，纵横 T 形骨架均外露；暗装是指罩面板安装后骨架不外露；半隐装是指罩面板安装后外露部分骨架。纸面石膏板是轻钢龙骨吊顶常用的罩面板材，通常采用暗装方法。

在吊顶施工中应注意工种间的配合，避免返工拆装损坏龙骨、板材及吊顶上的风口、灯具。T 形外露龙骨吊顶应在全面安装完成后对龙骨及板面做最后调整，以保证平直。

（5）嵌缝处理。嵌缝时采用石膏腻子和穿孔纸带或网格胶带，嵌填钉孔则用石膏腻子。整个吊顶面的纸面石膏板铺钉完成后，应进行检查，并将所有的自攻螺钉的钉头做防锈处理，然后用石膏腻子嵌平。

（6）吊顶特殊部位的构造处理。

① 吊顶边部节点构造。纸面石膏板轻钢龙骨吊顶边部与墙柱立面结合部位的处理，一般采用平接式、留槽式和间隙式三种形式，如图 7.74 所示。

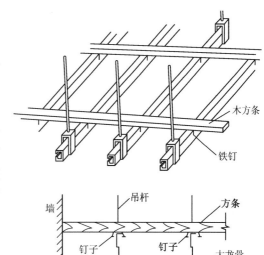

图 7.73 定位调平主龙骨

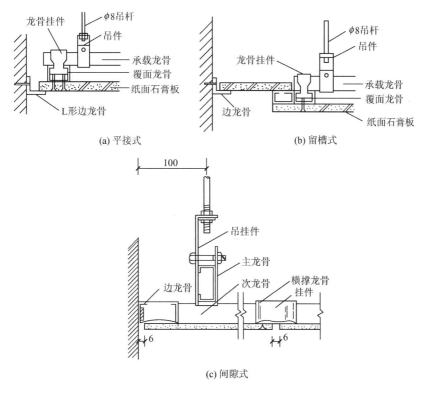

(a) 平接式 (b) 留槽式

(c) 间隙式

图 7.74 吊顶的边部节点构造（单位：mm）

② 吊顶与隔墙的连接构造。轻钢龙骨纸面石膏板吊顶与轻钢龙骨纸面石膏板轻质隔墙相连接时，隔墙的横龙骨（沿顶龙骨）与吊顶的承载龙骨应用 M6 螺栓紧固，吊顶的覆面龙

骨依靠龙骨挂件与承载龙骨连接，覆面龙骨的纵横连接则依靠龙骨支托。吊顶与隔墙的连接构造如图 7.75 所示。

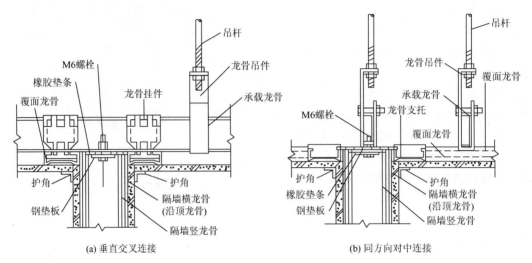

(a) 垂直交叉连接　　　　　　　　　　　　(b) 同方向对中连接

图 7.75　吊顶与隔墙的连接构造

7.5.3　金属装饰板吊顶施工

金属装饰板吊顶是用 L 形、T 形轻钢（或铝合金）龙骨或金属嵌龙骨、条板卡式龙骨作龙骨架，用 0.5～1.0mm 厚的金属板材罩面的吊顶体系。

金属装饰板吊顶的形式有方板吊顶和条板吊顶两大类。金属装饰板吊顶表面光泽美观，防火性好，安装简单，适用于大厅、楼道、会议室、卫生间和厨房吊顶。金属装饰板吊顶骨架的装配形式，一般根据吊顶荷载和吊顶装饰板的种类来确定。

采用 U 形轻钢龙骨时，主龙骨与 T 形、L 形轻钢（或铝合金）龙骨或金属嵌龙骨、条板卡式龙骨相配合的双层龙骨形式如图 7.76 和图 7.77 所示。

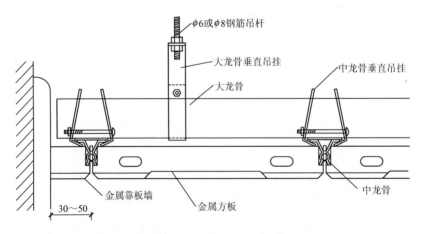

图 7.76　金属方板双层龙骨吊顶基本构造（单位：mm）

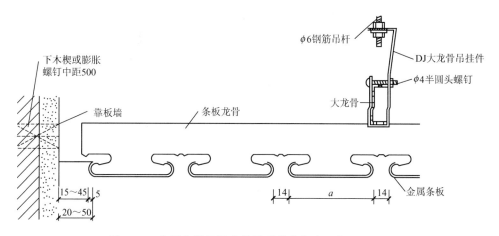

图 7.77　金属条板双层龙骨吊顶基本构造（单位：mm）

单层龙骨吊顶基本构造如图 7.78 和图 7.79 所示。

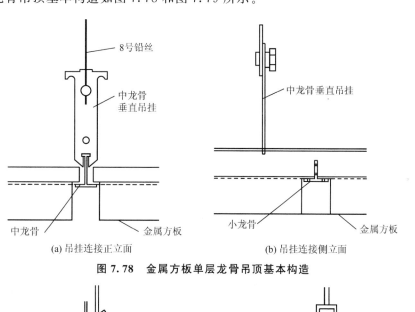

(a) 吊挂连接正立面　　　(b) 吊挂连接侧立面

图 7.78　金属方板单层龙骨吊顶基本构造

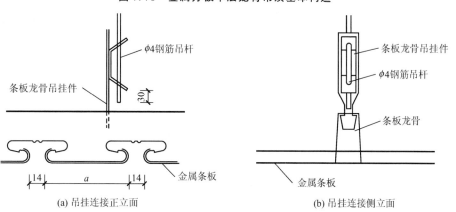

(a) 吊挂连接正立面　　　(b) 吊挂连接侧立面

图 7.79　金属条板单层龙骨吊顶基本构造（单位：mm）

1. 金属装饰板吊顶施工工艺流程

金属装饰板吊顶施工工艺流程如图 7.80 所示。

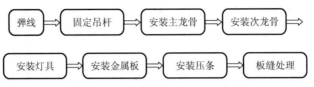

图 7.80　金属装饰板吊顶施工工艺流程

2. 施工要点

（1）固定吊杆。金属双层龙骨吊顶时，吊杆常用 φ6 或 φ8 钢筋，吊杆与结构的连接方式如图 7.81 所示。金属方板、条板单层龙骨吊顶时，吊杆一般分别用 8 号铅丝和 φ4 钢筋。

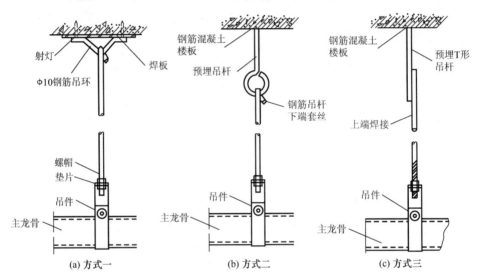

图 7.81　吊杆与结构的连接方式

（2）安装主、次龙骨。主、次龙骨宜从同一方向同时安装，按主龙骨（大龙骨）已确定的位置及标高线，先将其大致就位；龙骨接长一般选用配套连接件，连接件可用铝合金，也可用镀锌钢板，在其表面冲成倒刺，与龙骨方孔相连。图 7.82 所示为 T 形龙骨的纵横连接。

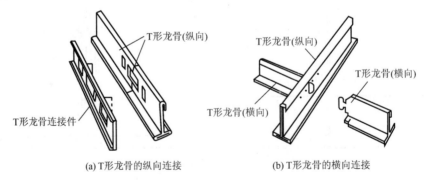

图 7.82　T 形龙骨的纵横连接

龙骨架基本就位后，以纵横两个方向满拉控制标高线（十字线），从一端开始边安装边进行调整，直至龙骨调平调直为止。钉固边龙骨时，沿标高线固定角铝边龙骨，其底面与标高线平齐。

（3）安装金属板。

① 方形金属吊顶板搁置式安装 ［图 7.83 （a）］。搁置安装后的吊顶面形成格子式离缝效果如图 7.83 （b）所示。

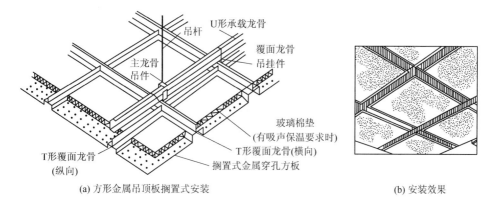

(a) 方形金属吊顶板搁置式安装　　　　　　　　(b) 安装效果

图 7.83　方形金属吊顶板搁置式安装及其效果

② 方形金属吊顶板卡入式安装 （图 7.84）。这种安装方式的龙骨材料为带夹簧的嵌龙骨配套型材。

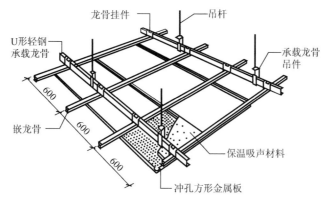

(a) 有承载龙骨的吊顶装配形式

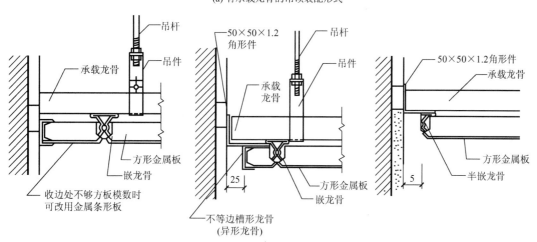

(b) 方形金属板吊顶与墙、柱等的连接节点构造

图 7.84　方形金属吊顶板卡入式安装 （单位：mm）

③ 条形金属吊顶板与条龙骨的轻便吊顶组装（图 7.85）基本上无须各种连接件，直接将条形板卡扣在特制的条龙骨内即可完成安装，常被称为扣板。

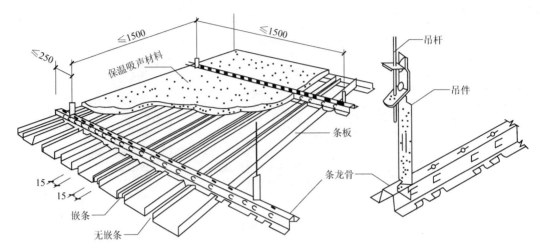

图 7.85 条形金属吊顶板与条龙骨的轻便吊顶组装（单位：mm）

任务 7.6 轻质隔墙工程施工

轻质隔墙主要起分隔空间的作用，它不承重，要求自重轻、厚度薄，并根据具体环境要求具有隔声、防火等功能。常见的轻质隔墙一般由骨架和面层组成，其中常用的骨架有轻钢龙骨骨架、木骨架，常用的罩面面层有石膏板、胶合板、纤维板等。

7.6.1 轻钢龙骨隔墙施工

轻钢龙骨隔墙也称墙体轻钢龙骨，是以厚度为 0.5～1.5mm 的镀锌钢带、薄壁冷轧退火卷带或彩色喷塑钢带为原料，经龙骨机辊压而制成的轻质隔墙骨架支承材料。

1. 材料及配件准备

轻钢龙骨的分类方法很多，按其截面形状的不同，可以分为 C 形和 U 形两种；按其使用功能不同，可分为横龙骨、竖龙骨和通贯龙骨三种，如图 7.86 所示。横龙骨其截面呈 U 形，与 C 形竖龙骨配合使用；竖龙骨其截面呈 C 形，用作墙体骨架垂直方向的支承；贯通龙

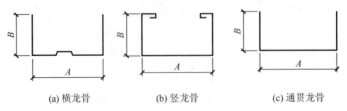

(a) 横龙骨　　　　　(b) 竖龙骨　　　　　(c) 通贯龙骨

图 7.86 轻钢龙骨按使用功能的分类

骨也称主龙骨，其截面呈 U 形。常用的配件为支撑卡、卡托、角托和通贯龙骨连接件。

一般隔墙轻钢龙骨的布置如图 7.87 所示。

室内净空高度较大时，应加设通贯龙骨或横撑（水平）龙骨，低于 3m 的隔断安装一道，3～5m 安装两道，5m 以上安装三道，如图 7.88 所示。

隔墙竖龙骨可以单排设置，也可双排设置，如图 7.89 所示。

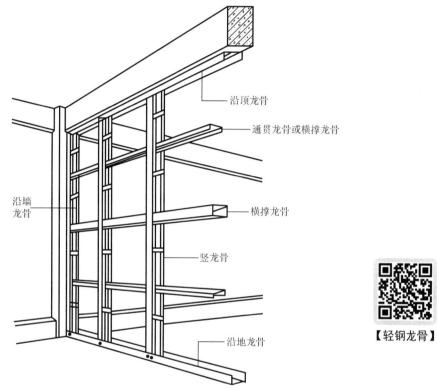

【轻钢龙骨】

图 7.87 一般隔墙轻钢龙骨的布置

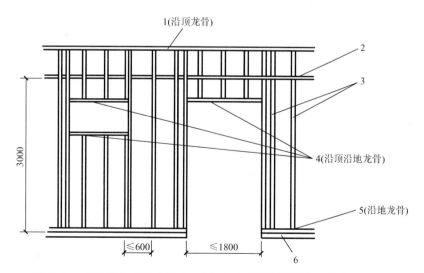

图 7.88 加设通贯龙骨或横撑（水平）龙骨的隔断骨架（单位：mm）
1、4、5—横龙骨；2—通贯龙骨或横撑龙骨；3—竖龙骨；6—水泥踢脚台

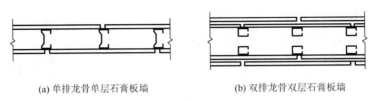

(a) 单排龙骨单层石膏板墙　　　　(b) 双排龙骨双层石膏板墙

图 7.89　隔墙竖龙骨的设置

2. 轻钢龙骨隔墙施工工艺流程

轻钢龙骨隔墙施工工艺流程如图 7.90 所示。

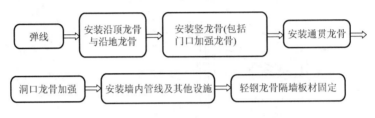

图 7.90　轻钢龙骨隔墙施工工艺流程

3. 施工要点

(1) 弹线。根据设计要求，在楼（地）面上弹出隔墙的位置线，即隔墙的中心线和墙的两侧线，并引测到隔墙两端墙（或柱）面及顶棚（或梁）的下面，同时将门口位置、竖龙骨位置在隔墙的上下处分别标出，作为施工时的标准线，然后再进行骨架的组装。如果设计要求设有墙基的，应按准确位置先进行隔墙基座的砌筑。

(2) 安装沿地龙骨和沿顶龙骨。在楼地面和顶棚下分别摆好横龙骨，注意在龙骨与地面、顶面接触处应铺填橡胶条或沥青泡沫塑料条，再按规定的间距用射钉或用电钻打孔塞入膨胀螺栓，将沿地龙骨和沿顶龙骨固定于楼（地）面和顶（梁）面，如图 7.91 所示。

(3) 安装竖龙骨。竖龙骨的间距要依据罩面板的实际宽度而定，对于罩面板材较宽者，需要在中间加设一根竖龙骨，比如板宽 900mm，其竖龙骨间距宜为 450mm，将预先切截好长度的竖龙骨推向沿顶、沿地龙骨之间，翼缘朝向罩面板方向。应注意竖龙骨的上下方向不能颠倒，现场切割时，只可从其上端切断。门窗洞口处应采用加强龙骨，如果门的尺寸较大并且门扇较重时，应在门洞口处另加斜撑。图 7.92 所示为竖龙骨与沿地龙骨的固定。

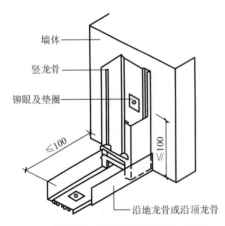

图 7.91　沿地龙骨和沿顶龙骨的固定（单位：mm）

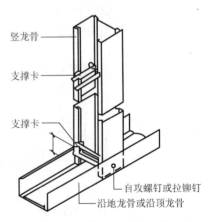

图 7.92　竖龙骨与沿地龙骨的固定

（4）安装通贯龙骨（图 7.93）。在竖龙骨上安装支撑卡与通贯龙骨连接，在竖龙骨开口面安装卡托与横撑连接；通贯龙骨的接长使用其龙骨接长件。

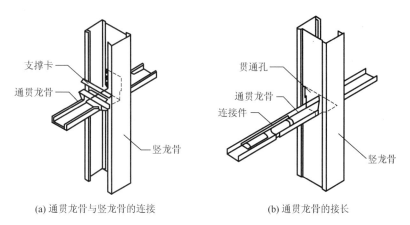

(a) 通贯龙骨与竖龙骨的连接　　　　　　(b) 通贯龙骨的接长

图 7.93　安装通贯龙骨

（5）安装墙内管线及其他设施。在隔墙轻钢龙骨主配件组装完毕、罩面板铺钉之前，要根据要求敷设墙内暗装管线、开关盒、配电箱及绝缘保温材料等，同时固定有关的垫缝材料。图 7.94 所示为配电箱和开关盒的装设构造。

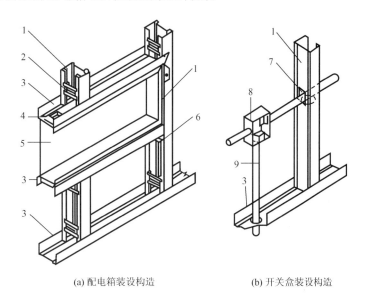

(a) 配电箱装设构造　　　　　　(b) 开关盒装设构造

图 7.94　配电箱和开关盒的装设构造

1—竖龙骨；2—支撑卡；3—沿地龙骨；4—穿管开洞；5—配电箱；6—卡托；

7—贯通孔；8—开关盒；9—电线管

（6）轻钢龙骨隔墙板材固定。在轻钢龙骨上固定纸面石膏板用平头自攻螺钉，其规格通常为 M4×25 或 M5×25 两种，螺钉的间距为 200mm 左右。固定纸面石膏板应将板竖向放置，当两块板在一条竖龙骨上对缝时，其对缝应在龙骨之间，对缝的缝隙不得大于 3mm，如图 7.95 所示。采用拼缝的方法如下：固定时，先将整张板材铺在龙骨架上，对正缝位后，用 ϕ3.2 或 ϕ4.2 的麻花钻头将板材与轻钢龙骨一并钻孔，再用 M4 或 M5 的自攻螺钉进行固定，固定后的螺钉头要沉入板材平面 2～3mm，板材应尽量整张使用，不够整张位置时可以切割，切割石膏板可用壁纸刀、钩刀或小钢锯条。

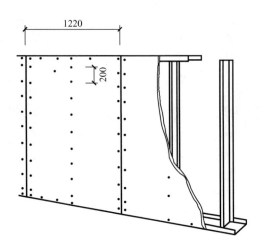

图 7.95　固定板材及对缝（单位：mm）

7.6.2　木龙骨隔墙施工

采用木骨架的隔断组装简便、造型灵活，利用人造罩面取材容易、技术简单，但不利于消防，仅适用于较小型的室内隔断墙，重要的场所及较大型的隔断墙体应采用金属骨架。

1. 木龙骨隔墙施工工艺流程

木龙骨隔墙施工工艺流程如图 7.96 所示。

图 7.96　木龙骨隔墙施工工艺流程

2. 施工要点

1）材料

（1）饰面基层板，通常采用石膏板、木夹板、中密度纤维板等木质板材。木龙骨隔断墙上固定木夹板，主要有明缝固定和拼缝固定两种方式。

（2）对钉入木夹板的钉头，有两种处理方法：一种是先将钉头打扁，再将钉头打入木夹板内；另一种是先将钉头与木夹板钉平，待木夹板全部固定后，再用尖头冲子逐个将钉头冲入木夹板平面内 1mm。

（3）隔断木骨架所用木材的树种、材质等级、含水率，以及防腐、防虫、防火处理等要求，必须符合 GB 50206—2012《木结构工程施工质量验收规范》。接触砖石、混凝土及水泥砂浆的骨架和预埋木砖应经防腐处理，所用钉件必须镀锌。如选用市售成品木龙骨，应有产品合格证。

2）木骨架构造

隔断木骨架由上槛（沿顶龙骨）、下槛（沿地龙骨）、立筋（立柱、沿墙龙骨、竖龙骨）及横撑（横档、横向龙骨及斜撑）等组成。木骨架可以是大木方单层骨架，也可以是小木方双排骨架。

大木方单层骨架其上下槛、立柱及横撑的断面可取 50mm×70mm、50mm×100mm、45mm×90mm，立筋的间距一般为 400～600mm，横撑的垂直间距宜为 1200～1500mm，如图 7.97 所示。

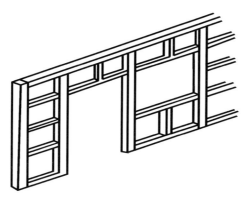

图 7.97　大木方单层骨架

小木方双排骨架可采用市售 25mm×30mm 的带凹槽成品木方条组成隔断骨架框体，将两排框架之间用木横杆连接，组成设计要求厚度的隔断墙体骨架，如图 7.98 所示。

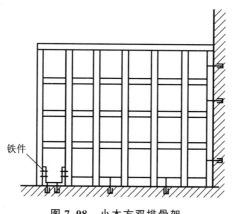

铁件

图 7.98　小木方双排骨架

目前在装饰工程中的隔断安装，一般没有预埋件，多采用胀铆螺栓及木楔圆钉等对木骨架与主体结构进行连接固定。

7.6.3　板材隔墙施工

板材隔墙是指用复合轻质墙板、石膏空心板、预制或现制的钢丝网水泥板等板材形成的隔墙，由于其施工工艺简单，又能减轻建筑物自重和提高隔声保温性能，故在众多的装饰工程中得到了应用。

1. 石膏板复合墙板

石膏板复合墙板一般是指用两层纸面石膏板或纤维石膏板和一定断面的石膏龙骨或木龙骨、轻钢龙骨，经黏结、干燥而制成的轻质复合板材。常用石膏板复合墙板如图 7.99 所示。

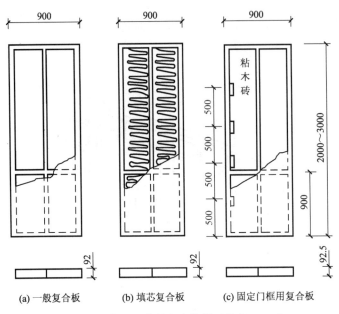

(a) 一般复合板   (b) 填芯复合板   (c) 固定门框用复合板

图 7.99　常用石膏板复合墙板（单位：mm）

石膏板复合墙板按其面板不同，可分为纸面石膏复合板与无纸面石膏复合板；按其隔声性能不同，可分为空心复合板与填心复合板；按其用途不同，可分为一般复合板与固定门框复合板。纸面石膏复合板的一般规格为：长度 1500～3000mm，宽度 800～1200mm，厚度 50～200mm。无纸面石膏复合板的一般规格为：长度 3000mm，宽度 800～900mm，厚度 74～120mm。

2. 石膏板复合墙板隔墙施工工艺流程

石膏板复合墙板隔墙施工工艺流程如图 7.100 所示。

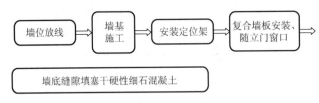

图 7.100　石膏板复合墙板隔墙施工工艺流程

3. 施工要点

（1）墙基施工。在墙位放线以后，先将楼地面适度凿毛，将浮灰清扫干净，洒水湿润，然后现浇混凝土墙基；复合板安装宜由墙的一端开始排放，按排放顺序进行安装，最后剩余宽度不足整板时，须按所缺尺寸补板，补板宽度大于 450mm 时，在板中应增设一根龙骨，补板时在四周粘贴石膏板条，再在板条上粘贴石膏板；隔墙上设有门窗口时，应先安装门窗口一侧较短的墙板，随即立口，再安装门窗口另一侧的墙板。

（2）复合墙板安装。一般情况下，门口两侧墙板宜使用边角比较方正的整板，在拐角两侧的墙板也应使用整板。图 7.101 所示为石膏板复合墙板隔墙安装次序示意。

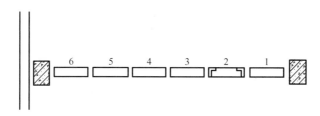

图 7.101　石膏板复合墙板隔墙安装次序示意
1—整板（门口板）；2—门口；3—整板（门口板）；4—整板；5—整板；6—补板

在复合板安装时，在板的顶面、侧面和门窗口外侧面，应清除浮土后均匀涂刷胶粘料做成"∧"状，安装时侧面要严密，上下要顶紧，接缝内胶粘剂要饱满（要凹进板面5mm 左右）。接缝宽度为 35mm，板底空隙不大于 25mm，板下所塞木楔上下接触面应涂抹胶粘料。为保证位置准确和美观，木楔一般不撤除，但不得外露于墙面。

第一块复合板安装后，要检查其垂直度，按顺序往后安装时，必须上下横靠检查尺找平，如发现板面接缝不平，应及时用夹板校正，如图 7.102 所示。

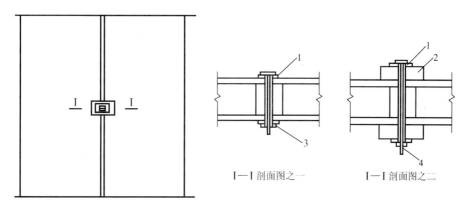

I—I 剖面图之一　　I—I 剖面图之二

图 7.102　石膏板复合墙板隔墙板面接缝夹板校正示意
1—垫圈；2—木夹板；3—销子；4—M6 螺栓

任务 7.7　涂饰工程施工

一般建筑工程在抹灰、吊顶、细部、地面及电气工程等完成并验收合格后，通常要进行涂饰工程作业。按建筑物涂刷部位的不同，可分为外墙涂饰、内墙涂饰、地面涂饰、顶棚涂饰、屋面涂饰等；按涂饰材料化学成分的不同，可分为有机高分子涂饰、无机高分子涂饰；按涂饰材料状态的不同，可分为溶剂性涂料、水溶性涂料、乳液型涂料等。

【涂料施工的三种方法】

施涂方法有刷涂法、滚涂法、喷涂法、抹涂法、刮涂法等，选择时应根据涂料的性质、基层情况、涂饰效果等确定。一般常用的三种方法为刷涂法、滚涂法和喷涂法。

7.7.1　外墙乳胶漆饰面施工

1. 外墙乳胶漆饰面施工工艺流程

【墙面刮腻子施工工艺】

外墙乳胶漆饰面施工工艺流程如图 7.103 所示。

图 7.103　外墙乳胶漆饰面施工工艺流程

2. 施工要点

（1）基层处理。待水泥砂浆抹面达到足够强度以后，将其表面的灰渣、浮土及附着物等用相应的工具清除，用适量清水冲洗。用力要适当，以防损坏灰层；冲洗要干净，以保证腻子能与抹灰面层牢固黏结。

（2）批刮腻子。待水泥砂浆抹面干燥后，将其表面的孔洞、裂缝及凹坑等用外墙抗裂弹性腻子修补、填平，轻微的地方用刮刀嵌入腻子补齐，严重的地方用刮铲填充腻子找平。待腻子干燥后，用中号砂纸将其表面打磨平整，并及时清除粉尘。待修补完成后，将抹灰面满刮外墙抗裂弹性腻子一遍，腻子批刮厚度为 0.2～0.5mm，同一方向往返批刮。干燥后应用中号砂纸将刮痕打磨平整光滑，将粉尘清除干净，以保证外墙乳胶漆的装饰效果。腻子施工适宜温度为 5℃以上，腻子应放在干燥、通风阴凉处，粉状料要绝对避免受潮，胶液应避免日光暴晒。

【滚涂涂料施工工艺】

（3）滚涂施工。

① 滚涂前，应注意基层的干湿程度，必须等抹面含水率小于10%、pH 小于 10 后方可施工，以防止涂层出现起泡、掉粉、失光，涂面出现拉毛等现象。腻子要干燥坚硬、长短一致，以保持涂层厚度均匀。滚涂过程中若有气泡出现，待稍微吸水以后，用短辊蘸少量的外墙乳胶漆复压一次，就可使气泡消除。

涂料的工作黏度或稠度必须加以控制，使其在涂料施涂时不流坠、不显刷纹。施涂过程中不得任意稀释涂料。

② 滚涂大面时，用长度为 18～24cm 的长辊，以利于提高工效；滚涂小面和阴阳角时，用长度为 12cm 的短辊，以利于局部处理。

③ 滚涂成活时，上下接槎处要严密，一面墙要一气呵成，以防止色泽不一致。

④ 同一墙面应用同一批号的外墙乳胶漆，以防止饰面颜色不一致。

⑤ 滚涂间断或分段施工时，涂层接槎应留在分格缝、墙的阴角处或水落管背后等不明显部位，以确保同一墙面无明显接槎。

⑥ 滚涂前和滚涂过程中，底漆和乳胶漆均应搅拌均匀，不可掺加异物，以防止其技术性能被破坏。底漆和乳胶漆施工适宜温度为 5℃以上，未用完的底漆、乳胶漆应加盖密封，并存放在阴凉通风处。

⑦ 滚涂时随时检查质量，发现问题查明原因，及时妥善处理，防止由于时间差造成二次滚涂留下明显痕迹。

⑧ 分格缝应按设计要求进行勾缝，并用专业工具对其阳角进行细致处理，使其清晰、顺直、方正。

⑨ 雨前、大风天应停止施工，施工后 4h 内避免雨淋及尘土沾污；涂料干燥前，应防止雨淋、尘土沾污和热空气的侵袭。遇有大风、雨、雾情况时不可施工（特别是面层涂料，不应施工）。

⑩ 施涂工具使用完毕后，应及时清洗或浸泡在相应的溶剂中。

7.7.2 外墙真石漆饰面施工

真石漆是由天然大理石、花岗岩等有色材料，配合特殊树脂及高级原料研制而成的建筑涂料，可喷涂石材样板。其涂装面多彩亮丽，涂层由防潮底漆、主涂层及面漆组成，起到对外墙体装饰的保护作用，是一种具有耐气候性、耐碱性、防水性的室外涂饰涂料。

1. 外墙真石漆饰面施工工艺流程

外墙真石漆饰面施工工艺流程如图 7.104 所示。

基层处理 ➡ 涂封闭底漆 ➡ 喷涂中层漆 ➡ 打磨 ➡ 喷罩面漆

图 7.104 外墙真石漆饰面施工工艺流程

2. 施工要点

（1）真石漆施工必须是在装饰工程的最后阶段进行，以免未干透的涂层被沾污或破损。

（2）真石漆干透后，应及时喷涂防水保护膜。

（3）用多支喷枪同时喷涂一面墙体时，应选用相同型号的喷嘴，以使喷出的浮点基本一致。

（4）应在 5～35℃之间施工。

（5）适宜施工的空气湿度为 60%～70%，空气湿度 85% 以上及下雨天不可施工。

（6）真石漆表面尚未喷涂防水保护膜时遇大雨，必须将已施工部分进行遮盖，以防雨水冲刷。4 级以上大风天气不能施工。

内墙及室内顶棚涂饰的工艺流程基本同外墙涂饰的工艺流程，只是选用腻子、涂料品种等级及涂刷等级要求不同而已。在生产工艺日益发达的今天，这种差别也越来越小，在本节中不再赘述。

项目小结

项目	工作任务	能力目标	基本要求	主要知识点	任务成果
装饰装修工程施工	抹灰工程施工	（1）熟悉一般抹灰的施工流程； （2）了解装饰抹灰的种类和施工工艺	熟悉	（1）抹灰种类； （2）一般抹灰施工工艺流程； （3）装饰抹灰的种类及施工工艺	编制附图中配电房项目装饰装修工程的施工方案
	饰面板（砖）工程施工	（1）熟悉饰面板（砖）种类及特点； （2）熟悉饰面板（砖）施工工艺流程； （3）了解石材饰面板施工的施工方法和要点	熟悉	（1）饰面板（砖）种类； （2）贴饰面砖施工工艺流程； （3）陶瓷锦砖施工工艺流程； （4）石材饰面板施工方法、技术要点	
	楼地面工程施工	（1）熟悉各种楼地面的类型； （2）熟悉各类楼地面的施工工艺流程	熟悉	（1）水泥砂浆地面施工工艺； （2）现浇水磨石地面施工工艺； （3）陶瓷地砖楼地面施工工艺； （4）大理石、花岗石等楼地面施工工艺； （5）木地板种类及施工方法	
	门窗工程施工	了解门窗的类型及安装工艺	了解	木门窗施工工艺流程	
	吊顶工程施工	熟悉悬吊式吊顶的种类及施工工艺流程	熟悉	（1）木龙骨吊顶施工工艺流程； （2）轻钢龙骨吊顶施工工艺流程； （3）金属装饰板吊顶施工工艺流程	
	轻质隔墙工程施工	熟悉轻质隔墙的种类及施工工艺流程	熟悉	（1）轻钢龙骨隔墙施工材料准备及施工要点； （2）木龙骨隔墙施工材料准备及施工要点； （3）板式隔墙种类及施工工艺	
	涂饰工程施工	熟悉涂饰工程的种类及施工工艺流程	熟悉	（1）外墙乳胶漆饰面施工工艺流程； （2）真石漆施工工艺流程	

◖◖ 思考与训练 ◗◗

一、填空题

1. 一般抹灰施工的施工顺序应遵循_____、_____、_____的原则。

2. 抹灰工程应分层进行，当抹灰总厚度大于或等于_____mm 时应采取加强措施。

3. 常见的装饰抹灰类型有_____、_____、_____、_____等装饰抹灰工程。

4. 镶贴面砖应_____进行铺贴。

5. 在铺贴陶瓷地砖时，根据地砖尺寸大小，分为_____和_____两种方法。

6. 木地板的施工方法可分为_____、_____和_____。

二、简答题

某住宅在进行饰面装修时发现以下问题：①新旧墙体接口开裂；②墙面涂料颜色不均；③走廊墙面石材泛碱，颜色不均。

（1）试述一般抹灰、水刷石、直接镶贴饰面砖、石材饰面板的施工工艺流程。

（2）试述上述装饰装修工程事件产生的原因和治理方法。

项目 **8** 钢结构工程施工

通过学习，掌握钢结构的特点，了解钢结构的应用；掌握钢材的分类、钢材的常见规格及主要力学性能；掌握钢结构的常见节点形式、钢结构的主要连接方法，尤其是焊接连接和螺栓连接的施工要点；掌握钢结构工程常用的安装工具及设备，多高层钢结构的安装特点及安装准备；了解多高层钢结构的施工流程，多高层施工的常见问题及处理方法；掌握门式刚架轻型钢结构的安装特点及施工准备，了解门式刚架轻型钢结构的施工流程；掌握涂装前钢材的表面处理，了解钢材表面的锈蚀、锈蚀等级评定、防腐涂装及防火涂装的基本方法。

项目导读

（1）分组收集钢结构工程案例，结合案例分析说明钢结构具有哪些特点；

（2）分组收集钢结构工程案例，列表汇总项目中所涉及的型钢规格及数量；

（3）根据钢结构工程案例，分析常见钢结构的节点形式；

（4）根据教师提供的钢结构多层住宅的施工图，分析并编制该项目的施工方案。

能力目标

（1）通过学习，能组织开展钢构件的进场验收；

（2）能在教师指导下，完成钢板对接焊缝的施焊；

（3）能在教师指导下，完成高强度螺栓的连接；

（4）能编制多高层钢结构安装的吊装方案；

（5）能编制多高层钢结构施工的安全专项方案；

（6）具备组织多高层钢结构工程施工的基本能力；

（7）具备组织门式刚架轻型钢结构施工的基本能力。

任务 8.1　钢结构的应用

8.1.1　钢结构的特点

钢结构是指采用钢板、热轧型钢、冷弯型钢等材料制作而形成的建筑物或构筑物。钢结构的构（部）件通过工厂加工制作，运输至工地现场后通过焊接、螺栓连接等方式进行连接，并采用具有保温隔热、防水、隔声功能的材料作为楼层、屋面、墙体部件，从而形成整体建筑物或构筑物。

钢结构建筑的主要材料是钢材，从材料特性及其用途上可归纳出钢结构具有自重轻、强度高、塑性和韧性好、抗震性好、材质均匀、工业化生产、施工速度快、节能环保、可循环使用、密闭性较好等诸多优点，但也存在易锈蚀、耐热不耐火、低温冷脆等缺点，具体说明如下。

（1）自重轻、强度高。钢材的强度高，适用于建造大跨度、多高层、高耸钢结构建筑及承载大的重型钢结构。钢结构建筑的相对质量较轻，基础荷载小，基础造价相对较低。

（2）塑性和韧性好。钢结构构件的塑性好，在通常条件下不会因超载而突然断裂，破坏前有较明显的变形，易被发现。良好的塑性可降低局部的高峰应力，使应力分布变化趋缓；良好的韧性使钢结构适宜在动力荷载下工作，在地震区采用钢结构较为有利。

（3）抗震性好。钢结构由于自重轻，结构体系相对较柔，所以受到的地震作用较小，具有较高的抗拉和抗压强度，较好的塑性和韧性。国内外的历次地震后发现，钢结构是损坏最轻的，被公认为在抗震设防地区特别是强震区是最为适合的结构物。

（4）材质均匀。钢材由于冶炼和轧制过程的科学控制，内部结构组织比较均匀，接近于各向同性，为较理想的弹-塑性体，因此设计上不确定性较小，计算结果比较可靠。

（5）工业化生产、施工速度快。利用各种型钢或钢板进行钢构（部）件的加工制作，制造加工精度高、速度快，便于工业化生产。钢构（部）件的质量轻，连接方式较为简单，钢构（部）件运抵现场后进行现场拼装，安装施工速度快、周期短。

（6）节能环保、可循环使用。钢结构是节能环保型可循环使用的结构形式，其结构部分的钢材回用率甚至可达 100%，是绿色可持续发展的结构形式。

（7）密闭性较好。钢材及其连接方式（尤其是焊接连接），其水密性和气密性均较好，适合于制作高压容器、油罐、气柜、管道等要求密闭性的板壳结构。

（8）易锈蚀。钢材本身容易锈蚀，钢结构必须采取防锈蚀的涂装工艺进行处理，设计时应尽量避免结构受潮、漏雨，避免构造上出现难以检修的死角。

（9）耐热不耐火。温度超过 200℃后，钢材材质变化较大，强度逐步降低并伴随有蓝脆和徐变现象；温度达 600℃ 时，钢材强度几乎为零。钢材表面温度超过 150℃ 时需采取隔热防护，有防火要求时，必须按相关规定采取隔热保护措施。

（10）低温冷脆。钢结构在低温条件下容易发生脆性断裂，设计和施工时应特别注意。

8.1.2　钢结构的应用

根据建筑物或构筑物使用功能的区别，形成了各种不同类型的钢结构。

1. 多高层、超高层钢结构

多高层钢结构尤其是超高层钢结构建筑的设计与施工能力，最能衡量一个国家的经济实力和科技水平，超高层建筑常被当作一个城市的标志性建筑。最近十几年间，尤其是大型的超高层钢结构已呈现出斜、扭、悬等更多特异性的特点。

多高层、超高层的钢结构建筑，根据其结构体系的组合形式不同分为五大类，即全钢框架结构、钢框架-支撑结构、核心筒钢框架结构、钢管混凝土结构、型钢混凝土结构，前两种为全钢结构，后三种为钢与混凝土的组合结构。

我国 JGJ 99—2015《高层民用建筑钢结构技术规程》适用于 10 层及 10 层以上或高度大于 28m 的住宅建筑，以及房屋高度大于 24mm 的其他民用建筑钢结构的设计与安装。

图 8.1 所示为超高层钢结构建筑施工示意。

图 8.1　超高层钢结构建筑施工示意

2. 轻型钢结构

轻型钢结构是相对于普通钢结构而言的结构形式，包括轻型门式刚架、冷弯薄壁轻型钢结构、轻型钢管结构等，主要用在不承受大荷载的工业与民用建筑，如工业厂房、仓库、体育场馆、交易市场、低层住宅楼及别墅等。图 8.2 所示为轻型钢结构别墅示意。

轻型钢结构的特点是自重轻、构件截面小、刚度较好、施工周期短、施工占地小、可多次拆装、回收率高、抗腐蚀性强、保温隔热隔声性能好，屋面和墙面采用轻质复合板或彩色压型钢板，抗风、抗震、轻巧、大方、型号多样。图 8.3 所示为轻钢厂房的主体骨架组成。

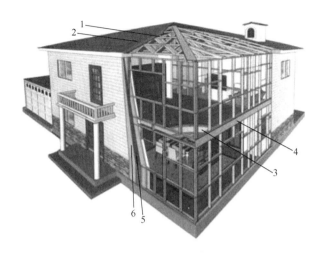

图 8.2　轻型钢结构别墅示意

1—屋面系统；2—屋面桁架；3—楼面系统；4—楼面梁；5—墙体系统；6—墙面骨架

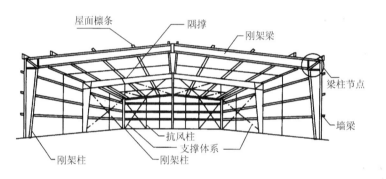

图 8.3　轻钢厂房的主体骨架组成

3. 大跨度空间钢结构

空间钢结构是指空间跨度较大的钢结构建筑，目前在建筑领域，空间钢结构的主要结构形式有网架、网壳、桁架、门式刚架、悬索结构、斜拉索结构、预应力结构等，以及上述几种结构的组合，主要应用于厂房、体育场馆、车站、飞机场、大型储煤库、展览馆、大型会议厅等。图 8.4 所示为杭州国际博览中心屋顶网架。

图 8.4　杭州国际博览中心屋顶网架

4. 钢与混凝土组合结构

钢与混凝土组合结构是由钢筋混凝土与结构钢组合形成的建筑结构，结构钢包括型钢梁、型钢柱、楼面压型钢板等。组合结构充分发挥了钢材和混凝土这两种材料各自的优点，进行合理组合后具有优良的静力和动力工作性能，能节约钢材、降低造价、加快施工速度，符合结构发展方向。

组合结构包括组合板结构、钢管混凝土结构、型钢混凝土结构等，具有承载能力高、延性好、变形性能强等优点，已成为多高层建筑设计中取代全钢结构和全钢筋混凝土结构的新型结构形式。图 8.5 所示为钢与混凝土组合结构示意。

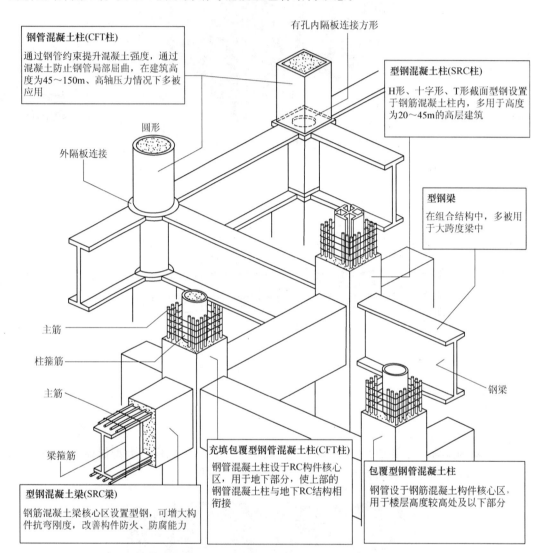

图 8.5　钢与混凝土组合结构示意

5. 钢结构住宅

钢结构住宅是指以钢材作为承重骨架的住宅，具有自重轻、强度高、抗震性能好、空间利用率高、现场作业量少、工期短的优点。钢结构住宅能实现部品部件的组装和集成，符合建筑产业化的发展趋势。多层轻型钢结构住宅，通常采用冷弯薄壁型钢密肋体系、轻钢框架体系；多层普钢结构住宅，通常采用钢框架-支撑结构体系、钢框架-开缝钢板剪力墙结构体系；中高层、高层钢结构住宅，可采用型钢混凝土柱框架结构、钢框架-支撑结构、钢框架-核心筒结构、钢框架-钢板剪力墙结构等结构体系。图 8.6 所示为轻钢结构住宅。

图 8.6　轻钢结构住宅

6. 高耸钢结构

采用钢材为主要承重材料建造的高耸结构，称为高耸钢结构，包括塔架和桅杆结构，如高压输电线路的塔架、采油钻井塔、环境监测塔、火箭发射塔，广播、通信和电视发射用的塔架和桅杆等。

任务 8.2　钢结构的材料

8.2.1　钢材的分类

钢材的分类方法有很多种，如根据用途的不同，钢材分为结构钢、工具钢、特殊钢（如不锈钢等），其中结构钢又可分为建筑用钢和机械用钢。

（1）根据脱氧方法不同，钢材分为沸腾钢（F）、半镇静钢（b）、镇静钢（Z）和特殊镇静钢（TZ）。镇静钢脱氧充分，沸腾钢脱氧较差，半镇静钢介于二者之间。

（2）根据碳含量的多少，钢材分为低碳钢、中碳钢、高碳钢。

（3）根据合金元素含量的多少，钢材分为低合金钢、中合金钢、高合金钢。

（4）根据化学成分和用途不同，钢材分为碳素结构钢、优质碳素结构钢、低合金高强度结构钢、建筑结构用钢板、Z 向钢板、耐候结构钢、铸钢件、结构用钢管等。

1. 碳素结构钢

碳素结构钢（相应国标为 GB 700—2006）是常用的工程用钢，根据其碳含量的多少，可分为低碳钢、中碳钢、高碳钢三种，建筑钢结构主要使用低碳结构钢。碳素结构钢的强度等级按屈服点数值不同，可分为 Q195、Q215、Q235、Q275 四种。碳素结构钢牌号由代表屈服点的字母"Q"、屈服点数值、质量等级、脱氧方法四个部分组成，有 A、B、C、D 四个质量等级。

2. 优质碳素结构钢

优质碳素结构钢（相应国标为 GB/T 699—2015）与碳素结构钢的区别在于其杂质元素少，磷、硫等有害元素含量非常低。优质碳素结构钢的缺陷控制严格，综合性能好，但由于其价格较高，在钢结构工程中使用较少，仅用于做冷拔高强钢丝、高强度螺栓、自攻螺钉等。

3. 低合金高强度结构钢

低合金高强度结构钢（相应国标为 GB/T 1591—2008）是指炼钢过程添加合金元素的钢材，被广泛应用于大跨度、高层、超高层钢结构。低合金高强度结构钢分为 Q345、Q390、Q420、Q460、Q500、Q550、Q620、Q690 八种，质量等级有 A、B、C、D、E 五个等级。

4. 建筑结构用钢板

建筑结构用钢板（相应国标为 GB/T 19879—2015），钢板牌号由代表屈服点的字母"Q"、屈服点数值、代表高性能建筑结构用钢板的汉语拼音字母"GJ"及质量等级符号（B、C、D、E）组成，如 Q345GJC。对于厚度方向性能有要求的钢板，在质量等级后面加上厚度方向性能级别，如 Q345GJC-Z15。

5. Z 向钢板

Z 向钢板沿三个方向机械性能有差别，沿轧制方向性能最好，垂直于轧制方向性能稍差，厚度方向性能最差。层数较高和跨度较大的建筑结构，常会出现沿钢板厚度方向受拉的情况，为保证结构安全，要求采用抗层状撕裂的钢板，即 Z 向钢板。根据 GB/T 5313—2010《厚度方向性能钢板》的规定，Z 向钢板牌号有 Z15、Z25、Z35 等。

6. 耐候结构钢

我国耐候钢分为焊接耐候钢和高耐候钢两类，统称耐候结构钢。根据 GB/T 4171—2008《耐候结构钢》的规定，焊接耐候钢牌号由代表屈服点的字母"Q"、屈服点数值、"耐候"的汉语拼音首字母"NH"及质量等级（A、B、C、D、E）组成，如 Q355NHC。焊接耐候钢分为 Q235NH、Q295NH、Q355NH、Q415NH、Q460NH、Q500NH、Q550NH 七种。高耐候钢的耐候性能比焊接耐候钢更好，牌号由代表屈服点的字母"Q"、屈服点数值、"高耐候"的汉语拼音首字母"GNH"组成。

7. 铸钢件

建筑钢结构尤其在大跨度结构中，常常需要用到铸钢件节点，其性能应符合 GB/T 11352—2009《一般工程用铸造碳钢件》的规定。铸钢牌号示例：ZG200-400 表示铸钢的屈服点为 200MPa，抗拉强度为 400N/mm^2。图 8.7 所示为大型铸钢件节点。

8. 结构用钢管

结构用钢管有无缝钢管和焊接钢管（螺旋焊）两大类。焊接钢管由钢带卷焊而成，分为直缝焊和螺旋焊两种。无缝钢管分为热轧、冷拔两种，热轧无缝钢管所用钢主要为优质碳素结构钢和低合金高强度结构钢，冷拔无缝钢管只限于小管径。图 8.8 所示为结构用钢管。

图 8.7 大型铸钢件节点

(a) 无缝钢管   (b) 焊接钢管(螺旋焊)

图 8.8 结构用钢管

8.2.2 钢材的规格

钢结构采用的型材包括钢板和钢带、热轧型钢、冷弯型钢，以及压型钢板和钢筋桁架楼承板等。

1. 钢板和钢带

钢板和钢带是节点板、加劲肋、支座底板、柱头顶板，以及各种组合截面加工的原材料，分为热轧板和冷轧板。钢板和钢带的区别在于成品形状，钢板是矩形平板状板材，直接轧制或由钢带剪切而成；钢带成卷供货，一般宽度不小于 600mm，宽度小于 600mm 的称为窄钢带，可直接轧制或由宽钢带纵向剪切而成。图 8.9 所示为钢板和钢带。热轧钢板和钢带是钢结构中应用最多的材料，相应国家标准为 GB/T 3274—2017《碳素结构钢和低合金结构钢热轧钢板和钢带》，按厚度不同分为薄、中、厚、特厚、超厚板，厚度 4mm 以下的为薄板，4～30mm 的为中板，30～80mm 的为厚板，80～120mm 的为特厚板，120mm 以上的为超厚板。薄钢板是冷弯薄壁型钢原材料。钢板标注方式为"—厚度×宽度×长度"，如"—6×300×1000"，单位为 mm，在图纸上标注为 $\dfrac{-6\times300}{1000}$。

2. 热轧型钢

热轧型钢的截面形式包括等边角钢、不等边角钢、钢管、槽钢、工字钢、H 型钢及剖分 T 型钢，如图 8.10 所示。

(a) 钢板的轧制　　　　　　　　(b) 钢带的运输

图 8.9　钢板和钢带

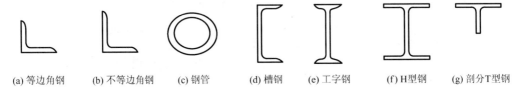

(a) 等边角钢　　(b) 不等边角钢　　(c) 钢管　　(d) 槽钢　　(e) 工字钢　　(f) H型钢　　(g) 剖分T型钢

图 8.10　热轧型钢的截面形式

1）角钢

等边角钢的表示方法：∟边长×厚度，如∟100×8，单位为 mm。

不等边角钢的表示方法：∟长边×短边×厚度，如∟100×80×8，单位为 mm。

2）钢管

钢管的表示方法：ϕ 外径×厚度，如 ϕ40×5，表示钢管外径为 40mm，壁厚为 5mm。

3）槽钢

槽钢的表示方法：[后面跟着截面高度及 a、b、c 的符号，截面高度单位为 cm，a、b、c 用来区别腹板厚度和翼缘宽度。截面高度为 14～22cm 时，槽钢有 a、b 两种规格；截面高度为 24～40cm 时，槽钢有 a、b、c 三种规格。其中 a 为腹板最薄、翼缘最窄，b 居中，c 为腹板最厚、翼缘最宽。

4）工字钢

工字钢的表示方法：I 后面跟着截面高度及 a、b、c 的符号，截面高度单位为 cm。截面高度为 20～28cm 时，有 a、b 两种规格；截面高度为 30～63cm 时，有 a、b、c 三种规格。

5）H 型钢

H 型钢的表示方法：H 截面高度×截面宽度×腹板厚度×翼缘厚度，单位为 mm。

根据 GB/T 11263—2017《热轧 H 型钢和剖分 T 型钢》的规定，热轧 H 型钢分为四类，其代号分别为：宽翼缘 H 型钢，HW（"W"为"Wide"的字头），这一系列常用作柱及支撑，其翼缘较宽，截面高宽比为 1∶1，弱轴的回转半径相对较大，具有良好的受压性能，截面规格为（100mm×100mm）～（500mm×500mm），如 HW400×400×11×18；中翼缘 H 型钢，HM（"M"为"Middle"的字头），这一系列常用作柱及梁，其截面高宽比为（2∶1）～（1.3∶1），截面规格为（150mm×100mm）～（600mm×300mm），如 HM200×150×6×9；窄翼缘 H 型钢，HN（"N"为"Narrow"的字头），这一系列常用作梁，有良好的受弯性能，截面高宽比为（3.3∶1）～（2∶1），截面高度为 100～1000mm，如 HN150×75×5×7；薄壁 H 型钢，HT（"T"为"Thin"的字头），翼缘和腹板厚度均较薄，高宽比为（2∶1）～（1∶1），截面规格为（100mm×50mm）～（400mm×200mm）。

6）剖分 T 型钢

T 型钢的表示方法：T 高度×宽度×腹板厚度×翼缘厚度，单位为 mm。

根据 GB/T 11263—2017《热轧 H 型钢和剖分 T 型钢》的规定，剖分 T 型钢是热轧 H 型钢在腹板中部一剖为二形成的。剖分 T 型钢分为三类，分别为：宽翼缘剖分 T 型钢，TW，如 TW150×300×10×15；中翼缘剖分 T 型钢，TM，如 TM170×250×9×14；窄翼缘剖分 T 型钢，TN，如 TN125×125×6×9。

3. 冷弯型钢

冷弯型钢在钢结构中主要用于承重骨架、单体构件、围护板件，可制作成桁架、钢架、墙架、檩条、支撑平台、楼梯、龙骨、门窗等。根据 GB/T 6725—2008《冷弯型钢》规定，冷弯型钢按截面形状分为冷弯闭口型钢和冷弯开口型钢。冷弯型钢屈服强度等级有 235、345、390 三种，壁厚一般为 1.2～1.6mm。

冷弯闭口型钢包括方形空心型钢（方管）、圆形空心型钢（圆管）、矩形空心型钢（矩形管）、异形空心型钢（异形管）；冷弯闭口型钢冷弯后，一般采用高频焊接封闭成型。冷弯开口型钢包括等边角钢、卷边等边角钢、不等边角钢、卷边不等边角钢、等边槽钢、不等边槽钢、内卷边槽钢、外卷边槽钢、Z 型钢、卷边 Z 型钢。图 8.11 所示为部分冷弯型钢的截面形式。

| 方管 | 圆管 | 等边角钢 | 卷边等边角钢 | 槽钢 | 内卷边槽钢 | 外卷边槽钢（帽形钢） | Z 型钢 | 卷边 Z 型钢 |

图 8.11 部分冷弯型钢截面形式

4. 压型钢板和钢筋桁架楼承板

薄钢板经冷压或冷轧成型的钢材称为压型钢板，是有机涂层彩色压型钢板、镀锌薄钢板、防腐薄钢板或其他压型薄钢板的统称。压型钢板具有自重轻、强度高、抗震性能好、施工快速、外形美观等优点，主要用于围护结构和楼承板，根据使用功能不同，可压制形成单波、双曲波、肋形、V 形、加劲型等。型号表示为 YX 波高-波距-有效覆盖宽度，相应国家标准为 GB/T 12754—2016《彩色涂层钢板及钢带》、GB/T 12755—2008《建筑用压型钢板》。图 8.12 为压型钢板安装示意。

钢筋桁架楼承板属于无支撑压型组合楼承板的一种，由工厂定型加工，上下层纵向钢筋与弯折成型的钢筋焊接形成能承受荷载的小桁架，组成一个施工阶段无须模板、能够承受湿混凝土和施工荷载的组合楼板。施工时将钢筋桁架楼承板的端部用栓钉焊接于钢梁上进行固定，验收完成后再浇筑混凝土，可显著减少现场钢筋的绑扎量，加快施工进度。图 8.13 所示为钢筋桁架楼承板。

(a) 压型钢板楼面上绑扎钢筋

(b) 压型钢板铺设的楼盖

图 8.12 压型钢板安装示意

(a) 钢筋桁架楼承板混凝土楼板三维效果

(b) 工厂加工楼承板

图 8.13 钢筋桁架楼承板

8.2.3 钢材的主要力学指标和设计用强度指标

1. 主要力学指标

钢材的力学性能指标主要有屈服强度 f_y、抗拉强度 f_u、伸长率、冷弯性能及冲击韧性。

（1）屈服强度 f_y 是钢材的强度设计指标。

（2）抗拉强度 f_u 是钢材破坏前能承受的最大应力。屈强比用于衡量钢材的强度储备。

（3）伸长率是衡量钢材塑性性能的指标。

（4）冷弯性能是衡量钢材力学性能的综合指标。

（5）冲击韧性是判断钢材在动力荷载作用下是否发生脆性破坏的指标。

2. 设计用强度指标

由于厚度大的钢材在轧制过程中的压延次数比薄钢材少，其晶粒不如薄钢材细密，力学性能与薄钢材相比有差别，因此钢材的设计用强度指标，应根据钢材厚度或直径进行分类，见表 8-1（选自 GB 50017—2017《钢结构设计标准》）。

表 8-1　钢材的设计用强度指标　　　　　　　　　单位：N/mm²

钢材牌号		钢材厚度或直径/mm	钢材强度设计值			钢材强度	
			抗拉、抗压和抗弯强度 f	抗剪强度 f_v	端面承压（刨平顶紧）强度 f_{ce}	屈服强度 f_y	抗拉强度最小值 f_u
碳素结构钢	Q235	≤16	215	125	320	235	370
		>16，≤40	205	120		225	
		>40，≤100	200	115		215	
低合金高强度结构钢	Q345	≤16	300	175	400	345	470
		>16，≤40	295	170		335	
		>40，≤63	290	165		325	
		>63，≤80	280	160		315	
		>80，≤100	270	155		305	
	Q390	≤16	345	200	415	390	490
		>16，≤40	330	190		370	
		>40，≤63	310	180		350	
		>63，≤100	295	170		330	
	Q420	≤16	375	215	440	420	520
		>16，≤40	355	205		400	
		>40，≤63	320	185		380	
		>63，≤100	305	175		360	
	Q460	≤16	410	235	470	460	550
		>16，≤40	390	225		440	
		>40，≤63	355	205		420	
		>63，≤100	340	195		400	

注：表中直径指实心棒材直径，厚度指计算点的钢材或钢管壁厚度，对于轴心受拉和轴心受压构件是指截面中较厚板件的厚度。

任务 8.3　节点的连接

8.3.1　连接方法

钢结构是将钢板或型钢连接成梁、柱、斜撑等钢构件，整个钢结构建（构）筑物需在节点处通过连接方法将构（部）件拼装成整体，因此，钢结构连接接头的质量好坏，直接影响到钢结构建筑的整体质量。

钢结构的连接方法，曾有销钉、铆钉、焊缝、螺栓连接等方式，其中销钉和铆钉连接由于费工废料，已极少用于新建的钢结构建筑，因此下文主要介绍焊接连接和螺栓连接这两种方法。图 8.14 所示为焊接连接，图 8.15 所示为螺栓连接。

图 8.14　焊接连接

图 8.15　螺栓连接

1. 焊接连接

焊接连接是建筑钢结构普遍采用的一种连接方法。金属的焊接方法多种多样，考虑到成本及应用条件等因素，在建筑钢结构制造与安装领域，广泛使用的是电弧焊。电弧焊是

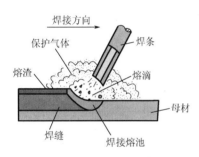

图 8.16　电弧焊示意

利用电弧放电所产生的热量使焊条与待连接金属局部熔化，冷凝后形成焊缝，从而获得牢固接头的焊接方法，包括手工电弧焊、埋弧焊、气体保护焊等。图 8.16 所示为电弧焊示意。

焊接连接的优点是不削弱被连接件截面，节省钢材，密闭性好，构造简单，加工方便，生产效率高。其缺点是焊缝附近会形成热影响区，使材质变脆；钢材受高温后冷却，焊件产生残余应力和变形；焊件易产生裂纹，对动力荷载敏感，疲劳强度较低，易发生脆断。

2. 螺栓连接

螺栓按材质不同，分为普通螺栓和高强度螺栓两种。普通螺栓连接使用较早，高强度螺栓连接则是在 20 世纪中叶发展起来的，现已广泛应用于承受动力荷载的钢结构中。

螺栓连接的优点是工艺简单，安装方便，适用于工地安装，进度和质量易保证。其缺点是开孔对截面有削弱，被连接板件需要相互搭接或另加拼接板，比焊接连接用材多，构造烦琐。

普通螺栓通常采用 Q235 的热轧圆钢制成，用普通扳手拧紧即可。结构用普通螺栓一般为六角头螺栓，标记为 $Md \times z$，d 为螺栓规格即直径，z 为螺栓公称长度。性能等级 8.8 级以下（不含 8.8 级），按制作精度分为 A 级精致、B 级半精致、C 级粗制螺栓，钢结构用普通螺栓除特殊注明外一般为 C 级粗制螺栓。图 8.17 所示为普通螺栓。

高强度螺栓材质为低碳合金钢或中碳钢，用经热处理（淬火、回火）后的高强度钢材制成。高强度螺

图 8.17　普通螺栓

栓根据外形分为大六角头和扭剪型两种，需符合 GB/T 1228—2006《钢结构用高强度大六角头螺栓》、GB/T 1231—2006《钢结构用高强度螺栓、大六角螺母、垫圈技术条件》和 GB/T 3632—2008《钢结构用扭剪型高强度螺栓连接副》等标准要求，按性能等级可分为 8.8 级、10.9 级、12.9 级。目前我国使用的大六角头高强度螺栓有 8.8 级和 10.9 级，而扭剪型高强度螺栓只有 10.9 级。图 8.18 所示为高强度螺栓连接副。

(a) 大六角头高强度螺栓连接副　　　　　(b) 扭剪型高强度螺栓连接副

图 8.18　高强度螺栓连接副

8.3.2　焊接连接

1. 焊接材料

1) 焊条（图 8.19）

焊条由焊芯和药皮两部分组成，焊条的两端分别称为引弧端和夹持端。

(1) 焊芯与药皮。焊芯是指焊条中被药皮包裹的金属芯，其作用是传导电流、引燃电弧、过渡合金元素。通常所说的焊条直径是指焊芯直径，结构钢焊条直径为 1.6～6.0mm，共有 7 种规格，生产上应用最多的是直径 3.2mm、4.0mm、5.0mm 的三种焊条。焊条长度是指焊芯长度，一般为 200～550mm。药皮是指焊条上压涂在焊芯表面上的涂料层，在焊接过程中起机械保护、冶金处理、改善焊接工艺性能的作用。

(2) 焊条的分类。一般根据用途、熔渣酸碱度、性能特征或药皮类型分类。钢结构制造与建造过程中，应用较多的是按熔渣酸碱度分类，可分为酸性焊条和碱性焊条，酸性焊条熔渣以酸性氧化物为主，碱性焊条熔渣以碱性氧化物为主。根据焊芯的材料不同，焊条分为碳钢焊条和低合金焊条。①碳钢焊条，按 GB/T 5117—2012《非合金钢及细晶粒钢焊条》规定，其型号根据熔敷金属力学性能、药皮类型、焊接位置、焊接电流种类进行划分；②低合金钢焊条，按 GB/T 5118—2012《热

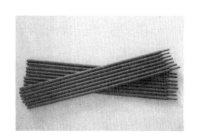

图 8.19　焊条

强钢焊条》规定，其型号按熔敷金属力学性能、化学成分、药皮类型、焊接位置、电流种类进行划分。

2) 焊丝

焊接时作为填充金属或同时用来导电的金属丝称为焊丝。钢结构焊接常用埋弧焊焊

图 8.20　气体保护焊实芯焊丝

丝、CO_2 气体保护焊焊丝、电渣焊焊丝三种。按焊丝截面形状，分为实芯焊丝、药芯焊丝。气体保护焊焊丝应符合 GB/T 8110—2008《气体保护电弧焊用碳钢、低合金钢焊丝》的规定，埋弧焊焊丝应符合 GB/T 5293—1999《埋弧焊用碳钢焊丝和焊剂》和 GB/T 12470—2003《埋弧焊用低合金钢焊丝和焊剂》的规定。图 8.20 所示为气体保护焊实芯焊丝。

3）焊剂

焊剂是在埋弧焊和电渣焊时形成熔渣和气体，对熔化金属起保护和冶金反应的一种颗粒状物质。焊剂分为熔炼焊剂和非熔炼焊剂。

2. 焊接方法

钢结构制造与建造过程中，常用的焊接方法有手工电弧焊、气体保护焊、埋弧焊、电渣焊、螺柱焊（栓钉焊）等。

（1）手工电弧焊：手工电弧焊采用药皮焊条，其工艺原理是在涂有药皮的金属电极与焊件间施加电压，产生电弧，高温下致使焊条和焊件局部熔化，形成气体、熔渣、熔池，气体和熔渣对熔池起保护作用，熔渣与熔池金属产生冶炼反应，凝固成焊渣覆盖于焊缝金属表面。焊条应按等强度、同性能原则，与焊件相适应，如 Q235 钢焊件选用 E43 系列焊条，Q345、Q390 钢焊件选用 E50 或 E55 系列焊条，Q420、Q460 钢焊件选用 E55 或 E60 系列焊条。

（2）气体保护焊：是利用焊枪中喷出的 CO_2 气体或惰性气体（如氩气）作为保护介质的一种电弧焊方法。气体保护焊的焊丝自动送进，CO_2 气体或惰性气体作为保护气体，使熔化金属不与空气接触，保证了焊接过程的稳定性。气体保护焊具有电弧加热集中、熔化深度大、焊接速度快、焊缝强度高等优点。气体保护焊采用高锰、高硅型焊丝，具有较强的抗锈蚀能力，不易产生气孔。气体保护焊可用手工操作或采用自动焊接，熔化区没有熔渣，焊工能清楚地看到焊缝成型的过程。操作时须在室内避风车间焊接，工地施焊作业区风速超过 2m/s 时应采取防风措施，否则易出现焊坑、气孔等缺陷。图 8.21 所示为采用 CO_2 气体保护焊进行现场施焊。

图 8.21　采用 CO_2 气体保护焊进行现场施焊

（3）埋弧焊：是一种电弧在可熔化颗粒状焊剂覆盖下燃烧的一种电弧焊方法。与普通手工弧焊相比，埋弧焊具有质量稳定、效率高、省焊材、变形小、无弧光、烟尘少等优点，是焊接 H 型钢、箱型钢梁柱、管段等的主要方法。图 8.22 所示为埋弧焊示意。

埋弧焊按自动化程度，分为全自动埋弧焊和半自动埋弧焊。全自动埋弧焊是指电弧移动和焊丝送进均由送丝机头完成，焊丝在焊剂层下全自动完成焊接，适用于水平或与水平位置倾斜度不大于 10°的各种有无坡口对接、搭接和角焊缝。图 8.23 所示为龙门式全自动埋弧焊设备。半自动埋弧焊的电弧移动依靠手工，焊丝自动送进，可代替全自动设备焊接弯曲处或较短的焊缝。

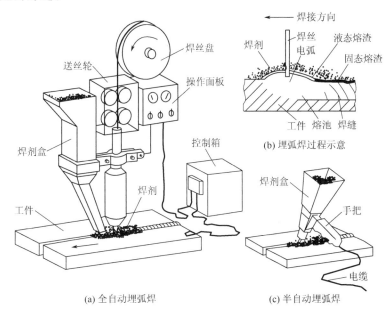

图 8.22　埋弧焊示意

图 8.23　龙门式全自动埋弧焊设备

（4）电渣焊：是利用电流通过熔渣所产生的电阻来熔化金属，焊丝作为电极伸入并穿过渣池，使渣池产生电阻热将焊件金属及焊丝熔化，沉积于熔池中而形成焊缝。电渣焊一般在立焊位置进行，目前多用熔嘴电渣焊，以管状焊条作为熔嘴，焊丝从管内递进。

（5）螺柱焊（栓钉焊）：是将金属螺柱或其他金属紧固件（栓、钉等）焊接到工件上去的方法，在钢结构工程上常被称为栓钉焊。螺柱焊（栓钉焊）的质量要求主要通过打弯试验来检验，即用铁锤敲击栓钉圆柱头部位使其弯曲 30°后，观察其焊后部位有无裂纹，若无裂纹即为合格。图 8.24 所示为螺柱焊（栓钉焊）。

图 8.24　螺柱焊（栓钉焊）

3. 焊接接头的形式

采用焊接方法连接的不可拆卸接头称为焊接接头，由焊缝、热影响区及邻近母材组成。焊接接头主要起到两方面的作用，一是连接作用，二是传力作用。焊接接头还可以根据被连接工件的相对位置、构造特点、施焊位置进行分类。

（1）根据被连接工件的相对位置进行分类，板接头可以分为对接接头、搭接接头、T形接头、角部接头等接头形式（图 8.25）；管接头可以分为 T(X) 形接头、Y 形接头、K形接头、K 形复合接头、偏离中心接头等接头形式。

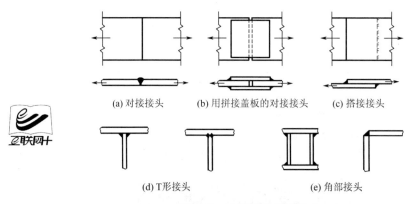

(a) 对接接头　　　(b) 用拼接盖板的对接接头　　　(c) 搭接接头

(d) T形接头　　　　　　(e) 角部接头

图 8.25　焊接板接头的形式

（2）按焊缝本身的构造特点进行分类，可将焊缝分为对接焊缝和角焊缝两种类型。对接焊缝位于被连接板件或其中一个板件的平面内；角焊缝位于两个被连接板件的边缘位置。对接焊缝分为完全焊透对接焊缝和局部焊透对接焊缝，完全焊透对接焊缝又包括正焊缝和斜焊缝。图 8.26 所示为完全焊透对接焊缝示意。

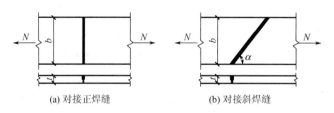

(a) 对接正焊缝　　　　　　(b) 对接斜焊缝

图 8.26　完全焊透对接焊缝示意

表 8-2 所列为焊接方法及焊透种类代号，表 8-3 所列为焊接接头形式及焊缝坡口形状的代号。

表 8-2　焊接方法及焊透种类代号

焊接方法	焊透种类	代号
手工电弧焊	完全焊透	MC
	部分焊透	MP
气体保护焊	完全焊透	GC
	部分焊透	GP
埋弧焊	完全焊透	SC
	部分焊缝	SP

表 8-3　焊接接头形式及焊缝坡口形状的代号

接头形式		坡口形式	
名称	代号	名称	代号
板接头 对接接头	B	I 形坡口	I
搭接接头	F	单边 V 形坡口	L
T 形接头	T	双边 V 形坡口	V
角接接头	C	K 形坡口	K
十字接头	X	X 形坡口	X
管接头 T 形接头	T	单边 U 形坡口	J
K 形接头	K	双边 U 形坡口	U
Y 形接头	Y		

注：当钢板厚度不小于 50mm 时，可采用 U 形或 J 形坡口。

角焊缝按其与作用力的关系，可分为正面角焊缝和侧面角焊缝，焊缝轴线与焊件受力方向垂直的称为正面角焊缝，与受力方向平行的称为侧面角焊缝。

（3）按施焊位置进行分类，可将焊接分为平焊（即俯焊）、横焊、立焊、仰焊四种主要类型，如图 8.27 所示。

① 平焊（F）：施焊人俯着身体，面朝下进行操作，手把夹持焊条由左向右连续移动。

② 横焊（H）：施焊人站立着，正面对着工件，手把夹持焊条由左向右连续或点式移动。

③ 立焊（V）：施焊人对着工件，手把夹持焊条由下至上一点接一点连续移动。

④ 仰焊（O）：施焊人仰着向上对着工件进行，手把夹住焊条由左向右一点接一点移动。

平焊的焊接工作最方便，质量也最好，应尽量采用；横焊和立焊的质量及生产效率比平焊差一些；仰焊的操作条件最差，焊缝质量不易保证，应尽量避免采用。

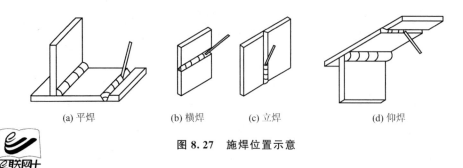

(a) 平焊　　　　　　　(b) 横焊　　　(c) 立焊　　　　　　(d) 仰焊

图 8.27　施焊位置示意

8.3.3　螺栓连接

螺栓按材质不同，可分为普通螺栓和高强度螺栓。螺栓连接的紧固工具和工艺均较简单，易于实施，质量易保证，拆装方便，因此螺栓连接在钢结构安装中得到了广泛应用。螺栓连接按受力情况不同，分为抗剪螺栓连接、抗拉螺栓连接和同时承受剪拉的螺栓连接。

1. 普通螺栓连接

普通螺栓连接中使用较多的是粗制螺栓（C 级螺栓），其抗剪连接是依靠螺杆抗剪和孔壁承压来承受荷载。粗制螺栓抗剪连接中，螺杆孔径较栓杆公称直径大 $1.0\sim1.5\,\text{mm}$，有空隙，受力后板件间将发生相对滑移，因此只能用于一些不直接承受动力荷载的次要构件和可拆卸结构的连接。精致螺栓（A、B 级）受力和传力与粗制螺栓完全相同，但由于精致螺栓加工复杂、安装要求高、价格高，在工程上已逐渐被高强度螺栓替代。

1）普通螺栓性能与规格

普通螺栓分为 3.6、4.6、4.8、5.6、5.8、6.8 六个等级，采用低碳钢或中碳钢制成，性能等级标号由两部分数字组成，分别表示螺栓公称的抗拉强度和材质屈强比，如 4.6 级螺栓，"4" 表示螺栓材质公称抗拉强度为 400MPa，"6" 表示螺栓材质的屈强比为 0.6，因此其屈服强度值为 400MPa×0.6＝240MPa。

普通螺栓按外形不同，可分为六角头螺栓、双头螺栓、沉头螺栓等，相应的国家标准有 GB 5780—2016《六角头螺栓 C 级》、GB 5781—2016《六角头螺栓　全螺纹 C 级》及 GB/T 953—1988《等长双头螺柱 C 级》等。

2）螺栓及螺栓孔的图例

钢结构用普通螺栓一般为六角头型，粗牙普通螺纹，代号用字母 M 和公称直径表示，如 M16、M20 等。C 级螺栓采用 Ⅱ 类孔，孔壁表面的粗糙度不应大于 25 μm，其螺栓孔径 d_0 比螺栓栓杆直径 d 大 $1.0\sim1.5\,\text{mm}$，即 $d_0=d+(1.0\sim1.5)\,\text{mm}$。表 8-4 列出了螺栓及螺栓孔的图例。

表 8 - 4　螺栓及螺栓孔的图例

序　号	名　称	图　例	说　明
1	永久螺栓	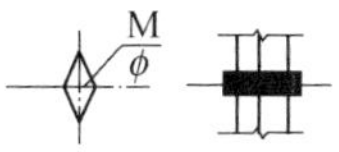	
2	安装螺栓	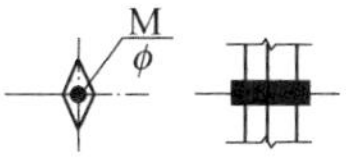	
3	高强度螺栓	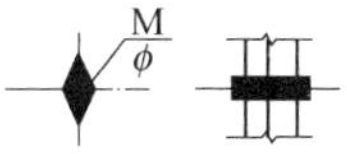	（1）细"＋"表示定位线； （2）M 表示螺栓型号； （3）ϕ 表示螺栓孔直径；
4	胀锚锚栓	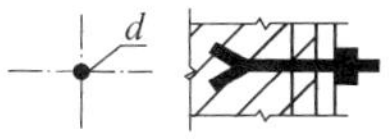	（4）d 表示膨胀螺栓直径； （5）采用引出线标注螺栓时，
5	螺栓圆孔	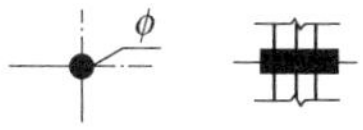	横线上标注螺栓规格，横线下标 注螺栓孔直径
6	椭圆形螺栓孔	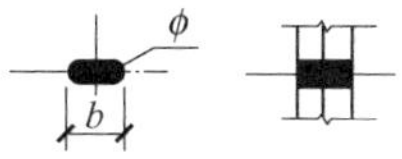	
7	电焊铆钉	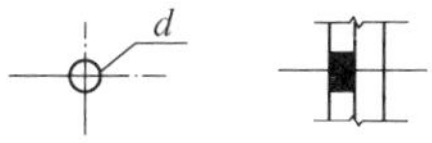	

3）螺栓的排列要求

螺栓在连接中的排列应遵循简单整齐、便于施工的原则，常用的排列方式有并列和错列两种，如图 8.28 所示。钢板上的螺栓排列，并列排布较简单，但是螺栓孔对于被连接件截面削弱较大；错列可减少螺栓孔对截面的削弱，但螺栓孔排列不如并列紧凑，需要的连接板尺寸较大。当采用螺栓连接时，其排列应满足如下要求。

（1）在垂直于受力方向。对于受拉构件，各排螺栓中距及边距不能太小，以免螺栓周围应力集中并相互影响，而且使钢板截面削弱过多，降低其承载能力。

（2）在平行于受力方向。端距应满足材料的抗挤压及抗剪切强度要求，以使钢板端部不致被螺栓撕裂，规范规定端距不应小于 $2d_0$。受压构件的中距也不宜过大，以免被连接板件间发生鼓曲现象。

（3）施工要求。应确保具有一定的施工空间，以便于用扳手拧紧螺母。根据扳手尺寸和工人的施工经验，规定最小中距为 $3d_0$。综合以上要求，规范规定钢板上螺栓的最大、最小容许距离见表 8 - 5。排列螺栓时，宜按最小容许距离布置，且应取 5mm 的倍数，并按等距离排布，以缩小连接的尺寸；最大容许距离一般只在起联系作用的连接构造中采用。

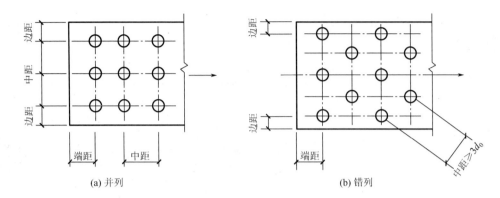

(a) 并列   (b) 错列

图 8.28　钢板上的螺栓排列

表 8-5　螺栓的最大、最小容许距离

名　　称	位置和方向			最大容许距离 (取两者中的较小值)	最小容许距离
中心 间距	外排（垂直于内力方向或平行于内力方向）			$8d_0$ 或 $12t$	3d_0
	中间排	垂直于内力方向		$16d_0$ 或 $24t$	
		平行于内力方向	构件受压力	$12d_0$ 或 $18t$	
			构件受拉力	$16d_0$ 或 $24t$	
	沿对角线方向			—	
中心至构件 边缘的距离	平行于内力方向			—	$2d_0$
	垂直于内力 方向	剪切边或手工气割边		$4d_0$ 或 $8t$	$1.5d_0$
		轧制边、自动 气割或锯割边	高强度螺栓		$1.5d_0$
			其他螺栓		$1.2d_0$

注：1. d_0 为螺栓孔的孔径，t 为外层较薄板件的厚度。

　　2. 钢板边缘与刚性构件（如角钢、槽钢等）相连的螺栓的最大间距，可按中间排的数值采用。

4）螺栓直径及长度的选择

螺栓直径应由设计人员按等强原则通过计算确定，但对同一个工程，螺栓直径规格应尽可能少，以便于施工和管理；另外，螺栓直径还应与被连接件的厚度相匹配。螺栓长度通常是指螺栓螺头内侧面到螺栓端头的长度，一般都是 5mm 的倍数，从螺栓的标注规格上可以看出，螺纹的长度基本不变。

2. 高强度螺栓连接

高强度螺栓的杆身、螺母和垫圈都要用抗拉强度高的钢材来制作，其性能等级分 10.9级（20MnTiB 钢和 30VB 钢）和 8.8 级（40B 钢、45 钢和 35 钢）两种。45 钢和 40B 钢只能用于直径不大于 24mm 的高强度螺栓。目前工程中已逐渐采用 20MnTiB 钢作为高强度螺栓的专用钢。

高强度螺栓连接按其受力状况，可分为摩擦型连接、承压型连接、张拉型连接三种类型。前两种连接主要承受剪力，第三种连接主要承受拉力。

1）高强度螺栓的种类及规格

高强度螺栓从外形上可分为大六角头和扭剪型两种，大六角头高强度螺栓连接副含 1 个螺栓、1 个螺母、2 个垫圈，扭剪型高强度螺栓连接副含 1 个螺栓、1 个螺母、1 个垫圈。表 8-6 为高强度螺栓连接副性能等级及规格表。

表 8-6　高强度螺栓连接副性能等级及规格表

规范编号	规范名称	性能等级	规格	连接副组成
GB/T 1228—2006	钢结构用高强度大六角头螺栓	8.8S 10.9S	M8~M30	1 个螺栓、1 个螺母、2 个垫圈
GB/T 1229—2006	钢结构用高强度大六角螺母			
GB/T 1230—2006	钢结构用高强度垫圈			
GB/T 1231—2006	钢结构用高强度大六角头螺栓、大六角螺母、垫圈技术条件			
GB/T 3632—2008	钢结构用扭剪型高强度螺栓连接副	10.9S	M16~M24	1 个螺栓、1 个螺母、1 个垫圈

2）高强度螺栓的预拉力

高强度螺栓的预拉力通过扭紧螺母来实现，一般采用扭矩法、转角法、扭剪法进行施工。

（1）扭矩法。采用直接显示扭矩特制扳手，由事先测定的扭矩和螺栓拉力之间的关系施加扭矩，使其达到设定的预拉力。对大六角头高强度螺栓连接副来说，当扭矩系数 K 确定后，由于螺栓轴向预拉力 P 是由设计规定的，则螺栓应施加的扭矩值 M 可根据 $M = KdP$ 计算确定（M 为施加于螺母上的扭矩值，K 为扭矩系数，d 为螺栓公称直径，P 为设计规定的螺栓预拉力）。确定施工扭矩值后，使用扳手按扭矩值进行终拧。

（2）转角法。施工时先用人工扳手初拧螺母，直到拧不动为止，初拧后螺母的旋转角度与螺栓轴向力成对应关系，当螺栓受拉处于弹性范围内时，两者呈线性关系，根据这一线性关系，在确定螺栓的施工预拉力后，就很容易得到螺母的旋转角度，施工人员按此旋转角度再进行终拧。转角法的施工次序为初拧—初拧检查—画线—终拧—终拧检查—做标记。

（3）扭剪法。采用扭剪型高强度螺栓专用的电动扳手，对扭剪型高强度螺栓进行施工。图 8.29 所示为扭剪型高强度螺栓带十二角体梅花头，其端部设有梅花头，在拧紧螺母时，靠拧断螺栓尾部梅花头切口处的截面来控制其达到所需的预拉力值。电动扳手外套筒套在螺母上，内套筒套在梅花头上，当加于螺母扭矩值增加到梅花头切口扭断力矩时，切口断裂，紧固完成，施加在螺母上的最大扭矩即为梅花头切口的扭断力矩。

3）构造要求及连接工艺

（1）螺栓在连接前应对连接副实物和摩擦面进行检验和复验，合格后安装。

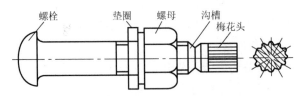

图 8.29　扭剪型高强度螺栓带十二角体梅花头

（螺栓　垫圈　螺母　沟槽　梅花头）

（2）对于每个连接接头，应先用临时螺栓或冲钉定位，为防止损伤螺纹引起扭矩系数变化，严禁把高强度螺栓作为临时螺栓使用。临时螺栓和冲钉数量应根据该接头可能承担的荷载计算确定，不得少于安装螺栓总数的 1/3 且不得少于两颗临时螺栓，冲钉穿入数量不宜多于临时螺栓的 30%。

（3）高强度螺栓的穿入，应在结构中心位置调整后进行，其穿入方向应以施工方便为准，力求一致，安装时要注意垫圈的正反面。

（4）高强度螺栓的安装应能自由穿入孔，严禁强行穿入，如不能自由穿入时，该孔应用铰刀进行修整；修整后孔的最大直径应小于 1.2 倍螺栓直径。修孔时，为防止铁屑落入板叠缝隙中，铰孔前应将四周螺栓全部拧紧，使板叠密贴后再进行，严禁气割扩孔。

8.3.4　常见的节点形式

钢结构的连接节点是结构物安全可靠的关键部位，梁柱通过节点的连接形成整体，通过节点传递荷载以确保钢结构建筑的安全性。钢结构的连接节点主要包括梁与柱的连接节点、主梁与次梁的连接节点、柱与基础的连接节点（柱脚节点）、柱与柱的对接节点、梁柱与斜撑的连接节点等。按连接方法不同，可将节点分为全焊接连接节点、全螺栓连接节点、栓焊混合连接节点，构件截面形式则常采用 H 形截面、T 形截面、十字形截面、箱形截面。图 8.30 所示为钢结构建筑常见的连接节点形式。

1. 梁与柱的连接节点

梁与柱的连接，通常采用柱贯通型连接，按梁对柱的约束刚度可分为三种形式，即铰接连接、半刚性连接和刚性连接。

1）铰接连接

当梁与柱为铰接连接时，连接只能传递梁端的剪力，不能传递梁端弯矩或只能传递很少量的弯矩。梁与柱的铰接连接一般仅将梁腹板与柱翼缘或腹板相连，或简支设置于柱支托上，其连接可采用焊接或高强度螺栓连接。

2）半刚性连接

梁与柱的半刚性连接，除能传递梁端剪力外还能传递一定的梁端弯矩，与梁端截面所能承担的弯矩相比，一般只有 25% 左右。

3）刚性连接

梁与柱的刚性连接，除能传递梁端剪力外，还能传递梁端截面弯矩。高层钢结构刚性连接制作方法主要有两种：一种是把梁与预先焊在柱上的短梁相对接，短梁翼缘和腹板在工厂预先焊于柱上；另一种是把梁端头在现场直接连接到柱上。梁采用 H 型钢，连接处可采用全螺栓连接、全焊接连接或栓焊混合连接的方式。

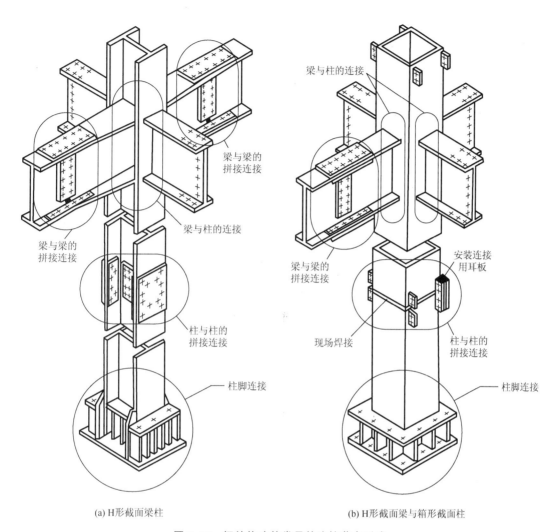

(a) H形截面梁柱　　　　　　　　　　(b) H形截面梁与箱形截面柱

图 8.30　钢结构建筑常见的连接节点形式

梁与柱的铰接和半刚性连接，在实际工程中用于一些比较次要的连接，对于高层钢结构建筑，主要采用刚性连接形式。图 8.31 所示为工程项目上常见的梁与柱刚性连接节点。

(a) H形截面钢梁与H形截面钢柱连接　　　(b) 圆钢管柱与H形截面钢柱连接

图 8.31　工程项目上常见的梁柱刚性连接节点

(c) 箱形柱与H形截面钢梁连接　　　　　　　　　(d) 箱形柱与箱形梁连接

图 8.31　工程项目上常见的梁柱刚性连接节点（续）

2. 主梁与次梁的连接节点

主梁与次梁的连接，主要有铰接连接和刚性连接两种。

1）铰接连接

主梁和次梁的连接可做成叠接或平接两种铰接方式，如图 8.32（a）、（b）所示。叠接为将次梁直接搁置在主梁上面，用螺栓或焊缝相连，这种连接方式构造简单、便于施工，但所占结构高度较大。平接为次梁从侧面与主梁相连，次梁与主梁可为等高，或略高于、略低于主梁顶面；为便于与主梁加劲肋相连，次梁上下翼缘应切割一段；这种连接构造简单、安装方便，且降低了结构高度，但焊接工作量较大。当次梁截面或支座反力较大时，宜采用承托进行连接，以便安装就位。

2）刚性连接

主次梁的刚性连接也分叠接和平接两种方式。图 8.32（c）所示为主次梁刚性连接的平接。次梁为连续梁与主梁叠接时，只需将连续次梁置于主梁顶面直接连续通过，做法同铰接连接的叠接。次梁与主梁平接时，次梁应支承于主梁的承托上，梁顶面上应设置连接盖板；次梁支座反力靠承托传递给主梁，次梁的支座负弯矩所产生的上翼缘拉力由盖板传递，下翼缘压力由承托水平顶板传递，如图 8.32(d) 所示。盖板和主梁上翼缘间连接焊缝因不受力，按构造要求施焊，为避免仰焊，上层板件应比下层板件稍窄。

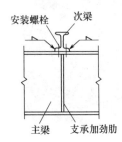
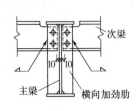
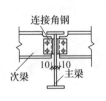
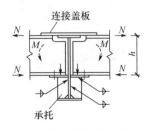

(a) 主次梁铰接连接的叠接　　(b) 主次梁铰接连接的平接　　(c) 主次梁刚性连接的平接　　(d) 刚性连接受力示意

图 8.32　主梁与次梁的连接

3. 柱与基础的连接节点（柱脚节点）

1）铰接柱脚

铰接柱脚的锚栓仅用于安装过程中的固定，锚栓直径根据其与钢柱板件厚度和底板厚度相协调的原则来确定，一般采用 20～42mm 的尺寸，且不宜小于 20mm。锚栓数目通常采用 2 个或 4 个，应与钢柱截面形式、截面大小及安装要求相协调。铰接柱脚的布置形式如图 8.33 所示。锚栓端部设置弯钩、锚板或锚梁。

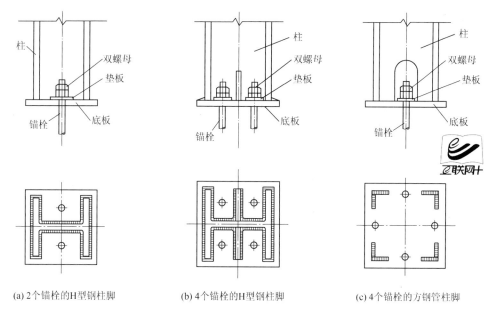

(a) 2个锚栓的H型钢柱脚   (b) 4个锚栓的H型钢柱脚   (c) 4个锚栓的方钢管柱脚

图 8.33　铰接柱脚的布置形式

锚栓底板孔径一般为锚栓直径加 5～10mm；锚栓垫板的孔径为锚栓直径加 2mm，垫板厚度通常与底板厚度相同。柱子安装矫正完毕后，将锚栓垫板与底板焊牢，焊脚尺寸不宜小于 10mm。锚栓应采用双螺母紧固，为防止螺母松动，螺母与锚栓垫板应进行点焊。施工埋设锚栓群时应采用锚栓固定架，如图 8.34 所示，以保证锚栓位置的正确。

2）刚接柱脚

(1) 刚性固定支承（外露）式柱脚。刚性固定支承（外露）式柱脚主要由底板、加劲肋、锚栓、锚栓支承托座等组成，如图 8.35 所示，各部分的板件应具有足够的强度和刚度，相互间应有可靠的连接。为加强柱脚刚度，柱脚一般都设有加劲肋，当荷载大、嵌固要求高时，增设锚栓支承托座进行补强。按设计要求，柱脚底板下部应二次浇灌微膨胀细石混凝土或高强度膨胀水泥砂浆。

(2) 刚性固定埋入式柱脚。刚性固定埋入式柱脚是直接将钢柱埋入钢筋混凝土基础或基础梁的柱脚，如图 8.36(a) 所示。埋入办法有两种，一种是预先将钢柱脚按要求组装固定在设计标高上，然后浇灌基础或基础梁混凝土；另一种是预先按要求浇灌基础或基础梁的混凝土，在浇灌混凝土时，按要求留出安装钢柱脚用的插入杯口，待安装好钢柱脚后，再用混凝土强度等级比基础高一级的混凝土灌实。通常情况下，前一种方法对提高和确保钢柱脚与混凝土基础或基础梁的组合效应和整体刚度有利，所以工程实际中多被采用。

(3) 刚性固定外包式柱脚。刚性固定外包式柱脚，就是按一定的要求将钢柱脚采用混凝土包起来，如图 8.36(b) 所示。外包式柱脚的设置位置，有在楼地面之上的，也有在楼地面之下的，视具体工程的实际情况而定。

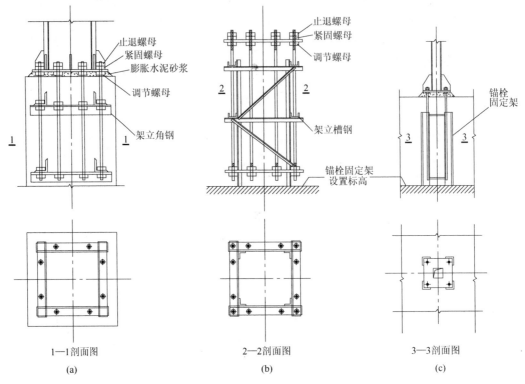

1—1剖面图　　　　　　　2—2剖面图　　　　　　　3—3剖面图
(a)　　　　　　　　　　(b)　　　　　　　　　　(c)

图 8.34　锚栓固定架设置示例

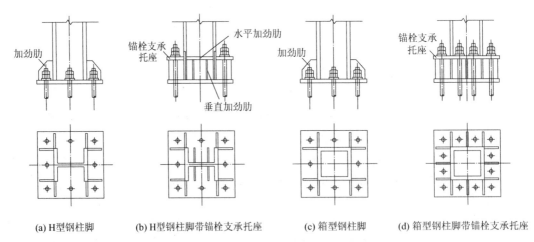

(a) H型钢柱脚　　(b) H型钢柱脚带锚栓支承托座　　(c) 箱型钢柱脚　　(d) 箱型钢柱脚带锚栓支承托座

图 8.35　刚性固定支承（外露）式柱脚

4. 柱与柱的对接节点

钢框架一般采用 H 形截面柱、箱形截面柱、十字形截面柱，柱子采用贯通式。柱的安装单元一般以三个楼层高度为一节，特大或特重柱的安装单元应根据起重、运输、吊装设备的承载能力来确定，预制形成的每节柱，运到现场后进行垂直对接。

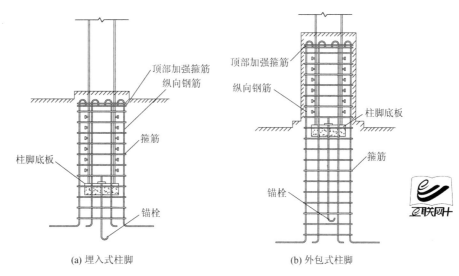

(a) 埋入式柱脚   (b) 外包式柱脚

图 8.36　刚性固定埋入式和外包式柱脚

H 形截面柱对接，可采用全螺栓连接、全焊接连接或栓焊混合连接；箱形截面柱、圆形截面柱的对接，采用全焊透坡口对接焊缝连接；十字形截面钢骨或 T 形截面混凝土柱的钢骨采用全焊透坡口焊缝对接。

柱与柱对接时，为便于上下柱的错位矫正，确保安装质量和架设安全，预先在柱端焊接耳板作为临时固定之用。当柱的板件厚度较大时，工地现场宜采用全焊接方式进行对接。对接钢柱在轴线、标高、垂直度调整完成后进行施焊，焊接完成后将耳板割除。柱与柱的对接节点设置在内力较小处，为提高安装工效，对接接头设置于距框架梁顶面以上1.2～1.3m 或柱净高一半处，取数值中的较小值。图 8.37 所示为箱形柱对接接头的施工。

(a) 柱与柱的对接施工   (b) 气割切除连接耳板

图 8.37　箱形柱对接接头的施工

5. 梁柱与斜撑的连接节点

结构中的斜撑体系主要用于承受水平荷载，斜撑的截面通常采用双角钢、双槽钢、H型钢、箱型钢截面，与梁柱的连接应能充分传递杆件内力，同时应留有一定余量，以满足抗震设计的要求。双角钢、双槽钢组合截面的支撑，通过节点板与梁柱进行连接；大型的重要构件或侧向刚度要求较高的结构，采用抗压性能好的 H 型钢或箱型钢截面构件作为支撑。支撑与梁柱的连接，通常借助相同截面悬伸支承杆件来实现。图 8.38 所示为梁柱与斜撑的连接。

(a) 人字撑大样

(b) X形支撑

(c) 支撑节点大样

(d) 钢框架角部设置人字样

图 8.38　梁柱与斜撑的连接

任务 8.4　多高层钢结构的安装

8.4.1　常用的安装设备及工具

1. 焊接连接

1）手工电弧焊设备及工具

手工电弧焊所用的设备和工具包括电焊机（交流、直流）、焊钳、焊把线、面罩、护目镜、敲渣锤、焊条烘箱、焊条保温筒、钢丝刷、测温计等。

（1）电焊机：是利用正负两极在瞬间短路时产生的高温电弧来熔化电焊条上的焊料和被焊材料，使被接触物达到相结合的目的。电焊机按输出电源种类，可分为交流电源和直流电源。

（2）焊钳：用以夹持焊条、传导电流的工具，如图 8.39 所示。

（3）面罩、护目镜：防止焊接时的飞溅、弧光、高温对焊工面部及颈部灼伤的一种工具。

（4）焊条烘箱：焊条在保管、储存期间，往往会因为吸潮而使工艺性能变坏，造成电弧不稳、飞溅增多，并容易产生气孔、裂纹等缺陷，因此焊条使用前必须利用烘箱进行烘干。

（5）焊条保温筒：供焊工在施工现场携带，可储存少量焊条，保持烘干焊条干燥的容器，如图 8.40 所示。

图 8.39　焊钳

图 8.40　焊条保温筒

2）CO_2 气体保护自动焊机

CO_2 气体保护自动焊机是以手工 CO_2 保护焊机作为焊接电源，实现工件半自动或全自动焊接的一种焊接设备，用于碳素钢、低合金钢、铝及合金材料的焊接。CO_2 有固态、液态、气态三种状态，瓶装液态 CO_2 是气体保护焊的主要保护气源，由于 CO_2 由液态变为气态的沸点很低，所以焊接用 CO_2 都是液态，常温下能自行气化。图 8.41 所示为 CO_2 气体保护自动焊机。

3）螺柱（栓钉）焊枪

螺柱（栓钉）焊枪属于特殊的弧焊设备，直接将螺柱（栓钉）瞬间焊接于母材上，就像将栓钉种植在母材上一样，俗称"种焊"或"植焊"。图 8.42 所示为螺柱（栓钉）焊枪。

图 8.41　CO_2 气体保护自动焊机

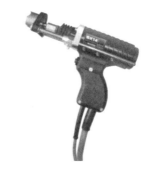

图 8.42　螺柱（栓钉）焊枪

4）碳弧气刨

碳弧气刨的工作原理是直流电焊机直流反接（工件接负极），通电后使石墨棒或碳棒与工件间产生电弧，达到 6000℃ 左右的高温时将金属熔化，并用压缩空气将其吹掉，以达到在金属表面加工沟槽、刨削金属的目的。图 8.43 所示为碳弧气刨钳和碳弧气刨棒。

2. 螺栓连接

1）手动活络扳手

手动活络扳手又称活动扳手、活络扳头、活扳手，其开口宽度可以调节，能扳动一定尺寸范围内的六角头或方形螺栓、螺母，是一种旋紧或拧松有角螺丝钉或螺母的工具。开

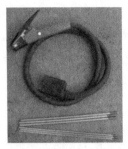

(a) 碳弧气刨钳　　　　　　　　　　(b) 碳弧气刨棒

图 8.43　碳弧气刨钳和碳弧气刨棒

口宽度不能调节的称为呆扳手。手动扳手常用型号有 200mm、250mm、300mm 三种，应根据螺母的大小选配。

2）电动扳手

电动扳手就是以电源或电池为动力的扳手，是拧紧高强螺栓的主要工具，主要分为电动冲击扳手、电动定扭矩扳手、电动定转角扳手、电动扭剪扳手。

（1）电动冲击扳手通常用于螺栓的初拧，扳手套筒对准螺母后开启电源开关即可，使用方便。

（2）电动定扭矩扳手是设定扭矩值的电动扳手，既可用于高强度螺栓的初拧，又可用于终拧。

（3）电动定转角扳手通过控制螺母的转动角度来实现施工所需的预拉力，开机后待套筒角度终点线与钢板上标记线重合后，即表示终拧完毕。

（4）电动扭剪扳手主要用于扭剪型高强螺栓的终拧，操作时对准螺母开启电源，直至将螺栓尾部的梅花头剪断为止。

扭剪型高强度螺栓，初拧一般使用电动冲击电动扳手或电动定扭矩扳手，终拧必须使用电动扭剪扳手。大六角头高强度螺栓的初拧和终拧，应使用电动定扭矩扳手或定转角扳手进行施工。

图 8.44 所示为常用螺栓连接工具。

(a) 手动活络扳手　　(b) 电动冲击扳手　　(c) 电动定扭矩扳手　　(d) 电动定转角扳手　　(e) 电动扭剪扳手

图 8.44　常用螺栓连接工具

3. 索具设备

吊装用索具设备包括绳索、吊具、滑轮组等，这些设备有的可作为完整的起重机械的组成部分，有的可组成简单的起重系统，有的本身就可单独作为起重机具使用。

1）绳索

钢丝绳是吊装中的主要绳索，由高强碳素钢丝先捻成股，再由股捻制成绳。建筑工地多为普通绳，由 0.3～3mm 直径的高强钢丝捻成，主要规格有 6×19、6×37、6×61 三种，钢结构安装时，常用 6×19 和 6×37（6 股，每股由 19 根或 37 根钢丝捻成）规格。钢丝绳按捻制方法的不同，分为右交互捻、左交互捻、右同向捻、左同向捻等类型。吊装作业中应避免使用同向捻钢丝绳，多采用交互捻钢丝绳。使用中严禁超载，为了减少腐蚀和磨损，应定期加润滑油。图 8.45 所示为钢丝绳。

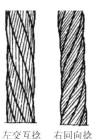

| (a) 断面图 | (b) 侧面图 | (c) 钢丝绳捻制方法示意 |

右交互捻　左交互捻　右同向捻　左同向捻

图 8.45　钢丝绳

2）吊具

吊具是起重机械中吊取重物装置，其钢构件由吊钩、卡环、卡扣（钢丝绳夹头）、花篮螺栓、吊索、横吊梁（又称铁扁担）等组成。图 8.46 所示为部分吊具。

| (a) 吊钩 | (b) 卡环 | (c) 横吊梁 |

图 8.46　部分吊具

3）滑轮组

滑轮组由一定数量的定滑轮和动滑轮以及穿绕的钢丝绳组成，具有省力和改变力的方向的功能。滑轮上钢丝绳的引出端称为"跑头"，固定在夹板上的一端称为"死头"。滑轮组负担重物的钢丝绳根数称为工作绳数，滑轮组名称以定滑轮和动滑轮的数目来表示。定滑轮仅改变力的方向，不能省力，动滑轮随重物上下移动，可以省力。滑轮组滑轮越多，工作线数越多，省力幅度越大。图 8.47 所示为滑轮组。

4. 起重设备

1）汽车式起重机

汽车式起重机也称汽车吊，是将起重装置安装在载重汽车底盘上的一种自行杆式起重机。其优点是转移迅速，机动灵活，对路面破坏小。但它起吊时必须将支脚落地，不能负载行驶，且对工作场地要求较高，场地必须平整、压实，以保证操作平稳安全。图 8.48 所示为汽车式起重机。

(a) 3门10t滑轮组　　(b) 6门3t滑轮组　　(c) 10门50t滑轮组　　(d) 吊钩滑轮组

图 8.47　滑轮组

图 8.48　汽车式起重机

2）履带式起重机

履带式起重机是将起重回转台安装在履带行驶机构上的一种自行杆式起重机，如图 8.49 所示。其优点是操作灵活，使用方便，可在一般道路上行驶和工作，车身能回转，臂杆可俯仰，可以负载行驶，在场地比较平整、要求吊装高度不大的渡槽、桥梁、单层厂房等安装中应用广泛。其缺点是稳定性较差，转移速度慢，对路面有一定的破坏作用。

图 8.49　履带式起重机

3）塔式起重机

塔式起重机是将起重臂置于型钢格构式塔身上部的一种起重装置。其分类方法较多：按行走机构，分为固定式和行走式（又分轨道式和轮胎式）；按变幅机构，分为动臂变幅式和小车变幅式；按回转部位，分为上回转式和下回转式；按升高方式，分为附着自升式和内爬式。超高层钢结构建筑安装，常使用附着自升式塔式起重机，塔身最大高度只能达到200m左右，而内爬式塔式起重机则因塔身高度固定，依赖爬升框固定于结构，与结构交替上升，特别适用于施工现场狭窄的200m以上的超高层建筑施工，其与附着自升式塔式起重机相比不占建筑外立面空间，使得幕墙等围护结构施工不受干扰。图8.50所示为常见塔式起重机。

图 8.50　常见塔式起重机

8.4.2　多高层钢结构的施工特点

多高层钢结构的施工过程与钢筋混凝土结构比较，具有以下特点。

（1）省材、节地、环保。钢材强度高，构件截面尺寸小，节省材料；构件供应可控，现场仅需配备起重设备及调运构件的临时堆场；安装操作无噪无尘，废料少，钢材可循环利用，绿色环保。

（2）进度快、工期短。构件在工厂加工，运抵现场进行拼装，工业化程度高，施工现场湿作业量少，全钢结构建筑的施工周期为钢筋混凝土结构的$1/3\sim1/2$。

（3）精度要求高、立体交叉施工。多高层钢结构任何一个主要构件的制作和安装精度，都将直接影响建筑物的整体垂直度，构件加工安装精度要求高。多高层钢结构划分多个流水作业段进行安装，构件安装与土建施工同时展开，相互穿插、相互关联，形成立体交叉施工。

（4）防火、防腐处理。多高层钢构件表面必须严格进行防火、防腐处理，防火涂装是为了确保火灾发生时能延长耐火时间。构件出厂前的防腐涂装和现场对连接部位的涂装都是为了确保结构的耐久性。

8.4.3　多高层钢结构的安装准备

安装前的技术准备工作，包括图纸会审、施工组织设计、场地准备、材料准备、构件验收、设备机具准备、主要工艺准备、安全专项方案的制定和环境保护专项方案的制定。

1. 图纸会审

图纸会审内容主要包括：检查审核设计说明和设计图纸是否齐全；总平面图与施工图

的具体尺寸、平面位置、高程是否一致；各施工图之间的关系是否符合；与现行规范、规程有无矛盾；是否经济合理；钢结构防火、防腐设计是否满足要求，有无公安消防部门的审批；对完善设计和完善施工方案提出建议等。

2. 施工组织设计

钢结构安装前必须进行施工组织设计，对复杂结构还应采用 BIM 技术，对施工过程进行模拟，采取安全措施。施工组织设计主要包括编制依据、工程概况、工程量清单、进度计划、施工平面布置图、主要施工机械及吊装方案、技术措施、质量标准、安全及环境保护专项方案、主要资源表等，其中主要施工机械及吊装方案是重点。

3. 场地准备

场地平整应满足车辆通行要求，确保有施工电源、水源，且排水通畅。堆场面积应满足进度需要，现场不能满足时，可设中转场。构件按吊装平面规划位置，按类型、编号、吊装顺序、方向依次分类配套堆放。堆放位置应在起重设备回转半径内，靠近运输路线，避免二次倒运。堆放构件应平稳，底部设垫木，避免搁空造成翘曲，防碰撞，防变形。叠放构件时应以垫木隔开，上下垫木应设置于垂直线上，钢柱搁置不宜超过 2 层，钢梁不超过 3 层，小跨度钢屋架平放不超过 3 层，钢檩条不超过 4~6 层，高度一般不超过 2m。

4. 材料准备

安装用的焊接材料、高强度螺栓、普通螺栓、栓钉、涂装材料、锚栓等，应具有产品质量证明书，其质量应分别符合现行的国家标准。

5. 构件验收

构件进入施工现场，需进行工序交接检验，即构件进场验收。检查构件所附的制作厂家出具的产品合格证明，按构件明细表仔细核对进场构件的品种、规格、数量等，重要构件还需按照 GB 50205—2012《钢结构工程施工质量验收规范》进行复验。

6. 设备机具准备

设备机具准备包括起重设备、电焊机、焊条烘箱、扳手、测量仪器、碳弧气刨机等。多高层钢结构施工，以塔式起重机、汽车式起重机为主，附以其他相关设备。吊装作业所需钢丝绳、滑轮组、吊钩、卡扣等索具设备应定期检查，不合格者必须更换。

7. 主要工艺准备

主要安装工艺包括测量校正、厚钢板焊接、栓钉焊接、连接处滑移面加工、防腐及防火涂装等，应在施工前做工艺试验，并应在试验结论基础上制定各项操作工艺指导书。

8. 安全专项方案的制定

安全专项方案的内容包括安全保障体系、防护用品、临时用电、消防、吊装、脚手架、操作平台、安全网、高空作业、胎架安装、交叉作业、季节性施工、安全生产应急预案等。

9. 环境保护专项方案的制定

环境保护专项方案的内容包括施工现场保持清洁措施，噪声控制，夜间施工灯光控制，焊接电弧防护措施，油漆和防火涂装材料的防污染措施，废料、余料的分类收集和统一处理措施等。

8.4.4　施工流程

图 8.51 所示为多高层钢结构的施工流程。

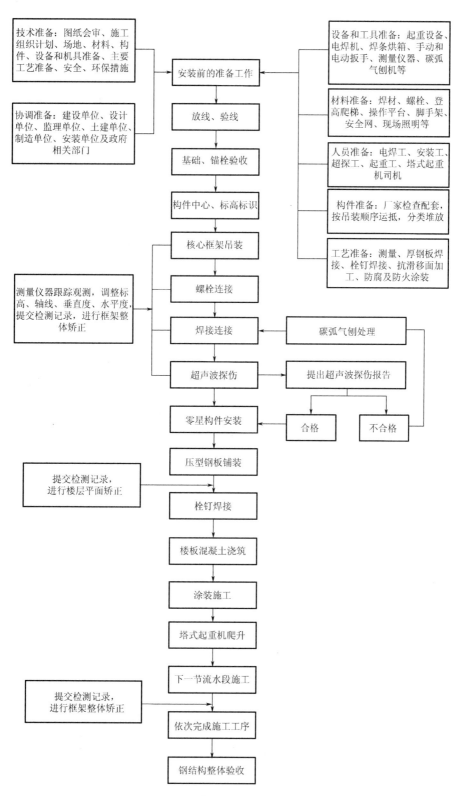

图 8.51 多高层钢结构的施工流程

图 8.52 所示为多高层钢结构安装过程的施工现场。

(a) 柱脚安装	(b) 节点焊接	(c) 楼面铺设
(d) 构件吊装	(e) 防火涂装	(f) 幕墙安装

图 8.52　多高层钢结构安装过程的施工现场

任务 8.5　门式刚架轻型钢结构的安装

8.5.1　门式刚架轻型钢结构的安装特点

门式刚架轻型钢结构建筑属于轻型钢结构的一个分支，结构的上部主构架包括刚架斜梁、刚架柱、支撑、檩条、系杆、山墙骨架等。门式刚架轻型钢结构具有轻型、快速、高效等安装特点，现场采用螺栓、螺钉、铆钉连接，不用搭脚手架即可完成安装工作，施工周期短、综合造价低，已得到广泛应用。门式刚架轻型钢结构结合节能环保新型建材具有工厂制作、现场拼装，建设周期短、结构坚固耐用、建筑外形新颖美观，经济效益明显等优点。

门式刚架轻型钢结构按跨度可分为单跨、双跨和多跨，按屋面坡脊数可分为单坡、双坡、多坡屋面。门式刚架轻型钢结构适用于大跨度工业厂房、超级市场、展览馆、仓储式建筑等。

门式刚架轻型钢结构的建筑体系包括主结构系统、次结构系统、围护系统三个方面。主结构系统包括主刚架和支撑体系，支撑体系包括水平支撑、柱间支撑和刚性系杆等；次结构系统包括屋面檩条和墙面檩条；围护结构包括屋面板和墙面板等。图 8.53 所示为门式刚架轻型钢结构。

图 8.53　门式刚架轻型钢结构

8.5.2　门式刚架轻型钢结构的安装准备

1. 运输准备

成品运输准备工作包括技术准备、工具准备、构件准备三部分，其中技术准备包括制订运输方案、设计制作运输架、验算构件强度，工具准备包括车辆工具的选择、装运工具材料的选用，构件准备包括构件清点、检查、外观装饰等。

（1）技术准备。应根据钢构件基本形式，结合现场起重设备、运输车辆的具体条件，制定切实可行、经济实用的装运方案。设计、制作运输架时，应根据构件质量、外形尺寸设计制作各种类型构件的运输架，要求构造简单、装运受力合理、稳定、重心低、自重轻、节约钢材，能适应多种类型构件通用，装拆方便。验算构件强度时，对大型屋架、多节柱等构件，应根据装运方案条件验算构件最不利截面处的抗裂度，避免装运时出现裂缝，如抗裂度不够，应进行适当的加固处理。

（2）工具准备。工具准备包括运输车辆及装运工具的选用。运输车辆应根据构件形状和几何尺寸、质量、起重工具、道路条件、经济效益，确定合适的车辆型号、吊车型号、台数、装运方式。装运工具包括钢丝绳、倒链、卡环、花篮螺栓、千斤顶、信号旗、垫木、汽车旧轮胎等。

（3）构件准备。构件准备包括构件清点、检查、外观装饰等。构件清点应按吊装顺序核对，确定构件装运先后顺序，编号核对构件的型号及数量，检查构件尺寸、几何形状、预埋件、吊环位置及其牢固性，安装孔位置及贯通情况；检查构件焊接情况包括焊脚尺寸、焊缝外观是否符合设计要求，超差应采用碳弧气刨处理后重新焊接；发现缺陷及损伤后应进行外观修饰，如裂缝、焊脚尺寸不够、长度偏小、咬边、弧坑、气孔、夹渣、焊瘤、余高超标等必须处理，经补焊修饰检验合格后方可运输出厂。

2. 成品运输

（1）刚架梁、柱运输。长度小于或等于8m的刚架梁、柱，采用载重汽车装运；长度大于8m的梁、柱，采用半托挂车或全托挂车装运，每车装1～3根，设置钢支架，用钢丝绳、倒链拉牢固定。柱下设至少两个支承点，抗裂能力较差的长柱运前采用平衡梁三支点支承，或设置一个辅助垫点（仅用木楔塞紧）。搁置时前端伸至驾驶室顶面距离不宜小于0.5m，后端离地面应大于1m。公路运输构件装运高度极限为4m，如需通过隧道，则高度极限为3.8m。

高宽比大的构件或层叠装运构件，应根据构件外形尺寸、质量，设置工具式支承框架、固定架、支撑或倒链等予以固定，以防倾倒，严禁采用悬挂式堆放运输。对支承运输架应进行设计计算，以保证足够的强度和刚度，支承应牢固稳定，装卸方便。大型构件采用托挂车运输，在构件支承处应设有转向装置，使其能自由转动，同时应根据吊装方法及运输方向确定装车方向，以免现场掉头困难。

（2）吊车梁的运输。门式刚架厂房中吊车梁跨度小于或等于6m时，采用普通载重汽车装运，每车装4～5根；9～12m的吊车梁，采用8t以上载重汽车、半托挂车或全托挂车装运，平板上设钢支架，每车装3～4根，根据吊车梁侧向刚度情况决定采用平放或立放。

3. 成品吊装

（1）吊装技术准备。全面熟悉掌握施工图纸和设计变更，组织图纸审查和会审，核对构件的空间就位尺寸和相互间的关系。计算并掌握构件的数量、单体质量、安装就位高度，以及连接板、螺栓等吊装铁件的数量，熟悉构件间的连接方法。组织编制吊装工程施工组织设计或作业设计，内容包括工程概况，选择吊装机械设备，确定吊装程序、方法、进度，构件堆放的平面布置，构件运输方法，劳动力组织，构件、物资、机具的供应计划，质量保证及安全技术措施等。了解已选定的起重、运输及其他机械设备的性能及使用要求。进行细致的技术交底，包括任务、施工组织设计或作业设计，技术要求，施工条件措施，现场环境情况，内外协助的配合关系等。

（2）吊装构件准备。清点构件的型号、数量，并按计划和规范要求对构件质量进行全面检查，包括构件强度与完整性、外形和几何尺寸、平整度，预埋件、预留孔的位置、尺寸和数量；检查接头吊环、埋设件的稳固程度和构件轴线是否准确，有无出厂合格证；检查厂房柱基轴线和跨度、基础地脚螺栓的位置和伸出尺寸是否符合安装要求，找好柱基础标高。

（3）吊装机具、材料、人员的准备。检查吊装的起重设备、配套机具、工具是否齐全，完好；准备好并检查吊索、卡环、横吊梁、倒链、千斤顶、滑轮组等吊具的强度、数量是否满足吊装要求；准备好吊装用工具，如高空用吊挂脚手架、操作台、爬梯、溜绳、缆风绳、撬杠、钢（木）楔、垫木、钢垫片、线锤、钢尺、水平尺、测量标记及测量设备；准备施工用料，如电焊设备及材料，螺栓连接的工具及材料等；按吊装顺序组织施工人员进场，并进行技术交底和培训，进行安全教育。

8.5.3 门式刚架轻型钢结构的安装流程

图 8.54 所示为门式刚架轻型钢结构的安装流程。

图 8.55 所示为门式刚架轻型钢结构的安装顺序。

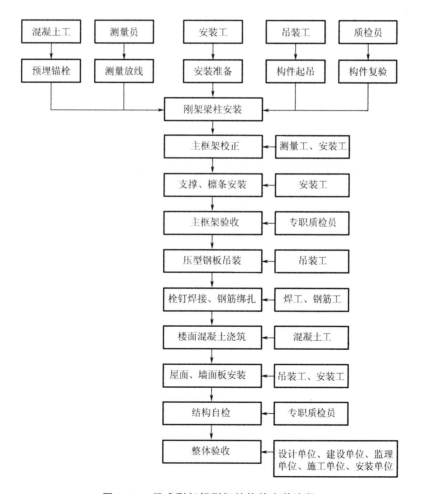

图 8.54 门式刚架轻型钢结构的安装流程

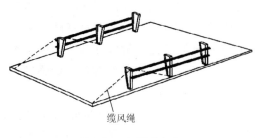

(a) 主框架柱吊装及墙檩安装

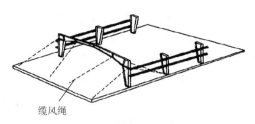

(b) 主框架梁吊装

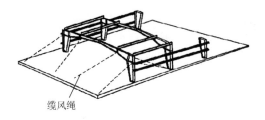

(c) 框架梁吊装及屋檩安装

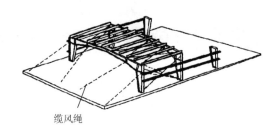

(d) 斜撑、屋檩安装

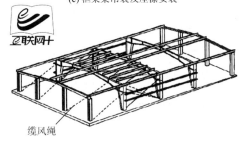

(e) 其余框架安装及檩条、斜撑安装

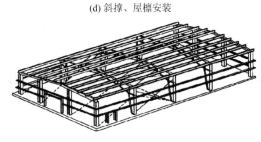

(f) 墙檩、屋檩、门架、隔撑安装

图 8.55　门式刚架轻型钢结构的安装顺序

任务 8.6　钢结构的涂装

8.6.1　涂装前的钢材表面处理

　　钢结构具有强度高、韧性好、制作方便、施工速度快等优点，但也存在耐腐蚀性和耐火性差的缺点。钢材虽不是燃烧体，但却易导热，怕火烧，火灾作用下钢结构会发生扭曲变形，最终导致结构毁坏。由此可见，钢结构的防腐和防火工作十分重要。

　　钢材与钢构件表面处理应严格按设计规定的除锈方法进行，并达到规定的除锈等级。加工好的钢构件，经验收合格后才能进行表面处理。钢材表面的毛刺、电焊药皮、焊瘤、飞溅物、灰尘、油污、酸、碱、盐等污染物均应清除干净。对于钢材表面的保养漆，可根据具体情况进行处理，一般双组分固化保养漆，如涂层完好，可用砂布、钢丝绒打毛，经清理后直接除底漆。但涂层损坏时，会影响下一道漆的附着力，必须全部清除掉。

钢结构的除锈方法，一般有手工和动力工具除锈、喷射或抛射除锈、火焰除锈等。

1. 手工和动力工具除锈

手工除锈工具简单、施工方便，常用的手工除锈工具有尖头锤、铲刀或刮刀、砂布或砂纸、钢丝刷或钢丝束等。

动力工具除锈是利用压缩气体或电能为动力，使除锈工具产生圆周式或往复式运动，产生摩擦或冲击来清除铁锈或氧化皮等。常用的动力工具包括气动端型平面砂磨机、角向平面砂磨机、直柄砂轮机、风动钢丝刷、风动打锈锤、风动齿轮旋转式除锈器、风动气铲等。

2. 喷射或抛射除锈

喷射分干喷射和湿喷射两种方法，其原理是利用压缩空气将磨料带入并通过喷嘴高速喷向钢材表面，靠磨料的冲击和摩擦力将氧化皮、铁锈及污物等除掉，同时使表面获得一定的粗糙度。喷射除锈 [图 8.56 (a)] 常用湿喷法，磨料常用干净干燥的石英砂或河砂，其粒径和含泥量应符合磨料的规定。为防止喷射用水导致涂底漆前返锈，可加入 1.5% 的防锈剂，使钢材表面钝化。

抛射除锈 [图 8.56 (b)] 是利用抛射机叶轮中心吸入磨料和叶尖抛射磨料的作用，使磨料在抛射机的叶轮内经漏斗进入分料轮，同叶轮一起高速旋转的分料轮使磨料分散后，从套口飞出，磨料射向物件表面，以高速冲击和摩擦除去铁锈和氧化皮等污物。抛射除锈常用磨料为钢丸和铁丸，磨料粒径以 0.5～2.0mm 为宜。

喷射或抛射除锈的施工环境相对湿度不应大于 85%，或控制在钢材表面温度高于空气露点温度 3℃ 以上。因为湿度过大，钢材表面和金属磨料易生锈。

3. 火焰除锈

火焰除锈 [图 8.56 (c)] 是利用火焰产生的高温将基体表面的污物（油污、碳化物、有机物）燃烧去除。铁锈及氧化皮与基体热膨胀系数不同，在高温下会产生凸起、开裂，从而与基体剥离，达到最终除锈同时除油的目的。火焰除锈常用氧乙炔火焰除锈和喷灯火焰除锈。氧乙炔火焰除锈适用于固定设备及管路，可去除旧漆皮、油污、铁锈、氧化皮，火焰温度可达 3000℃；喷灯火焰除锈适用于旧漆膜去除，铁锈去除较困难。

(a) 喷射除锈　　　　　　(b) 抛射除锈　　　　　　(c) 火焰除锈

图 8.56　除锈方法

钢材表面的锈蚀等级和除锈等级

1. 锈蚀等级

国家标准 GB/T 8923.1—2011《涂覆涂料前钢材表面处理　表面清洁度的目视评定　第 1 部分》将钢材表面分成 A、B、C、D 四个锈蚀等级。A 为全面地覆盖着氧化皮而几乎没有铁锈的钢材表面；B 为已经发生锈蚀，并且部分氧化皮已经剥落的钢材表面；C 为氧化皮已因锈蚀而剥落，或者可以刮除，并且有少量点蚀的钢材表面；D 为氧化皮因锈蚀而全面剥离，并且已普遍发生点蚀的钢材表面。

2. 除锈等级

国家标准将除锈等级按手工和动力工具除锈、喷射或抛射除锈、火焰除锈三种类型划分。

（1）手工和动力工具除锈，用字母 St 表示，分以下两个等级。

① St2：彻底的手工和动力工具清理。在不放大的情况下观察，表面应无可见的油、脂和污物，并且没有附着不牢的氧化皮、铁锈、涂层和外来杂质。St2 又分为 BSt2、CSt2 和 DSt2。

② St3：非常彻底的手工和动力工具清理。同 St2，但表面处理更彻底，处理后的表面应具有金属底材的光泽。St3 又分为 BSt3、CSt3 和 DSt3。

（2）喷射或抛射除锈，用字母 Sa 表示，分以下四个等级。

① Sa1：轻度的喷射清理。在不放大的情况下观察时，表面应无可见的油、脂和污物，并且没有附着不牢的氧化皮、铁锈、涂层和外来杂质。Sa1 又分为 BSa1、CSa1 和 DSa1。

② Sa2：彻底的喷射清理。在不放大的情况下观察时，表面应无可见的油、脂和污物，并且几乎没有氧化皮、铁锈、涂层和外来杂质，任何残留物应附着牢固。Sa2 又分为 BSa2、CSa2 和 DSa2。

③ $Sa2\frac{1}{2}$：非常彻底的喷射清理。在不放大的情况下观察时，表面应无可见的油、脂和污物，并且没有氧化皮、铁锈、涂层和外来杂质，任何残留的痕迹应仅呈现点状或条状的轻微色斑。$Sa2\frac{1}{2}$ 又分为 $ASa2\frac{1}{2}$、$BSa2\frac{1}{2}$、$CSa2\frac{1}{2}$ 和 $DSa2\frac{1}{2}$。

④ Sa3：使钢材表观洁净的喷射清理。在不放大的情况下观察时，表面应无可见的油、脂和污物，并且应无氧化皮、铁锈、涂层和外来杂质，该表面应具有均匀的金属光泽。Sa3 又分为 ASa3、BSa3、CSa3 和 DSa3。

（3）火焰除锈，用字母 F1 表示，只有一个等级，它包括在火焰加热作业后，以动力钢丝刷清除加热后附着在钢材表面的污物。处理后钢材表面无氧化皮、铁锈和油漆层等附着物，残留的痕迹仅为表面变色（不同颜色的暗影）。F1 又分为 AF1、BF1、CF1 和 DF1。

评定钢材表面锈蚀等级和除锈等级，应在良好的散射日光下或照度相当的人工照明条件下进行。检查人员应具有正常视力，把检查的钢材表面与相应的照片进行目视比较评定。除锈等级应根据钢材表面的原始状态、选用的底漆、采用的除锈方法、工程造价与要求的涂装维护周期来确定，由于各种涂料的性能不同，涂料对钢材附着力也不同。

8.6.3　防腐涂装方法

防腐涂料的分类，详见 GB/T 2705—2003《涂料产品分类和命名》，涂料产品以产品用途为主线，辅以主要成膜物质分类方法，补充完善了以主要成膜物质为基础的分类方法。

涂层结构的形式有三种：底漆—中间漆—面漆、底漆—面漆、底漆和面漆为同一种漆。涂层中的底漆主要起附着和防锈作用；面漆主要起防腐蚀和耐老化作用；中间漆的作用介于底漆和面漆两者之间，并能增加漆膜厚度。每个涂层不能单独使用，需配套使用。

钢结构涂装常用的施工方法有四种，即刷涂法、滚涂法、空气喷涂法、无气喷涂法。合理的涂装方法是涂装质量、涂装进度、节约材料和降低成本的根本保证。图 8.57 所示为常用的防腐涂装方法及设备。

(a) 刷涂法

(b) 滚涂法

(c) 空气喷涂机

(d) 无气喷涂机

图 8.57　常用的防腐涂装方法及设备

（1）刷涂法：是一种传统的涂装方法，具有工具简单、涂装方便、易于掌握、适应性强、节省材料等优点，是普遍使用的涂装方法。但也存在劳动强度大、生产效率低、涂装质量取决于操作者技能等缺点。

（2）滚涂法：是用羊毛或合成纤维做成多孔吸附材料，贴附在圆筒上做成滚子，用滚子进行涂装的方法。该方法涂装用具简单、操作方便，涂装效率比刷涂方法高 2～3 倍，用漆量和刷涂法基本相同，但劳动强度大、生产效率比喷涂法低，只适用于较大面积的构件。

（3）空气喷涂法：是利用压缩空气的气流将涂料带入喷枪，经喷嘴吹散成雾状，喷涂到物体表面的涂装方法。其优点是可获得均匀、光滑、平整的漆膜，工效比刷涂法高 6～8 倍，每小时可喷涂 100～150m² 。该方法主要用于喷涂烘干漆，也可喷涂一般合成树脂漆。其缺点是稀释剂用量大，涂膜较薄，涂料损失较大，分散在空气中的漆雾对身体有害且污染环境。

（4）无气喷涂法：是利用特殊形式的气动、电动或其他动力驱动液压泵，将涂料增至高压，当涂料经管路喷出时，速度非常快，随冲击空气和高压急速下降及涂料溶剂的急剧挥发，使喷出涂料体积骤然膨胀而雾化，高速地分散在物体表面形成漆膜。其优点是效率高，每小时可喷涂 200～400m² ，比手工喷涂高 10～20 倍，比空气喷涂高 2～3 倍；对涂料适应性强，对厚浆型高黏度涂料更为适应；涂膜厚，一道漆膜厚度可达 150～350 μm；漆雾比空气喷涂法小，涂料利用率较高，稀释剂用量也比空气喷涂法少，可减轻污染。其缺点是喷雾幅度和喷出量不能调节，如要改变，必须更换喷嘴，对环境有一定污染，不适用喷涂面积较小的构件。

图 8.58 所示为防锈涂装完成后的构件。

(a) 箱形柱　　　　　　　　　　　　　　　(b) 带斜撑构件

图 8.58　防锈涂装完成后的构件

8.6.4　防火涂装方法

1. 防火涂装原理

钢材是一种高温敏感材料，其强度和变形都会随着温度的升高而发生急剧变化，一般在 300～400℃ 时钢材强度开始迅速下降，温度达到 500℃ 左右，其强度下降到 40%～

50％，温度达到 600℃，其承载力几乎完全丧失。裸露的钢构件耐火极限只有 10～20min，因此，进行钢结构防火涂装非常重要。

把防火涂料涂覆在钢构件表面进行隔热防火，以防止钢结构在火灾中迅速升温而造成翘曲变形甚至倒塌，其原理如下。

（1）涂层对钢材起屏障作业，可隔离火焰，使钢构件不直接暴露在火焰或高温中。

（2）涂层吸热后，部分物质分解出水蒸气或其他不燃烧气体，起到消耗热量、降低火焰温度和燃烧速度、稀释氧气等作用。

（3）涂层本身多孔轻质或受热膨胀后形成碳化泡沫层，热导率均在 0.233W/(m·K) 以下，阻止了热量迅速向钢材传递，推迟了钢材受热后升到极限温度的时间，提高了钢结构的耐火极限。

2. 防火涂装的材料

钢结构防火涂料按其涂层厚度及性能特点，可分为超薄膨胀型（简称超薄型）、薄涂膨胀型（简称薄涂型）和厚涂型。

（1）超薄膨胀型（CB 类）：涂层厚度在 3mm 以下，有良好的理化和装饰性能，受火时膨胀发泡形成致密、高强的隔热层，耐火极限可达 0.5～2.0h。

（2）薄涂膨胀型（B 类）：涂层厚度一般为 3～7mm，有一定的装饰效果，高温时膨胀增厚，具有耐火隔热作用，耐火极限可达 0.5～2.0h。

（3）厚涂型（H 类）：涂层厚度一般为 8～45mm，粒状表面，密度较小，热导率低，耐火极限可达 0.5～3.0h。

3. 防火涂料施工

1）防火涂料喷涂的一般要求

防火涂料是一种重要的消防安全材料，防火喷涂施工质量的好坏直接影响防火性能和使用要求。通常情况下应在钢结构安装就位，与其相连的吊杆、马道、管架及其他相连接构件安装完毕，并验收合格后才能进行喷涂施工。喷涂前，钢结构表面应除锈，除锈方法和除锈等级根据设计和使用要求确定。喷涂防火涂料前，钢结构表面的灰尘、油污、杂物应清除干净，钢构件表面涂防锈底漆，底漆与防火涂料应有良好的相容性。构件连接处缝隙采用防火材料（如硅酸铝纤维棉）填补堵平。喷涂过程中，涂层干燥固化前，环境温度宜保持为 5～38℃，相对湿度不宜大于 85％，空气应流动。风速大于 5m/s、雨天及构件表面结晶时，不宜作业。

2）厚涂型防火涂料喷涂

厚涂型防火涂料一般采用压送式喷涂机或挤压泵施工，配置能自动调压的 0.6～0.9m³/min 的空压机，喷枪口直径为 6～10mm，空气压力为 0.4～0.6MPa。局部修补可采用抹灰刀等工具手工抹灰。

厚涂型涂料配料时应严格按配比加料或加稀释剂，并使稠度适当。当班使用的涂料当班配制。厚涂涂料应分遍喷涂施工，每遍喷涂厚度一般为 5～10mm，必须在前一遍涂层基本干燥或固化后再喷涂第二遍，可以采用每天喷一遍的方法。

喷涂保护方式、喷涂次数与涂层厚度应根据防火设计要求确定，耐火等级为 0.5～3.0h 时，涂层厚度为 8～45mm，一般需喷 1～6 遍。

操作者用测厚仪随时检查涂层厚度，80%及以上面积的涂层总厚度应符合耐火极限的要求，最薄处不应低于设计厚度要求的85%。厚涂型涂料喷涂后的涂层应剔除乳突，表面应均匀平整。

3）薄涂型防火涂料喷涂

薄涂型防火涂料喷涂一般采用重力（或喷斗）式喷枪，并配置能自动调压的0.6～0.9m³/min的空压机，喷嘴直径为4～6mm，空气压力为0.4～0.6MPa。

面层装饰涂料可以刷涂、喷涂或滚涂。如果采用喷底层涂料的喷枪，应将喷嘴直径调为1～2mm，空气压力调为0.4MPa左右，即可用于喷面层涂料。面涂层应在底涂层厚度达到设计要求，且涂层基本干燥后施工，一般喷涂1～2次，喷涂完毕应全部覆盖底涂层。涂层要求颜色均匀、轮廓清晰、搭接平整，表面不应有浮浆或宽度大于0.5mm的裂纹。

图8.59所示为防火涂装完成后的构件节点。

(a) 涂装薄涂型防火涂料

【卢塞尔体育场馆】

(b) 涂装厚涂型防火涂料

图8.59 防火涂装完成后的构件节点

拓展讨论

卢赛尔体育场馆从设计到施工，中国企业提供了全产业链的中国方案、中国产品和中国技术，结合党的二十大报告，依托我国超大规模市场优势，以国内大循环吸引全球资源要素，增强国内国际两个市场两种资源联动效应，提升贸易投资合作质量和水平。谈一谈卢赛尔体育场馆哪些部位使用了钢结构，工程承包过程如何体现互利共赢的开放战略？

◖ 项目小结 ◗

项目	工作任务	能力目标	基本要求	主要知识点	任务成果
钢结构工程施工	钢结构的应用	（1）能分析钢结构的特点； （2）能了解钢结构的基本应用	掌握	（1）钢结构的特点； （2）钢结构的应用	（1）钢构件进场验收资料； （2）钢板对接焊缝的施焊； （3）梁、柱节点处的高强度螺栓连接； （4）编制多高层钢结构的吊装方案； （5）编制多高层钢结构施工的安全方案
	钢结构的材料	（1）能掌握钢材的主要力学性能； （2）能对钢材进场进行质量监督	掌握	（1）钢材的分类； （2）钢材的常见规格； （3）钢材的主要力学性能	
	节点的连接	（1）能判断钢结构的常见节点形式； （2）能进行钢结构节点连接的施工组织和质量监督	掌握	（1）钢结构常见节点形式； （2）钢结构的主要连接方法； （3）焊接连接和螺栓连接的施工要点	
	多高层钢结构的安装	（1）能进行多高层钢结构的安装准备； （2）能进行多高层钢结构的施工组织和质量监督	掌握	（1）钢结构工程常用的安装工具及设备； （2）多高层钢结构的施工特点； （3）多高层钢结构的安装准备； （4）多高层钢结构的施工流程	
	门式刚架轻型钢结构的安装	（1）能进行门式刚架轻型钢结构的安装准备； （2）能进行门式刚架轻型钢结构的施工组织和质量监督	掌握	（1）门式刚架轻型钢结构的安装特点； （2）门式刚架轻型钢结构的安装准备； （3）门式刚架轻型钢结构的施工流程	
	钢结构的涂装	（1）能开展涂装前钢材的表面处理； （2）能进行防腐、防火涂装的施工组织和质量监督	了解	（1）涂装前钢材的表面处理； （2）钢材表面的锈蚀和锈蚀等级评定； （3）防腐涂装的基本方法； （4）防火涂装的基本方法	

思考与训练

一、填空题

1. 钢结构具有自重轻、强度高、塑性韧性好、抗震性好、材料均匀、工业化生产、施工速度快、节能环保、可循环使用、密闭性较好等优点，同时也存在_____锈蚀、耐_____、不耐_____、低温_____的缺点。

2. 电弧焊是利用电弧放电所产生的热量，使焊条与待连接金属局部_____化，并在冷凝后形成焊缝，从而获得牢固接头的方法，电弧焊包括_____电弧焊、_____弧焊、气体保护焊。

3. 高强度螺栓的材质为低碳合金钢或中碳钢，经热处理（淬火、回火）后的高强度钢材制成，用特制电动扳手拧紧。高强度螺栓从外形上看，可以分为_____和_____两种，高强度螺栓按性能等级可分为8.8级、_____级、_____级。

4. 对接焊缝分为_____。局部焊透的对接焊缝，根据板件的坡口形式不同，可分为Ⅰ形、_____形、_____形、_____形、U形、J形坡口的对接焊缝。

5. 电动定扭矩扳手既可用于_____，又可用于_____，使用时先旋转度数调节扭矩再紧固螺栓。

二、单选题

1. 焊条应按等强度、同性能原则进行选用，与焊件的金属强度相适应，如 Q235 钢焊件应选用（   ）系列焊条。

A. E43　　　　　　　B. E50　　　　　　　C. E55　　　　　　　D. E60

2. 焊接工作中最方便、质量最好、应尽量采用的是（   ）。

A. 平焊（即俯焊）　　B. 横焊　　　　　　C. 立焊　　　　　　D. 仰焊

3. （   ）主要用于扭剪型高强螺栓的终拧，对准螺母开启电源开关直至将螺栓尾部的梅花头剪断为止。

A. 电动定转角扳手　　　　　　　　　B. 电动扭剪扳手
C. 电动冲击扳手　　　　　　　　　　D. 电动定扭矩扳手

4. 采用（   ）进行涂装，一道漆膜的厚度可达 150 μm 以上。

A. 刷涂法　　　　　B. 滚涂法　　　　　C. 空气喷涂法　　　D. 无气喷涂法

5. 薄涂型防火涂料喷涂，面层装饰涂料可刷涂、喷涂或滚涂，如采用喷底层涂料的喷枪进行面层装饰涂料的喷涂，应将（   ）。

A. 喷嘴直径调为 6～10mm，空气压力调为 0.8MPa 左右
B. 喷嘴直径调为 1～2mm，空气压力调为 0.4MPa 左右
C. 喷嘴直径调为 3～4mm，空气压力调为 0.5MPa 左右
D. 喷嘴直径调为 5～8mm，空气压力调为 2MPa 左右

三、多选题

1. 下列描述中属于焊接连接优点的是（   ）。

A. 不削弱被连接构件截面，附加连接件较少，节省钢材
B. 密闭性能好，构造简单，适用的连接形式广泛

C. 加工制造方便，生产效率高

D. 焊缝附近的钢材因高温作用而形成热影响区，使部分材质变脆

E. 钢材受不均匀高温后冷却，焊件产生焊接残余应力和残余变形

F. 焊接构件容易产生裂纹，容易发生脆性断裂

G. 焊接连接塑性、韧性好

2. 下列描述中属于螺栓连接优点的是（　　　）。

A. 施工工艺简单

B. 安装方便，适用于工地安装连接

C. 工程进度、质量易得到保证

D. 因开孔对构件截面有一定的削弱

E. 被连接板件需相互搭接或另加拼接板

F. 比焊接连接的用材更多，构造较烦琐

3. 我国目前使用的高强度螺栓，对其强度等级描述准确的是（　　　）。

A. 大六角头高强度螺栓有 8.8 级和 10.9 级

B. 扭剪型高强度螺栓只有 10.9 级

C. 大六角头高强度螺栓有 8.8 级、10.9 级、12.9 级

D. 扭剪型高强度螺栓有 8.8 级和 10.9 级

4. 施焊时按照焊缝与焊件之间的相对空间位置，即施焊时的方位不同，分为（　　　）。

A. 平焊　　　　　B. 横焊　　　　　C. 立焊　　　　　D. 仰焊

5. 吊装门式刚架前的机具、材料、人员的准备包括（　　　）。

A. 检查吊装的起重设备、配套机具、工具是否齐全、完好

B. 准备吊索、卡环、横吊梁、倒链、千斤顶、滑轮组等吊具，强度、数量满足吊装要求

C. 准备好吊装用工具，如高空用吊挂脚手架、操作台、爬梯、溜绳、缆风绳、撬杠、钢（木）楔、垫木、钢垫片、线锤、钢尺、水平尺、测量标记及测量设备

D. 准备施工用料，如电焊设备及材料，螺栓连接的工具及材料等

E. 组织已进行技术交底和安全教育的施工人员进场

四、案例分析题

2010 年 4 月 7 日，康师傅（乌鲁木齐）饮品有限公司的一座大型钢结构在建厂房突然垮塌，成千吨钢材瞬间扭折落地（图 8.60），所幸未造成人员伤亡。垮塌的钢结构厂房分两层，总面积 2.5 万 m²。整个厂区工程造价 5380 万元，工程施工方为石河子某建筑集团公司。

（1）请分析事故产生的可能原因。

（2）如果你是该工程的施工员，应该如何组织施工？

图 8.60　在建厂房垮塌现场

项目 数字化施工

项目任务

通过学习数字化施工，了解数字化施工的基本概念以及应用实践；熟悉数字化施工的关键技术。

项目导读

北京大兴国际机场位于天安门正南 46 公里、北京中轴线延长线上。其占地面积 140 万平方米，体量相当于首都机场 1 号、2 号、3 号航站楼的总和，远期规划 7 条跑道，年客流吞吐量达到 1 亿人次，飞机起降量达到 88 万架次。北京大兴国际机场于 2016 年被英国媒体评选为"新世界七大奇迹"之首。请通过网络资料对项目施工过程进行调研与学习。

思考：（1）施工过程中哪些环节运用了数字化施工所提及的相关技术？

（2）数字化施工相关技术主要涉及哪些方面？

（3）数字化施工对项目提供了哪些帮助？

能力目标

（1）了解数字化施工的基本概念；

（2）熟悉 BIM 技术、物联网技术、人工智能技术、机器人技术在施工阶段的应用；

（3）了解当前数字化施工应用的实际情况。

　　数字化施工是指利用 BIM 技术、云计算、大数据、物联网、人工智能、5G、增强现实技术（AR）与虚拟现实技术（VR）、区块链等新型技术，围绕施工全要素、全过程、全参与方进行数字化而形成的全新建造模式，如图 9.1 所示。

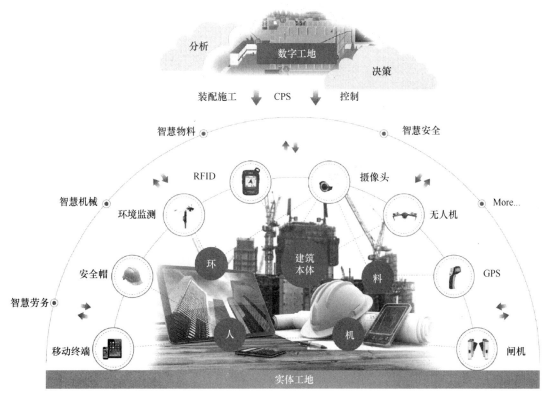

图 9.1　数字化施工

9.1.1　数字化施工的典型特征

1. 数字孪生

　　数字孪生是充分利用物理模型、传感器更新、运行历史等数据，集成多学科、多物理量、多尺度、多概率的仿真过程，在虚拟空间中完成映射，从而反映相对应的实体的全生命周期过程。

数字孪生的概念最早由美国空军研究实验室提出。之后美国国防部认识到数字孪生的价值，认为值得全面研究，于是尝试通过数字孪生技术对航空航天飞行器的健康进行维护与保障。如在数字空间建立真实飞机的模型，并通过传感器实现与飞机真实状态完全同步，这样在每次飞行后，可根据结构现有情况和过往载荷，及时分析评估飞机是否需要维修、能否承受下次的任务载荷等。

在施工领域，虽然数字孪生技术不够完善，尚处在早期探索阶段，但是发展迅猛。在当前技术环境下，通过数字技术的融合集成应用，可以构建"人、机、料、法、环"等全面互联的新型数字虚拟建造模式，在数字空间再造一个与之对应的"数字虚体建筑"，与实体施工全过程、全要素、全参与方一一对应，通过虚实交互反馈、数据融合分析与决策，实现施工工艺、技法的优化和管理、决策能力的提升，如图9.2所示。虽然当前数字孪生技术还需要进行深入研究，但在行业中已经开始得到了一些基础性应用，产生了一定的经济、社会效益。

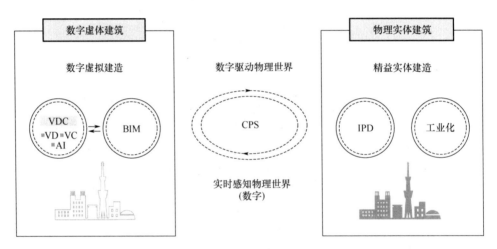

图 9.2　数字孪生与实体建造

2. 数据驱动

自从我国政府提出"数字中国"以来，数据已经越来越重要，甚至成为新的生产要素。习近平总书记在2013年视察中国科学院时就曾指出："大数据是工业社会的'自由'资源，谁掌握了数据，谁就掌握了主动权。"可以说，产业业务数据的积累和沉淀，将为产业的发展提供有利的支撑。

数据自动流动水平将成为衡量一个企业、一个行业，甚至一个国家发展水平和竞争实力的关键指标。正如丁烈云院士所指出：数据是数字经济的"石油"和"黄金"，我国拥有庞大的工程建造市场，产生的数据量极为庞大，但真正存储下来的数据仅仅是北美的7%。少数存储下来的工程数据，大多以散乱的文件形式散落在档案柜和硬盘中，工程数据利用率不到0.4%。由此可见，建筑产业的大数据汇集与利用仍然任重道远。

施工阶段是产生数据量最大的阶段。工艺、工法等技术数据、"人、机、料、法、环"等生产要素数据和成本、进度、安全、质量等管理要素数据，往往仅以电子文档和电子表格的形式零散地存放在不同的人员手中，无法发挥其数据的价值。而当前随着数字技术的成熟和互联网应用的深入，施工阶段的核心数据能得到有效采集，通过数据驱动作业过程、要素对象与数字孪生模型，将成为数字化施工的核心工作之一。

3. 在线实时协同

在线实时协同是数字化施工的关键。网络会存在不确定性大以及无法消除的延迟，若要实现数字孪生模型与实体建造过程的一一对应，就必须实现在线实时协同，如利用 5G 技术实时协同工作。

在传统的施工过程中，现场各类信息的传递非常滞后，经常出现无法及时处理现场重大施工问题的情况，工人遗忘、记录丢失、传递不够迅速都可能导致施工事故的发生。而数字化施工中，可以通过软件、平台利用 5G 技术，迅速传递重大施工问题进行在线实时协同处理，实现管理层与作业层的紧密联结，从而提高施工效率，降低事故发生的可能性，如图 9.3 所示。

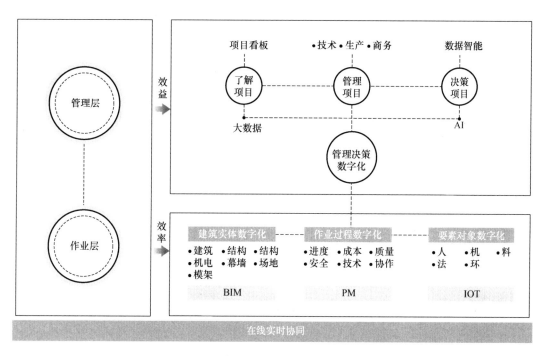

图 9.3　数字化施工在线实时协同

4. 智能主导

数字化施工带来的是具有宝贵价值的施工数据。以大数据、云计算、人工智能等新兴技术为基础，通过构建一套基于数据自动驱动的状态感知、实时分析、科学决策、精准执行的智能化闭环赋能体系，数字化施工将往智能化方向发展。数据驱动施工各要素与活动，在线实时协同传递数据到软件平台，软件平台再通过自动分析得出智能化最优方案与结论。一方面为项目管理层提供科学指导与决策依据，另一方面软件平台将不断深度学习，将数据迭代并反馈至施工现场的智能施工设备与管理设备中，实现施工现场的智能化管理。

9.1.2 数字化施工的意义

1. 提高施工品质和生产效率

根据相关统计，施工过程中的耗能占社会总耗能的 46.7%，因事故死亡人数居各行业第二，成本居高不下，产生巨大的建筑垃圾和污染，质量相比制造业相差甚远，给国家和整个行业都带来了不可估量的损失。通过数字化施工，合理管控"人、机、料、法、环"，全面促进生产、质量、安全、物料、劳务等多方面的管理，将大大提高施工品质和生产效率，为可持续发展与转型升级打下坚实的基础。

2. 促进行业转型升级

施工阶段零散式、粗犷式的发展，给施工管理带来了巨大的挑战。数字化施工下，其技术、工法、模式、业态、组织等方面的创新将会层出不穷。尤其是施工过程中数字孪生技术的发展，将促使行业重新思考其组织架构与作业模式，在全新的价值网络上构建数字化施工模式。

3. 抢占数字化高地，为国家战略注入新活力

为抓住新一轮科技革命的历史性机遇，我国提出建设数字中国。数字化施工将与数字化设计、数字化运维组成新设计、新建造、新运维，打破各个阶段数据孤岛、工序衔接、管理分割等的筒仓效应，抢占数字化高地，为国家战略注入新活力。

任务 9.2 数字化施工关键技术简介

9.2.1 数字孪生技术

数字孪生技术包括 BIM 技术、虚拟仿真性能分析技术（力学仿真、运动仿真等）、AR/VR 技术等。简而言之，数字孪生技术将会在人的意识世界与现实物理世界之间构造出第三个世界——数字世界。通过数据驱动、数字建模将数字世界与物理世界进行联结。而当前，在施工阶段中应用比较成熟的数字孪生技术是 BIM 技术，少量大型工程将会用到虚拟仿真性能分析技术，而 AR/VR 技术的运用成熟度和价值有待提升。在本书以 BIM 技术为代表进行数字孪生技术在施工阶段中的应用介绍。

通过 BIM 技术，可以构建建筑信息各专业模型。基于 BIM 三维模型进行交流，可以很直观地观看重要节点、重要构造的信息，相比 CAD 图纸来说，具有三维可视化（易于理解）、所见即所得（易于沟通）、信息承载量大（易于数据存储与信息流动）等重要优势。

在施工阶段，施工单位的 BIM 设计人员将会结合具体的节点构造、施工现场情况等要素补充设计阶段设计的 BIM 模型，使得 BIM 模型能应用在施工中。在此阶段中，BIM 技术的应用主要体现在：基于 BIM 模型挂接施工阶段各类数据优化施工活动，提高施工效率，即通过基于云平台的轻量化软件，将巨大的 BIM 模型根据专业、楼层、构件等分类进行拆分与组合，方便施工各方根据岗位和管理指标对模型进行使用、交流与维护，如图 9.4 所示。

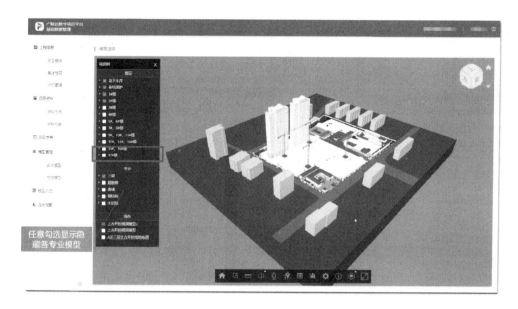

图 9.4　基于云平台的 BIM 模型轻量化软件

在 BIM 模型轻量化软件中，通过挂接交底、进度、安全、质量、变更、资料、批注、工程量等数据，可以充分地将 BIM 模型运用在施工中，如图 9.5 所示。

图 9.5　挂接施工各类数据后的基于云平台的 BIM 技术施工应用实践

施组方案策划	技术交底	工序动画制作
施组策划不合理，导致施工降效 进度安排不合理，导致进度风险 传统文字汇报，表达不直观	交底不直观，内容难理解 文件查看难，传达不到位 交底难考核，效果难保障	动画软件专业难入门，学习成本 主高自己制作动画费时又费力 外包成本高，性价比太低

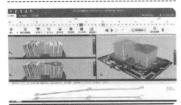

三维模型与现场计划、成本挂接，跟随时间展示现场进度、材料、成本等信息	三维可视化交底：节点模型挂接交底资料，微信二维码分享、手机端随时查看 交底管理：线上签字考核、后台统计	结合施工汪务，内置快捷的动画制作功能组装动画制作，一键生成动画
人、材、机数据随进度呈现，辅助施组优化5D可视化模拟，方案汇报动态直观，提高中标率，辅助评优报奖	保障交底传达到位，提升交底效果，减少施工错误 推动交底要求执行到位，让管理者省心	自己动手，0额外费用 软件简单，2小时学会 制作快捷，4小时完成一个动画

自动生成计划	质量巡检	砼一体化量控方案
工程量计算难度大 班组流转不考虑 工期调整太费力	问题描述不清晰，导致整改不到位 问题多，跟踪不及时、易遗忘 汇报工作量大，管理层不能及时了解项目情况	混凝土超方亏方时有发生 施工员/工长计算混凝土用量难度高 混凝土节超分析工作量大，问题难追溯

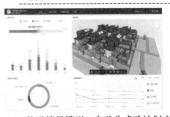

核心3步骤生成计划：工程量提取→工艺选项→劳动力朽配置＝》快速生成小时级计划，支持动态优化	从问题库提取问题描述，描述更全面 质量问题留痕，过程及时提醒 自动汇总分析，管理架驶舱可随时查看	基于算量模型，自动生成砼计划表 生产商务联动，实现砼用量动态管控 自动生成节超分析，问题可追溯到区域
快速获取精准工程量 工效计算的工期精准 计划动态调整指导性强	描述理准确，保证信息传递到位 问题在线跟踪，实时提醒，问题不遗漏 随时了解质量情况，信息不延迟	30s搞定砼精准需求计划 管理省心，风险自动预警 问题可追溯，趋势可分析

图 9.5 挂接施工各类数据后的基于云平台的 BIM 技术施工应用实践（续）

9.2.2 物联网技术

【塔吊监测】

物联网是通过装置在各类物体上的各种信息传感设备，如射频识别（RFID）装置、二维码、红外感应器、全球定位系统、激光扫描器等装置与互联网或无线网络相连而成的一个巨大网络。其目的是让所有的物品都与网络连在一起，方便智慧化识别、定位、跟踪、监控和管理。物联网通过在建筑施工作业现场安装各种信息传感设备，按约定的协议，把任何与工程建设相关的物品与互联网联接起来，进行信息交换和通信，以实现智能化识别、定位、跟踪、监控和管理。物联网可有效弥补传统方法和技术在监管中的缺陷，实现对施工现场"人、机、料、法、环"的全方位实时监控，变被动"监督"为主动"监控"，变无数据经验驱动为数据科学驱动，如塔吊监测、吊钩可视化、施工升降电梯监测、卸料平台监测、外墙脚手架监测、大型起重设备安全监测、环境监测等均可应用物联网技术，通过数据科学驱动施工设备，使之更加安全、高效的运行，辅助施工阶段效率的提升。

【大型起重设备安全监测】

【环境监测】

9.2.3 人工智能技术

通过深度学习技术和计算机视觉技术，使用大量实际工地视频数据进行训练，人工智能技术在施工阶段能发挥巨大的作用，如安全帽和口罩佩戴检测、人脸识别、工人姿态检测、车牌识别、钢筋数量识别、烟雾识别等，如图 9.6 所示。

图 9.6　人工智能技术在施工阶段的应用

9.2.4 机器人技术

在施工阶段，由于环境复杂多变、人员流动频繁，很多工作都具有一定的危险性和不确定性。利用机器人协助或替代人工完成复杂的施工任务，不仅可以保障工人的安全，而且能提高施工效率，最终实现无人建造。

机器人技术以数据为驱动，通过人工智能技术、物联网技术、BIM 技术等多种技术，可以实现自我感知、自我调控、自我工作等功能。但是，当前技术还有待尽一步发展，所以机器人技术在施工阶段的应用具有很大的局限性，而且使用成本高、效率低下，只能在非常有限的场景中实现应用，如国外公司研发的砌砖机器人和骨骼机器人，如图 9.7 所示。虽然机器人技术并不成熟，但是在工程项目规模日益加大、施工现场环境日益复杂多变、劳动力老龄化日益严重的现实下，机器人技术终将进入施工现场承担施工任务。

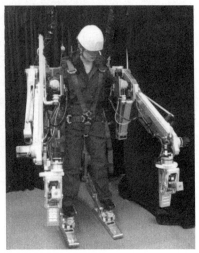

图 9.7 机器人技术在施工阶段的应用探索

任务 9.3 数字化施工应用实践

9.3.1 施工机械数字化

通过物联网技术，将施工现场各类机械、设备接入到智慧工地平台中，实现施工机械、设备数字化管理。在施工准备阶段，对施工机械使用数量、进场顺序、位置布局等关键指标进行优化，合理布放机械安装位置，确保机械高效运转；在施工实施阶段，全面监控机械运作工况，及时提示超载或低负荷机械运转信息，并实时反馈给相关管理人员，管理人员基于可视化和数据分析，再将现场突发事件或机械运行安全隐患实时传递给作业人员，为管理人员提供全天候在线数据分析，辅助完成对机械的实时监管并快速调整决策。

【案例 1】 陕西建工第九建设集团在神木市第一高级中学项目中，通过应用塔吊防碰撞系统，对施工群塔安全运行状态、运行记录、障碍报警、事故预防等实施动态监控，使塔吊的运行管理形成开放、实时、动态监控模式，有效防控施工现场塔吊与其他大型机械因交叉作业带来的违章和碰撞等安全隐患，从而提升施工机械管理安全和运行效率，如图 9.8 所示。

【案例 2】 日本株式会社小松制作所是一家有着 90 多年历史的工程机械制造公司，通过数字化转型，在施工机械制造的基础上，发展出基于 CPS（Cyber-Physical Systems）的

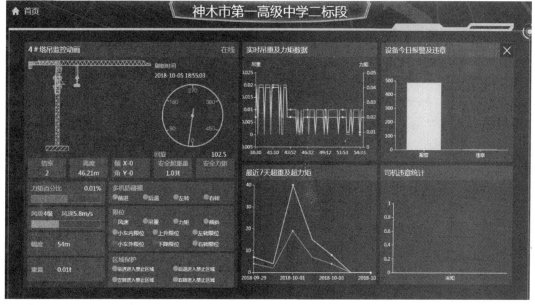

图 9.8　神木市第一高级中学项目施工机械数字化

智能施工管理业务。利用无人机和三维激光扫描仪对施工现场进行高精确度测量，据此形成施工现场的 3D 数据模型，并将此模型与建设完工后的建筑进行对比，可以准确的评估工作量。然后，对土壤、地下水、埋藏物等因素进行采样研究，评估施工可行性和施工方案仿真、优化，确定最佳施工方案。根据施工方案，智能无人工程机械入场施工，施工过程中的现场施工数据（包括机械当前位置、工作时间、工作状况、燃油余量、耗材更换时间等数据）即时发送到智能决策平台进行存储和分析，智能决策平台根据这些数据进行分析计算、实时将调整指令发给现场施工机械，以高安全性、高效率的方式进行工地现场的指挥施工管理，如图 9.9 所示。

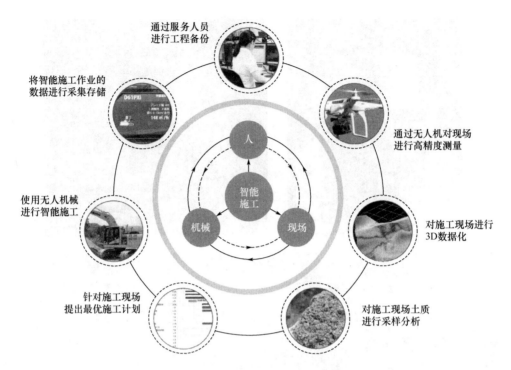

图 9.9　日本株式会社小松制作所基于 CPS 的智能无人工地

9.3.2　施工方案和施工工法数字化

施工方案和施工工艺、工法的数字化是基于 BIM 技术将复杂的施工方案、工法，通过进度计划、工序工艺与模型的结合，编制成可视化的技术方案。在进行现场技术交底时，利用各类终端查看技术方案，配合进行现场可视化技术交底，保证现场交底高效完成，并提高施工质量，如图 9.10 所示。

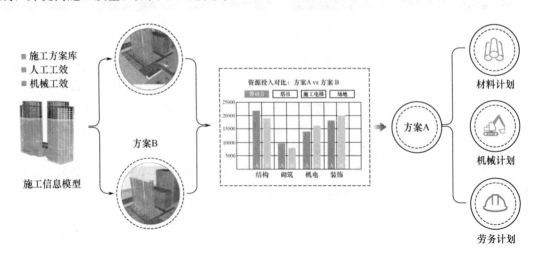

图 9.10　施工方案和施工工法数字化示例

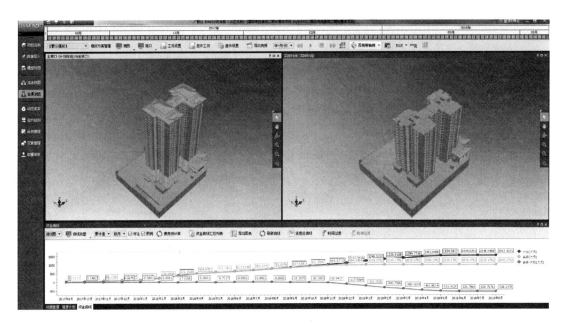

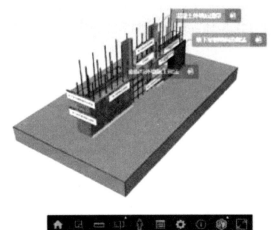

【地下室外墙后
浇带梯板模型】

图 9.10　施工方案和施工工法数字化示例（续）

【案例 3】　首都新机场航站楼建筑面积 78 万 m^2，为国家"十三五"重点工程。在项目建设的各阶段，均应用 BIM 技术对主要施工方案进行了模拟优化。在基础施工阶段，利用地表模型、土方模型、边坡模型和桩基模型，进行地质条件的模拟和分析、土方开挖工程算量、节点做法可视化交底，在主体结构施工阶段，对劲性钢结构工艺做法、隔震支座施工工艺、钢结构施工方案等进行模拟与优化，保障项目基坑施工比计划工期提前 13 天完成，主航站楼主体结构提前 15 天出±0 标高，结构封顶比计划工期提前 12 天完成，提升了项目施工的效率与质量，如图 9.11 所示。

【案例 4】　在大直径盾构隧道工程中，盾构机刀盘直径达十几米，刀盘质量达几百吨，吊盘吊装过程需要经过地面水平翻转 90°，吊装水平行走几十米。刀盘吊装是施工的重点、难点之一。在华中科技大学研发的施工吊装虚拟指挥舱中，为了确保盾构机刀盘的

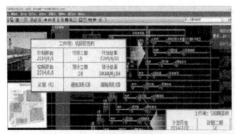
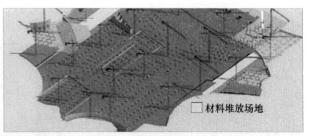

图 9.11　首都新机场航站楼基础施工方案模拟

精确吊装，建立盾构机刀盘的三维数字模型和吊装环境的数字模型，同时将传感器安装在刀盘和安装环境中。通过模拟计算确定吊装方案和具体步骤与细节参数，吊装开始后，实时监测各项传感数据，根据计算模型实时调节吊装姿态，确保吊装一次性精确吊装到位，如图 9.12 所示。

实景吊装系统

虚拟引导系统

精准定位系统

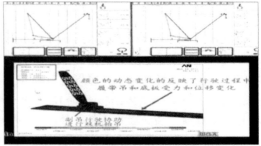

吊装力学分析系统

图 9.12　盾构机刀盘吊装动态监测与模拟

9.3.3 物料数字化

物料占据总工程成本的50%~70%，因此物料的质量与分配会给施工技术的实施带来重大影响。通过软硬件相结合、借助互联网技术和物联网技术，实现物料进、出现场数据的自动采集，全方位管控材料进场、验收各环节，堵塞验收管理漏洞，监察供应商供货偏差情况，以及预防虚报进场材料等，实现物料数字化管理。在提高施工技术实施效率的同时，规范施工物料使用，提高企业效益，如图9.13所示。

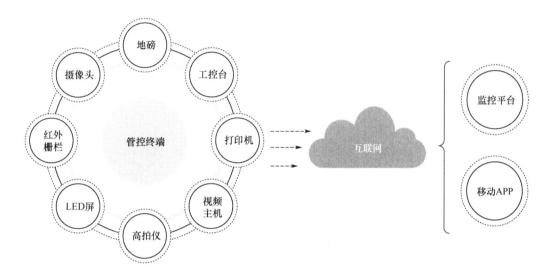

图 9.13　物料数字化

【案例4】　山东华滨建工有限公司在山东名佳花园四期项目中，应用智能物料验收管理系统直接管理地磅，对进、出场的混凝土、钢筋、砂石料等物资进行全检过磅管理，如图9.14所示。系统通过自动读取称重数据、收（发）料单位信息、材料名称等，实现物料进场自动称重、偏差自

【物料数字化】

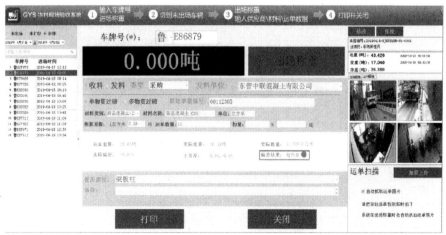

图 9.14　混凝土数字化管理系统

动分析，有效地杜绝物料重复称重、一车多计等现象。据 2018 年 5 月至 2019 年 4 月数据统计，系统共验收物料批次 2652 车，物料进场数量 7.04 万吨，混凝土整体超正差 1.58%，建筑砂浆超正差 6.31%，水泥超正差 9.8%，确保了大宗物资进场呈盈余状态。

9.3.4　施工人员数字化

　　施工现场基于劳务管理实名制系统，通过物联网与智能设备相结合，将施工人员流动、考勤、分布、危险作业、事故隐患等数字化。先由软件系统实时采集和传输数据，再通过云端将采集的数据进行实时存储、整理和分析，利用终端设备实时展示现场作业和执行状态等情况，而责任人员可以利用移动设备实时接收业务数据，及时落实整改，在提升管理效率的同时降低事故的发生，满足人员和安全的双管控要求，如图 9.15 所示。

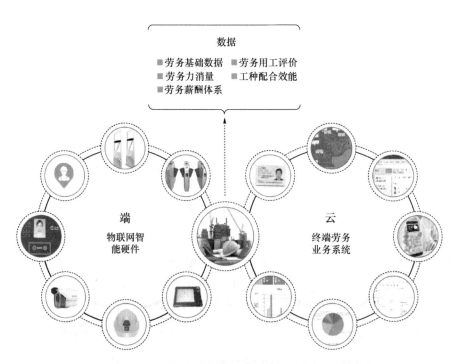

图 9.15　施工人员数字化

【案例 5】　北京住总集团在北京通州区首寰度假酒店项目中，通过引入劳务实名制管理系统，实现项目现场施工高峰期约 2000 作业人员的全面管理，如图 9.16 所示。管理人员利用系统分析数据，实时监控施工人员的作业状态、跟踪定位和观察作业运动轨迹，准确掌握作业人员基本信息，实现预控现场施工人员超强度作业情况，实时检视关键施工节点的劳务工种数量配比，辅助项目进度纠偏。同时，利用采集的工人实名数据、出勤数据、

【智能安全帽】

工资收支数据，定期报备政府监管部门，有效实现对劳务人员的动态监管、维护项目建设的稳定性，有效避免各类不稳定事件发生。

安全帽	工地宝	手持端	移动端	PC端大屏
专利外观设计 进口ABS材料 内置芯片 超长续航 电池可更换 可定制LOGO 可定制编号	内置扫描模块 扫描距离可调 定制化播音 远程配置 防雨防潮	公安部定制设备 自主研发的程序 人员快速进场 批量退场 黑名单提醒 人员履历提示	查看人员信息 查看考勤信息 查看人员分布 信息随时分享	多项目管理 多维度视图报告 批量打印身份证 大屏幕投放

1、人员分布查询　　　　　　2、活动轨迹记录　　　　　　3、语音警示播报

图 9.16　北京通州区首寰度假酒店项目劳务实名制管理

9.3.5　项目管理决策数字化

基于云计算、大数据、移动互联网、人工智能、物联网、BIM 等技术的应用，通过对项目的建筑实体、作业过程、生产要素的数字化，产生大量的可供深加工和再利用的数据，不仅满足施工现场管理的需求，也为项目进行重大决策提供了数据支撑。在这些海量数据的基础上，进行业务的协同，极大地带动项目的管理和决策方式的变革，使管理决策将变得更加准确、透明、高效。

【河南建科集团数字施工实践】

【案例 6】　中国建筑一局（集团）有限公司在山东省肿瘤防治研究院放射肿瘤学科医疗及科研基地项目中，通过应用 BIM＋智慧工地平台实现了数字化决策支持。项目管理人员通过项目管理决策数字化看板可以快速、直观地获取项目基本信息、实时作业人数、施工进度情况、现场施工质量、安全等情况。同时，通过进度管理系统，高效率地解决了专业分包多、单位工程多、交叉作业协调难度大的决策问题；通过塔吊防碰撞系统，实时跟踪监控设备运行，有效决策防控现场大型机械交叉作业带来的的安全隐患；通过视频监控系统，使施工现场、办公区、生活区处于可视化状态，项目监督和管理人员实时检视现场各部位的运行情况，提高项目的整体决策管理效率，如图 9.17 所示。

建筑施工技术

【空中造楼机】

图9.17 中国建筑一局（集团）有限公司项目管理决策数字化看板

拓展讨论

空中造楼机是一个智能化施工装备集成平台，结合党的二十大报告，坚持把发展经济的着力点放在实体经济上，推进新型工业化，加快建设制造强国、质量强国、航天强国、交通强国、网络强国、数字中国。空中造楼机是中国自主研发的设备平台及配套建造技术，是智能控制的大型组合式机械设备平台，质量优良、周期可控、成本经济、绿色环保的现浇装配式建造技术，谈一谈空中造楼机有哪些技术特性，对施工会产生哪些影响，建筑施工领域目前如何推进数字化。

项目小结

项目	工作任务	能力目标	基本要求	主要知识点	任务成果
数字化施工	数字化施工概述	了解数字化施工的基本概念	了解	（1）数字化施工的定义 （2）数字化施工的典型特征 （3）数字化施工的意义	数字化施工调研报告
	数字化施工关键技术简介	熟悉BIM技术、物联网技术、人工智能技术、机器人技术在施工阶段的应用	熟悉	BIM技术、物联网技术、人工智能技术、机器人技术在施工阶段的应用	
	数字化施工应用实践	了解当前数字化施工应用的实际情况	了解	数字化施工典型案例	

思考与训练

1. 数字化施工的定义是什么？
2. 数字施工具有哪些典型特征？
3. 查阅资料，请简述数字化施工有哪些关键技术。
4. 查阅资料，请简述当前大型工程项目中数字化施工相关技术的运用及效果。

参 考 文 献

《钢结构工程施工规范》编制组，2013. 钢结构工程施工规范：GB 50755—2012 应用指南 [M]. 北京：中国建筑工业出版社.

广联达科技股份有限公司，2019. 数字建筑：建筑产业数字化转型白皮书 [R]. 北京：广联达科技股份有限公司.

洪树生，2016. 建筑施工 [M]. 北京：知识产权出版社.

《建筑施工手册》（第五版）编委会，2013. 建筑施工手册（缩印本）[M]. 5 版. 北京：中国建筑工业出版社.

李恒，孔娟，2015. Revit 2015 中文版基础教程 [M]. 北京：清华大学出版社.

李星荣，魏才昂，秦斌，2014. 钢结构连接节点设计手册 [M]. 3 版. 北京：中国建筑工业出版社.

欧特克软件（中国）有限公司构建开发组，2014. Autodesk Revit 2014 五天建筑达人速成 [M]. 上海：同济大学出版社.

王宏，2013. 超高层钢结构施工技术 [M]. 北京：中国建筑工业出版社.

杨嗣信，2015. 建筑工程模板施工手册 [M]. 3 版. 北京：中国建筑工业出版社.

张伟，徐淳，2015. 建筑施工技术 [M]. 2 版. 上海：同济大学出版社.

周观根，姚谏，2011. 建筑钢结构制作工艺学 [M]. 北京：中国建筑工业出版社.